GAOCENG JIANZHU
HUOZAI
PUJIU XIANGDING ZUOYE

高层建筑火灾
扑救想定作业

余青原　主　编
魏诚诚　李　强　副主编

化学工业出版社
·北京·

内 容 简 介

本书以实际经典火灾案例为基础想定进行讲解，涉及高层公寓、住宅火灾扑救，高层公共建筑类火灾扑救，高层工厂仓库火灾扑救，超高层建筑火灾扑救，高层在建建筑火灾扑救等方面。书中内容精练，体例新颖，结构合理，注重面向消防实战、提升灭火指挥综合能力培养。

本书可供消防院校消防指挥、抢险救援、后勤管理等专业的教学以及基层初级指挥、企事业单位专职消防人员的教育培训使用，也可以作为相关消防工程技术人员的参考资料。

图书在版编目（CIP）数据

高层建筑火灾扑救想定作业/余青原主编. —北京：
化学工业出版社，2023.9
ISBN 978-7-122-40646-0

Ⅰ.①高…　Ⅱ.①余…　Ⅲ.①高层建筑-灭火-教材
Ⅳ.①TU976

中国版本图书馆 CIP 数据核字（2022）第 021700 号

责任编辑：韩庆利　　　　　　　　　　　　　　装帧设计：刘丽华
责任校对：宋　夏

出版发行：化学工业出版社（北京市东城区青年湖南街 13 号　邮政编码 100011）
印　　装：河北鑫兆源印刷有限公司
787mm×1092mm　1/16　印张 16¼　字数 403 千字　2023 年 9 月北京第 1 版第 1 次印刷

购书咨询：010-64518888　　　　　　　　售后服务：010-64518899
网　　址：http://www.cip.com.cn
凡购买本书，如有缺损质量问题，本社销售中心负责调换。

定　　价：58.00 元　　　　　　　　　　　　　　　　版权所有　违者必究

随着我国经济社会的快速发展，特别是消防改革转隶以来，消防救援任务开始从传统的单一模式向多功能立体方向发展，消防工作面临着前所未有的挑战，对国家综合性消防救援队伍的实战能力也提出了更高的要求。按照"全灾种、大应急"职能任务需要，为积极响应消防工作的时代要求，及时反映当前建筑火灾扑救的新特点、新理论和新技术，有效提升灭火救援科学化、智能化水平，进一步满足消防救援人员教育培训发展新需求，在认真听取各方意见、实地调研及参考国内同类优秀教材的基础上，国家消防救援局昆明训练总队组织相关人员编写了《高层建筑火灾扑救想定作业》一书。

本教材以培养初级消防指挥人才为目标，内容精练，体例新颖，结构合理，在建筑火灾扑救经典案例的基础上，研究探讨应急灭火救援指挥方案，以期提高指挥员灭火战术实际运用的能力，是一本注重面向消防实战、提升灭火指挥综合能力的教材。本教材可供高等院校消防指挥、抢险救援、后勤管理等专业的教学以及基层初级指挥、企事业单位专职消防人员的教育培训使用，也可以作为相关消防工程技术人员的参考资料。

本书由余青原担任主编，魏诚诚、李强担任副主编，主要负责总体设计、内容界定、编写指导、全面把关等工作，参与编写的人员分工如下：第一章，赵丽娜；第二章，刘臻、和立伟；第三章，付沛松、赵谢元、魏诚诚、孙俊龙、张强、范维松、肖婧；第四章，余青原、张泽东、左渊民；第五章，李强；第六章，何海星。

限于编者学识水平和实践经验有限，本书难免存在疏漏之处，敬请读者和同行批评指正。

编　者

目录

高层建筑火灾扑救想定作业概述

想定作业是在理论学习和战例研究的基础上，通过创设一种火场的景况，描述一场灭火救援作战的过程，把受训人员引入设想的环境，使其运用所学的灭火救援基础理论，对各种火场、各种情况进行分析、综合、比较、概括和抽象，从一种思维形式过渡到另一种思维形式，从而产生决心和确定灭火救援作战方案。因其具有实战性、灵活性、综合性和创造性等特点，使得想定作业训练不仅能加深受训人员对灭火救援理论知识的理解，还能提高其分析问题和解决问题的实际能力，初步掌握灭火救援的基本程序和方法，为以后的实战实训打下基础。

第一节　高层建筑火灾扑救想定作业的基本概念

一、高层建筑火灾扑救想定作业的含义

想定作业是用想定情况诱导进行的训练作业的统称。在灭火救援的教学过程中，想定作业是根据想定设想的情况，正确运用灭火救援理论和原则，进行组织指挥的研练，以提高受训人员组织、指挥、实施各参战力量协同作战能力的一种训练方法。

高层建筑在建筑结构、布局、功能用途等方面与普通建筑有很大不同，其火灾发展蔓延规律及危险性具有自身的特殊性，因而灭火救援的措施和战术方法也有其特点。

高层建筑火灾扑救想定作业是想定作业的一种，指的是在高层建筑发生火灾的情况下，正确运用灭火救援理论和原则，进行高层建筑火灾扑救的研练，以提高受训人员组织、指挥、实施各参战力量协同作战能力的一种训练方法。

高层建筑火灾扑救想定作业是由想定与作业两部分组成的。想定，是依照高层建筑火灾基本势态、作战企图和灾害发展情况的设想。作业是根据高层建筑火灾的训练课题、目的、参战力量的装备及人数与作战特点拟定的，是组织和诱导高层建筑火灾扑救作业和演习的基本文书。

高层建筑火灾扑救想定作业包含着两层含义：第一，高层建筑火灾扑救想定作业是对高层建筑火灾扑救作战企图和行动的设想，是诱导高层建筑火灾灭火扑救作业和演习的训练文书，使受训者能在近似实战的情况下，进一步理解和运用高层建筑灭火救援扑救理论和原则，以提高受训者高层建筑火灾扑救的实战能力；第二，高层建筑火灾扑救想定作业，是根据训练计划所制定的高层建筑火灾训练课题、目的、问题、时间、方法以及其他实际情况等编写。

二、高层建筑火灾扑救想定作业的特点

（一）实战性

高层建筑火灾扑救想定作业，以典型战例研究为基础，以高层建筑火灾扑救实战需要为出发点，以提高受训人员在高层建筑火灾扑救实战中的实战能力为目的，无论是在指导思想、内容和目的上，还是在训练的组织形式、方法和手段上，均突出了实战性的特点。

（二）综合性

高层建筑火灾扑救想定作业的综合性，一方面是指在想定作业训练的内容上，将高层建筑火灾扑救的理论、原则、方法等各种知识融为一体，进行综合训练，以达到为高层建筑火灾扑救实战服务的目的；另一方面则表现在将受训人员与指挥机关、指挥手段和指挥对象、任务和目的内容相结合，学习和掌握基本基础理论和出现突发情况时的处置方法，既能提高受训者对理论知识的理解掌握，又能提高其实战水平和应变能力。

（三）灵活性

高层建筑火灾扑救想定作业以高层建筑火灾现场的实际情况为研究对象，"具体情况具体对待"为指导思想。不仅要求受训人员以高层建筑火灾扑救理论和原则为依据，更要求受训人员在实施中避免生搬硬套。这样的训练方法要求原则性与灵活性的高度统一，提倡思维活跃，倡导多种方案并存，从而体现出高层建筑火灾想定作业具有高度灵活性这一特点。

（四）创造性

因高层建筑具有建筑高度高、楼层层数多、人员场所复杂等特点，对灭火救援的直接影响是人员疏散困难、火场供水困难、消防救援人员与装备登高投送困难，加之高层建筑设有各种相应的竖井和管道，如电缆、电梯、管道竖井，横向的管道孔洞和电缆桥架，容易造成火灾快速蔓延。这样使得高层建筑火灾扑救难度大，作战形式多样，这就要求在训练中，必须立足于适应高层建筑火灾不同的作战类型与样式需要，掌握高层建筑火灾扑救的基本规律和方法，同时又必须针对出现的新的问题，探索、研究新的战法，培养、锻炼高层建筑火灾扑救人员的创造力，以扎实的基础和丰富的理论知识储备，创造性地应对复杂的火灾环境。

三、高层建筑火灾扑救想定作业的作用

高层建筑在建筑结构、布局、功能用途等方面与普通建筑有很大不同，其火灾发展蔓延规律及危险性除了具有一般建筑火灾的典型特征外，还具有易形成立体燃烧、易造成大量人员伤亡以及灭火作战难度大等特点，因此扑救的措施和战术方法也有其自身的特点，必须进行专业训练。通过高层建筑火灾扑救想定作业训练，不仅可有效提高受训人员对战术战法的理解能力，更能提高其分析判断、运筹决策、组织协调、临机处置等能力。

（一）锻炼分析判断能力

高层建筑火灾由于火势蔓延途径多，具有火灾发展蔓延速度快、易形成立体火灾、人员疏散困难、灭火作战难度大的特点。想定作业能够根据已经掌握的高层建筑火灾资料和现场情况，进行客观分析和推理，对火灾发展蔓延的趋势和可能出现的后果作出判断，并据此提出作战意图，锻炼受训人员对火灾现场局势的分析判断能力。

（二）增强运筹决策能力

通过想定作业训练，可以使受训人员在分析判断高层建筑火灾的基础上，对能够使用的作战力量、装备物资、现场环境、消防水源和场地道路等各种因素进行综合分析，确定出最

佳的作战方案，增强其运筹决策能力。

（三）提高组织协调能力

在高层建筑火灾扑救想定作业中，受训人员可以把自己的作战意图变为组织编队的实际行动，根据灭火救援作战的实际需要，对参战力量合理编成，使组织编队协调一致地展开战斗，提高其组织协调能力。

（四）强化临机处置能力

受训人员可以通过想定作业中设置的各种灾情变化情况，锻炼应变能力、判断能力和决策能力，从而强化受训人员在灭火救援现场的临机处置能力。

四、高层建筑火灾扑救想定作业的基本构成

高层建筑火灾扑救想定作业由企图立案、基本想定和补充想定三部分构成。

（一）企图立案

企图立案，是指在编写基本想定和补充想定之前，对高层建筑火灾扑救想定作业中要设置的训练课题所进行的总体构思和设想。企图立案是整个高层建筑火灾扑救想定作业的前提，也是编写基本想定和补充想定的基本依据。企图立案通常由想定作业编写人员拟制和掌握，与受训人员参与完成作业的关系不大。企图立案主要包括以下内容。

1. 指导思想

指导思想是高层建筑火灾扑救想定作业立案和训练的基本指导原则。其主要内容包括立案应遵循的方针和原则，体现的高层建筑火灾扑救思想和主要战术技术手段，火场背景和灭火战斗对象，训练的重点和要解决的主要问题，以及要达到的训练目的等。

2. 训练问题及目的

训练问题及目的是根据高层建筑火灾扑救的任务与目的，结合受训人员的实际情况确定的。确定训练问题及目的，应从高层建筑火灾扑救的实际需要出发，紧紧抓住提高受训人员的战术理论水平和火灾扑救实战能力等关键性问题，按照灭火战斗的一般进程，本着突出重点、解决难点的原则，通盘考虑，精心设计。

灭火战斗准备阶段的训练问题通常可分为：定下高层建筑火灾扑救战斗决心、确定高层建筑火灾扑救方案、组织参战力量协同、组织各种灭火战斗保障等。灭火战斗实施阶段：扑救高层建筑火灾可分为进攻途径的选择、内部人员的疏散、水枪阵地的确定、灭火前沿的指挥等。

3. 火情态势

火情态势是高层建筑火灾扑救想定作业中的对象。通常包括：着火高层建筑的基本情况，发生火灾的原因，火势蔓延的主要方向、火区面积、被困人员相关情况等，一场火灾在各个不同发展阶段的基本情况，火场的发展变化过程。火情态势的设想和描述，应符合火灾本身客观发展变化规律，应在火灾燃烧理论指导下，参考各种实际火灾案例进行创造。火情态势的设想和描述应根据想定作业中的训练课题来确定，应能满足想定作业训练的需要。通常应选取那些有代表性的灭火战斗对象，设置的火灾情况应尽可能复杂多变，以便加大训练难度，但不应超出现有消防装备水平，否则想定作业将无法实施。

4. 灭火战斗编成

灭火战斗编成是根据高层建筑火灾扑救的需要而进行的力量编组。通常包括：参加高层建筑火灾扑救的建制单位，各参战消防站的车辆配备、器材配备、人员配备、支援灭火战斗

的社会相关部门等。确定灭火战斗编成时，应充分考虑装备特点和协同方式及在高层建筑火灾扑救中的主要任务。并应采取科学的灭火计算方法进行论证，保证参战力量能够满足高层建筑火灾扑救任务的需要。

灭火战斗编成可用文字叙述，也可用灭火战斗编成表的形式表达。

5. 灭火战斗企图

灭火战斗企图，是反映高层建筑火灾扑救任务、目的和手段的总体构思，是企图立案的主体部分。构成高层建筑火灾扑救的基本要素一般包括：高层建筑火灾扑救的任务与目的，战术手段与方向，力量的部署与态势，以及时间与地点等。

企图立案的表述，可采取文字叙述式，也可采取地图注记式。企图立案中的具体内容应通盘考虑，各部分内容之间应有必然的内在联系，使之形成完整统一的整体。切忌矛盾、重复和只求表面形式的现象发生。

(二) 基本想定

基本想定亦称基本课题，是构成想定的基础情况，是编写补充想定的依据，也是为受训人员进行高层建筑火灾扑救想定作业或演习提供的基本条件。基本想定的内容主要包括：高层建筑的基本情况、灭火战斗过程、要求执行事项、参考资料和附件。

1. 单位基本情况

单位基本情况是基本想定的重要组成部分，内容主要包括：高层建筑的地理位置、周围环境、内部布局、要害部位及火灾危险特性等。单位基本情况即灭火战斗对象的基本情况，是研究火灾发展蔓延的规律、特点和战术方案的基础，一定要认真熟悉、详细了解，特别是对与火灾特点有关的危险物质、建筑结构；对与高层建筑火灾扑救行动有关的道路、水源等情况，应做到重点掌握。

2. 灭火战斗过程

灭火战斗过程是基本想定的主体部分，是与进行作业直接有关的具体情况，是受训人员了解任务、判断情况、定下决心和进行灭火战斗的基本依据。

灭火战斗过程的具体情况，因灭火战斗级别、灭火方式、采用的灭火手段和想定作业受训对象不同而各异。就其主要内容来说，可以概括为以下几个方面：

(1) 火灾情况。

火灾情况包括起火原因，起火部位，烟气扩散范围，火势蔓延区域，火灾整个延烧时间和造成经济损失及人员伤亡等情况。火灾情况一般用文字或文图相结合的形式表达，重点部分表达详细，一般部分表达简略。

(2) 力量调集情况。

力量调集情况主要指报警时间、接警时间、各参战力量调出时间和到场时间；各参战力量出动消防车台数和消防救援人员数；另外还有当地政府各级领导、各个部门及相关单位的到场时间和情况等。

(3) 灭火战斗措施。

灭火战斗措施是一场具体火灾的扑救方法。灭火对象不同，使用的消防装备不同，火灾扑救方法也大不一样。通常情况下所采取的灭火战斗措施主要有：疏散和抢救被困人员，疏散和抢救贵重物资，堵截和控制火势，控制烟气流动，冷却降温防止爆炸，驱散易燃易爆和有毒有害气体，组织力量向火区进攻，有效防止复燃等。了解总体上的灭火战斗措施，便于确定自己的主攻方向，更好地组织本级灭火战斗行动。

（4）灭火战斗阶段。

灭火战斗阶段即从时间上对一场灭火战斗所划分的阶段。扑救时间长的火灾，各阶段的划分比较明显。扑救时间短时各阶段就不太明显，也没有划分的必要。灭火战斗阶段的划分，与灭火对象和灭火技战术关系较大。了解火灾的各不同灭火阶段，便于从整体上把握灭火战斗全过程，集中精力考虑各灭火阶段的战术方案和技术措施。

（5）火场后勤保障。

火场后勤保障指除正常调集的消防车辆和人员以外的各种物资材料的消耗。通常情况下主要有火场供水保障、灭火器材、工具保障、人员食宿、服装、医疗保障等。火场后勤保障情况不但在一定程度上可表明灭火战斗规模，同时也反映了当地可用于灭火的各种物质条件，这在完成想定作业时都应充分予以考虑。

3. 要求执行事项

要求执行事项通常主要写明受训人员作业身份或充当的职务，学习的有关材料，实施作业的内容，完成作业的标准和时间等。

4. 附件

凡是单位基本情况、高层建筑火灾扑救过程和参考资料不易直接表达的内容，均都用附件的形式表达。常见的附件有灭火战斗编成表、消防技术装备表、现场火情态势图等。

（三）补充想定

补充想定亦称补充情况，是基本想定的补充和继续，是为受训人员进行某一训练问题的想定作业和图上演练提供的条件。它是根据企图立案、基本想定、训练问题的内容、目的和受训人员水平等条件编写的。主要内容包括高层建筑火灾作战对象，灭火战斗的时间、地点，当时的火情态势，上级领导的要求和本级灭火任务，要求执行事项等。补充想定通常采取文字叙述式或地图注记式两种表达形式。按具体想定作业形式的要求，可集中下达或分散下达。

组织灭火战斗阶段的补充想定通常用来诱导受训人员进行接受火警、判断火情、调集力量等几项作业。它一般以火灾报警、火情通报、出动命令等形式出现。灭火战斗实施阶段的补充想定通常按训练问题和目的，灭火战斗对象、时间和地点，前一阶段灭火简要经过，当前火情态势、上级指示、本级任务、友邻行动，以及要求执行事项和附件的顺序表达。

补充想定通常是依据企图立案对本训练问题的设计编写的。如立案阶段没有系统考虑各训练问题的基本方案时，一般都按下列方法和步骤进行编写：一是根据训练问题和目的，确定灭火决心和处置要点；二是根据灭火决心和处置要点，设置火情态势和必须给受训人员提供的条件；三是根据设置的火情态势和给受训人员提供的条件，具体设想灭火总体方案和灭火行动计划；四是根据火情态势和行动计划，计算灭火战斗时间；五是按规定的格式和内容形成补充想定。

第二节　高层建筑火灾扑救想定作业的编写方法

高层建筑火灾扑救想定作业是根据建筑火灾扑救、灭火战术基础、灭火战术等理论教材、训练课题类型、训练目的及灭火救援行动特点、受训人员的理论基础和训练场地等条件编写。

一、编写前的准备工作

（一）拟定编写计划

编写计划应明确编写的高层建筑火灾扑救重点和指导思想，训练时间和课时分配，编写任务区分和要求，编写的方法和步骤，以及完成编写的时限等。

（二）掌握理论知识

编写前应围绕编写的高层建筑火灾扑救主题，广泛收集相关高层建筑火灾灭火战术基础理论、技术装备、最新学术观点和气象等资料，并从实际需要出发，有重点地组织学习和研究，准确掌握战术原则和行动特点，各种消防技术装备的性能和在灭火救援中的运用，各种学术观点和实例、数据等。

（三）选取典型战例

从编写想定作业的总体需要出发，选择与训练目的相对应的高层建筑火灾救援战例。灭火救援战例选定后，可组织相关人员进行战例研究，以充实和丰富灾情设定的内容。

（四）勘察作业场地

选择作业场地应结合高层建筑火灾扑救不同类别，考虑现场地形、地物和环境因素。地形因素，即便于反映想定所涉及范围内的道路、水源等情况；地物因素，即便于创设想定的高层建筑火灾扑救作战条件；环境因素，即便于组织警戒、通信和给养等多方面的训练保障。

二、编写的具体方法

（一）情况设定的编写

情况设定是根据高层建筑火灾扑救主题、训练目的和训练问题设想的灭火救援企图的方案。

编写情况设定应统观火场全局，明确高层建筑的着火部位，并注意把握以下几点：一是首先应设置高层建筑火灾扑救的背景，及由此形成的灾情态势，以此构思火灾扑救要实现的目标，从而确立火灾扑救重点。二是统筹火灾扑救过程的发展，合理设置高层建筑火灾扑救的重心和关键节点。高层建筑火灾扑救的重心是灭火中所要解决的主要矛盾，是灭火战术训练的重点。三是设计有特色的高层建筑火灾扑救战法。高层建筑火灾发展除了符合一般建筑火灾的典型特征外，还具有易形成立体燃烧、易造成大量人员伤亡及灭火作战难度大等特点，设计新的有特色的火灾扑救战法，能够提高受训人员灭火战术理论水平和实操水平。四是要体现灭火战术研究的新成果，反映国家综合性消防救援队伍消防车辆和器材装备的新变化，避免陈旧、老套、呆板的格局，使高层建筑火灾扑救的情况设定更加现实生动。

（二）基本想定的编写

（1）主要介绍高层建筑的地理位置、建筑物的用途特点、周围环境、内部建筑布局、消防水源以及和事故处置相关的其他情况，如天气情况等。

（2）叙述灾害发展情况，包括高层建筑的起火部位，起火的时间、原因，发现时的高层建筑火灾所处的燃烧阶段，火灾的发展蔓延速度和进程，火灾影响面积及造成的人员伤亡和物资财产损失，以及对社会生产生活带来的重大影响等。

（3）介绍力量调集情况。根据高层建筑火灾扑救的需要及时将各种灭火救援力量调往火场，是有效救援的客观物质基础，是确定事故救援方案、实施灭火救援指挥的前提条件。力量调集情况应着重写明调集的时间和单位，出动的车数和人员数，前去协助救援的社会团体和动用的各种装备等。

（4）写明各种保障情况，包括交通、通信、警戒、灭火救援装备等方面的保障。主要写明执行保障任务的单位，动用的保障力量，采取的保障措施及保障方面的组织指挥等。

（5）写明要求执行事项，即受训人员在完成高层建筑火灾扑救想定作业过程中所充当的职务或作业的内容及要求。

（三）补充想定的编写

编写补充想定应以高层建筑火灾扑救的情况设定、基本想定和训练目的为依据，通常采取先构思原案，再按照原案设想作业条件的方法进行编写，编写过程中要按照高层建筑火灾的发展过程及顺序编写。高层建筑火灾扑救过程是受训人员不断地分析火情、判断火情，不断地确定灭火救援方案、调整和修正灭火救援方案，自始至终对每一灭火救援环节进行组织和协调的过程。编写灭火救援过程，应先从辖区站接警出动开始，中间是各增援站陆续投入灭火救援作战，最后是灭火救援结束。编写中要按照"先辖区消防站，后增援消防站；先一线作战，后外围保障；先控制发展，后消灭灾情"的顺序进行。同时，要写明各种保障情况，并提供各种参考资料等。补充想定作业条件要符合高层建筑火灾扑救作战情况复杂、危险性大、技术性强等特点。

补充想定的表述应巧妙、含蓄，要有主有次，真伪并存。

三、编写的基本要求

编写高层建筑火灾扑救想定作业，要紧密结合高层建筑的特点和规律，根据灭火战术训练的任务与要求，立足于国家消防救援队伍现有消防装备，着眼于未来灾害发展形势；符合现代条件下灭火救援战术基础和行动规律；从难从严，从实战需要出发来构思和编写想定作业。

（一）要符合高层建筑火灾扑救训练课题的需要

高层建筑火灾扑救想定作业的编写，要紧紧围绕高层建筑火灾扑救想定课题的训练目的，选取与训练重点相适应的典型案例。应对选取的实际典型高层建筑火灾战例涉及的高层建筑进行实地调研，创设能够达成课题训练需要的作业条件，使受训人员通过想定作业和演习，切实提高其灭火救援能力。

（二）要着眼于开发受训人员的思维

编写高层建筑火灾扑救想定作业时，情况设置要若明若暗，曲折含蓄，必须提供的作业条件尽量不要集中提供，分散提供的作业条件尽量不要直接提供，使作业条件具有一定的难度。想定情况要采用隐语法、分散法、间接法和真伪并存法等表述方法，表达形式可采用文字叙述或地图注记等，切实锻炼受训人员的实战能力和判断甄别能力。

（三）要体现高层建筑火灾扑救的原则和特点

高层建筑火灾想定作业训练，是为进一步加深受训人员对灭火技术、灭火战术、建筑火灾扑救理论的理解，学会运用灭火救援基本技能和战术而编写的。因此，构思想定情况时，要体现出灭火救援作战的基本原则和行动特点。

（四）要形成严谨的结构整体

在设定、改编灾情过程中，要重视把握灭火救援作战各个环节之间的内在联系，使创设出的灭火救援情况前后衔接、结构严谨，形成一个有机的统一整体。

第三节 高层建筑火灾扑救想定作业的实施方法

高层建筑火灾扑救想定作业的实施，是受训人员依据建筑火灾扑救、灭火战术基础、灭火战术救援指挥等理论，按照高层建筑火灾扑救想定作业提供的情况进行作业的训练活动。其目的在于使受训人员进一步深化对建筑火灾扑救和战术理论的理解，获得对高层建筑火灾扑救规律性的认识，实现由知识向能力的转化，提高灭火救援指挥水平和战术素养。高层建筑火灾扑救想定作业的组织与实施，根据课题类型、训练目的和受训对象不同，通常可分为集团作业、编组作业、即题作业等形式和方法。

一、实施集团作业时的程序和方法

集团作业是受训人员在教官的指导下，以同一身份，独立思考，各抒己见，集体讨论高层建筑火灾扑救想定提出问题的训练形式。通过集团作业可使受训人员深化对建筑火灾扑救、灭火战术基础和战术理论的理解，灵活掌握运用灭火救援知识和技能解决实际问题的基本方法，初步形成进行高层建筑火灾扑救的能力，并为高层建筑火灾扑救实战奠定基础。这种训练组织形式具有组织保障简便、方法灵活多样、研究问题集中、作业独立性强等特点。实施集团作业的程序和方法一般分为：布置作业、个人独立完成作业、集体讨论、总结讲评四个阶段。

（一）布置作业

布置作业是在作业之前，对受训人员有计划地进行辅导，特别是对于建筑火灾扑救、灭火战术基础和战术理论的讲解。目的是使受训人员能尽快进入想定情况，知道做什么，怎么做，明确作业内容，掌握作业方法，为独立作业创造条件。内容通常包括：训练课题、目的、问题、作业内容、重点、方法和要求，完成时间和提示等。在提示中，利用作业图，除将高层建筑的特点和参战力量等作简要介绍外，应着重指出要大家考虑和掌握的问题，并根据受训人员的水平和课题难易程度，善于启发引路，使其能入门作业。布置作业的方法，根据情况灵活掌握。

（二）个人独立完成作业

个人独立完成作业，即受训人员根据高层建筑火灾扑救想定作业所提供的作业条件和教官布置的作业要求，独立完成高层建筑火灾扑救方案的设计，这是集团作业中的中心环节。

个人独立完成作业必须严格要求受训人员独立完成高层建筑火灾扑救方案的设计，注重强化创造意识，培养受训人员的独立工作能力。

（三）集体讨论

集体讨论是受训人员在教官指导下，就各自作业方案交换意见，深化认识的交流活动。目的在于通过交流，互相启发，进一步加深对建筑火灾扑救、灭火战术基础和战术理论的理解，掌握分析判断的基本方法，提高解决各种复杂问题的实际能力。

（四）总结讲评

总结讲评，是在高层建筑火灾扑救想定作业后进行的总结。通常是在集体讨论的基础上由教官实施，也可指定受训人员进行。其内容主要包括：重述高层建筑火灾扑救火想定作业课题的题目，进一步明确训练目的，讲评作业情况并对作业作出评价，结合作业阐述有关理论问题等。

总结讲评时，要将对具体问题的认识上升到理性的高度，防止就事论事，要联系大家作业的实际，归纳总结出带规律性的知识启发大家，防止放电影式的简单再现，要有严谨的治学态度，实事求是地解答受训人员提出的疑难问题，切不可不知以为知，要善于提出新的问题让大家思考，以便保持思维的连续性。

二、实施编组作业时的程序和方法

编组作业是指受训人员在教官的指导下，按不同职务（如现场总指挥员、作战组长、后勤保障组长、通信联络组长等）编组后所进行的作业。编组作业通常在集团作业的基础上进行，有时也与集团作业相结合或穿插进行。编组作业的内容可以是一个完整的训练课题，也可以是一个或几个训练课题。

（一）编组的方式

（1）按人员职务构成，可分为指挥员系统编组和指挥机构编组。

（2）按编制序列，可分为一级编组和多级编组。

（3）按编组的员额，可分为满员编组和缺额编组等。

（二）编组作业的基本程序

编组作业的基本程序可分为作业准备、作业实施、总结讲评三个阶段。

1. 作业准备

作业准备中，除应明确人员编组和职务分工外，其他工作内容基本与集团作业相同。

2. 作业实施

作业实施阶段的各训练问题通常连贯进行。作业条件由教官以文字、口述或情况显示等方法，利用有线电话、无线电台、文字传真、人员传递等多种手段，逐次提供并诱导受训人员作业。作业中，应适时检查作业进展情况，发现问题应以随机情况来诱导其自行纠正。无特殊情况一般不中止作业。

3. 总结讲评

总结讲评的内容和方法，基本与集团作业中的相同。

（三）编组作业的注意事项

编组作业能最大限度接近实际，作业过程实战感强，受训人员得到的锻炼较大。但由于作业人员分别充当不同职务，各自作业内容互不相同，且训练问题连续性强。因此，组织实施编组作业工作量大，指导和管理都有一定难度。这样，在组织实施编组作业时，特别需要注意以下问题：

1. 确保作业秩序

编组作业要求受训人员以不同身份完成同一课题作业，相互之间联系密切、交流频繁，易于影响作业秩序。为使作业有条不紊地进行，组织作业的教官一要周密计划，充分准备，做到编组有计划，指导有方案；二要加强现场管理，特别要加强作业班子以外人员的管理，使他们严守现场纪律，保持良好的秩序；三要注意引导大家对已有知识和技能在脑海中的再现，保证其作业有据可循，防止忙乱现象。

2. 做好科学编组

编组作业，由于受多方面因素的制约，很难一次使受训人员都能充当一定的职务，特别是主要职务。为使每个受训人员都能得到锻炼的机会，应尽量缩小编组范围和增加作业组次，并在作业过程中适时轮换所任职务。同时还应加强对作业班子以外人员的组织指导，使他们随着作业进程和完成作业的主要内容，也能从中得到锻炼和提高。

3. 加强对作业的指导

编组作业、受训人员作业内容不一，但又相互联系，相互制约。为保证训练效果，组织作业的教官应全面了解和掌握作业的进展情况，采取多种方法实施全面指导。指导应贯彻启发式、诱导式，善于让受训人员在自我发现问题和自我解决问题的过程中得到锻炼。

三、实施即题作业时的程序和方法

即题作业，是在完成某一训练问题基本作业的基础上，围绕原课题又继续延伸的作业。在变换想定情况、作业场地和作业方式的前提下，就原来的训练问题进行即题作业，可使受训人员进行巩固基本作业中所学到的知识技能，加深对有关建筑火灾扑救、灭火战术基础和战术理论的理解，提高灵活运用灭火战术理论的能力。同时，也能检查受训人员对所学内容理解的程度。它既可以集团作业的形式组织，也可以编组作业的形式组织。

（一）即题作业的特点

1. 内容特定，针对性强

即题作业通常以强化重点内容为主要目的，作业内容通常为某个训练的难点问题，而不是某一课题的内容。

2. 难度较大，要求较高

即题作业是想定情况创设中的特殊作业方法，一般都具有一定的难度。

3. 准备简单，便于组织

即题作业不需要编写系统的文字材料或进行较长时间的准备，只要创设出必要的想定情况，便可组织实施。

（二）即题作业的基本程序

即题作业的基本程序是布置作业、独立作业、检查讨论和小结讲评。

1. 布置作业

即宣布作业内容，明确作业条件和要求。

2. 独立作业

即受训人员根据提供的作业条件，运用所学理论知识和技能独立完成作业。

3. 检查讨论

即接受受训人员作业方案的口头报告和书面报告。

4. 小结讲评

即针对即题作业与基本作业的不同特点，结合作业完成情况，有重点地讲清即题作业的研究内容和需要达到的目的，其他内容与基本作业相同。

（三）即题作业的注意事项

（1）要创设复杂的灭火救援作战过程，最大限度地缩短作业时间，强调个人独立作业。

（2）即题作业要以巩固和检验受训人员的灭火救援指挥理论知识和各种技能及战术应用为目的。

（3）提高灵活运用战术理论解决实际问题的能力，防止出现低层次循环现象。

第二章
高层公寓、住宅火灾扑救想定作业

第一节　高层公寓火灾扑救想定作业一

一、基本想定

认真阅读本材料，熟悉整个救援过程。

（一）

砺房公寓位于某市利济南路 25 号，地处该市最繁华的闹市区，东面为利济南路；南面为汉水街；西面为解放正巷；北面为崇德里。

着火建筑砺房公寓是一栋集商贸、仓储、办公、居住于一体的商服住宅楼。建筑高度 95.8 米，共 26 层，建筑面积 20774 平方米。其功能布局是：地下一层为设备层，地上一层为商业门面、银行和客运中心，二～二十六层为住宅及办公区，共住有 166 户 680 人，通往住户的楼梯共有 3 部。该建筑与光裕大楼、崇德里东楼、崇德里西楼通过裙房连为一体，整体形成一个大"回"字形布局。

着火建筑周边 200 米范围内有市政消火栓 10 个，其中利济南路消火栓 4 个，汉正街 3 个，汉水街 2 个，解放正巷 1 个；周边市政消火栓属环状管网，出口压力约为 0.3 兆帕。

气象情况：当天多云，气温 0～8 摄氏度，偏北风 2～3 级，空气湿度 50%～85%。

火场距辖区主管汉正街消防救援站 2 公里（正常情况下约 5 分钟车程），距最近的增援力量江汉消防救援站 3.3 公里（正常情况下约 8 分钟车程）。

（二）

1 月 8 日 9 时 20 分许，市消防救援支队作战指挥中心接到火灾报警后，先后调集汉正街等 8 个消防救援站和 1 个战勤保障大队共 57 辆消防车、230 余名消防救援人员赶赴现场。全体参战人员在火场指挥部的统一指挥下，快速出击、快速救人、快速灭火，经过 2 个多小时的奋勇扑救，成功扑灭大火。从着火区域内成功抢救出被困人员 5 人，疏散 270 人，从受到火势威胁的毗邻建筑内安全转移群众 1000 余人。

（三）

本次火灾具有以下特点：

1. 可燃物多，火灾荷载大，燃烧蔓延迅速

着火建筑是一栋大型综合性高层商服住宅楼，大楼内部商铺存放大量纸张文具和纸箱纸盒等易燃商品，增加了火灾荷载，易形成立体燃烧。发生火灾后，建筑内上下连通，缺少消防分区，导致燃烧猛烈，蔓延迅速。

2. 有毒烟雾聚集，能见度低，易造成人员伤亡

建筑内大量的塑料橡胶制品和纸张等燃烧时，会产生大量烟雾和有毒气体，危害现场人员安全。大量烟雾聚集，能见度降低，影响消防救援人员灭火救援战斗展开；高温烟气弥漫，造成被困人员恐慌，极易造成人员伤亡。

3. 人员聚集，疏散通道少，疏散救人困难

着火建筑使用性质多样，建筑内有既有商铺，又有居民住宅，还有办公场所，货物混杂，人员混居。一层商铺内摊位密集，人流量大，通道较少。二～二十三层有 100 余户居民，二十四～二十六层还有大量人员办公。火灾发生后，大火和浓烟容易封锁逃生通道，导致人员逃生、消防施救十分困难。

4. 外部作战空间狭窄，内攻环境复杂，灭火处置难度大

起火建筑周边商贸云集、人流物流量大、周边交通堵塞。着火建筑外部可供消防救援人员作业的场地及空间狭窄，东、南两面可供消防车停靠，但云梯车展开受到了架空电线的限制。西、北两侧消防车无法停靠。深入内攻仅靠南、北两部楼梯，增加了灭火救人的难度。

（四）

力量编成：

（1）汉正街消防救援站：消防救援人员 28 人，水罐消防车 2 辆，泡沫消防车 2 辆，云梯消防车 1 辆；

（2）江汉消防救援站：消防救援人员 30 人，水罐消防车 4 辆，泡沫消防车 2 辆，云梯消防车 2 辆；

（3）江岸消防救援站：消防救援人员 32 人，水罐消防车 3 辆，泡沫消防车 3 辆；

（4）硚口消防救援站：消防救援人员 35 人，水罐消防车 4 辆，云梯消防车 1 辆，登高平台消防车 2 辆；

（5）汉阳消防救援站：消防救援人员 29 人，水罐消防车 3 辆，泡沫消防车 2 辆，云梯消防车 2 辆；

（6）青年路消防救援站：消防救援人员 14 人，水罐消防车 3 辆，泡沫消防车 2 辆；

（7）天门墩消防救援站：消防救援人员 12 人，水罐消防车 2 辆，云梯消防车 1 辆；

（8）特勤一站：消防救援人员 36 人，水罐消防车 3 辆，泡沫消防车 3 辆，云梯消防车 1 辆；

（9）战勤保障大队：消防救援人员 18 人，器材车 4 辆，油料供给车 1 辆，空气呼吸器充气车 1 辆，野战炊事车 1 辆，通信指挥车 1 辆，火场抢修车 1 辆。

（五）

要求执行事项：

（1）熟悉该单位情况和基本想定内容。

（2）以指挥员身份理解任务，判断火情，定下决心，部署战斗，处置情况。

（六）

硚房公寓周边水源分布图（图 2-1-1）。

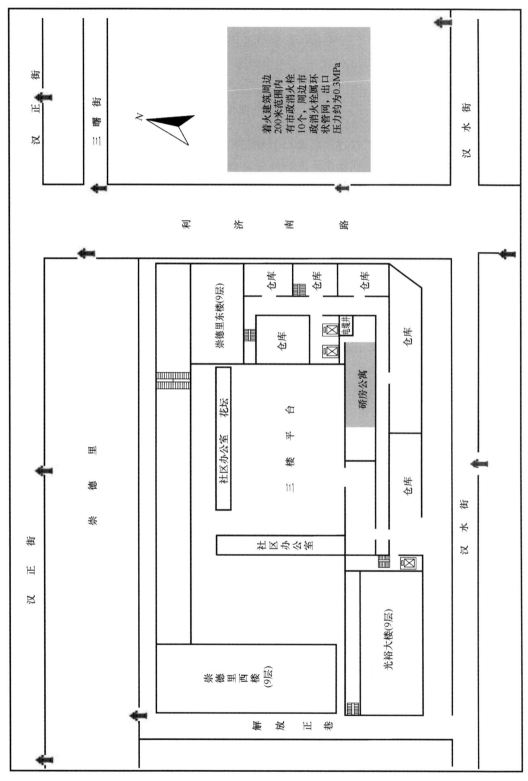

着火建筑周边200米范围内有市政消火栓10个，周边市政消火栓属环状管网，出口压力约为0.3MPa

图 2-1-1 砾房公寓周边水源分布图

二、补充想定

请根据基本想定内容，结合补充想定材料完成相应问题。

（一）

1月8日9时28分28秒，市消防救援支队作战指挥中心接到硚房公寓火灾报警后，立即调集汉正街等5个消防救援站的33辆车、150余名消防救援人员赶赴火灾现场。

支队长、政委闻警后，立即带领支队全勤指挥部人员赶赴火场。

在行驶途中，支队长、政委通过车载电台了解到着火建筑属于一栋大型高层综合性商服住宅楼，人员居住混杂、货物堆积量大，周边环境复杂。

> 1. 集中调派力量于火场需要解决哪些主要问题。
> 2. 第一出动力量确定的基本要求有哪些。
> 3. 请写出支队指挥员在力量调集时的决策内容。

（二）

9时34分，辖区汉正街消防救援站首先到达现场，指挥员经初步侦察发现硚房公寓南面二楼、三楼浓烟向外翻滚，火焰从二楼南侧多个窗台窜出，随即对作战任务进行了部署。

> 4. 火情侦察有哪些方法及需要侦察哪些方面的主要情况。
> 5. 作为辖区消防救援站指挥员，初战指挥应注意哪些问题。
> 6. 作为辖区消防救援站指挥员，如何部署灭火救援战斗任务。

（三）

9时39分，江汉消防救援站到场。在火场东面2名妇女站在四楼窗边，用绳子系住一顶草帽，挥舞着大声呼救。辖区指挥员迅速在起火建筑东面升起22米云梯车救人。由于云梯车最大伸展平台与四层窗台还相差2米，营救人员采用挂钩梯与云梯车联用的方式，将四层2名被困人员救下。随后，4名攻坚组战斗员利用云梯进入四层，出1支水枪，由东向南内攻控制火势向东蔓延。同时，搜救小组由起火建筑东面楼梯进入楼内，疏散50余人。

> 7. 在全勤指挥部到达火场前，辖区救援力量与增援力量灭火救援战斗行动应如何指挥部署。
> 8. 消防员在使用挂钩梯和云梯消防车救人时，应注意哪些安全问题。

（四）

9时46分，支队长、政委、副支队长等领导带领支队全勤指挥部到达现场，成立现场作战指挥部，统一指挥救人灭火战斗。针对火场实际，指挥部命令：一是全力疏散和搜救建筑内被困人员；二是堵截火势，防止大火向上层建筑和邻近建筑蔓延。经过到场消防救援人员的共同努力，成功疏散出17人，并初步控制住了火势。

> 9. 在高层建筑火灾中，火场救人需要重点搜索的部位有哪些。
> 10. 根据此次火灾的特点，消防救援队伍火场救人可选择内攻途径有哪些。
> 11. 在堵截火势蔓延的过程中，有哪些注意事项。

（五）

10 时 06 分，总队政委、市政府等领导到达现场，成立灭火救援总指挥部，接管火场灭火指挥权，统一指挥灭火救援战斗。总指挥部要求"现场调集精干力量，继续搜救被困人员"。现场作战指挥部迅速组织各增援消防救援站从建筑东、南、北三个方向进入楼内，通过敲门、喊话等方式逐层逐户进行搜寻，共疏散、转移被困群众 40 余人。

10 时 15 分，支队战勤保障大队赶赴现场，器材车、油料供给车、空气呼吸器充气车、野战炊事车、通信指挥车、火场抢修车等 9 辆各类战勤保障车辆停于利济南路边为参战消防救援站提供战勤保障。

10 时 22 分，增援的青年路、天门墩、特勤一站 3 个消防救援站相继到达现场。

12. 现场作战总指挥部承担的主要任务有哪些。
13. 在高层建筑火灾中，消防救援人员在内攻救人时需要注意哪些问题。
14. 在内攻搜救过程中，需要携带哪些器材装备保证救人疏散任务顺利完成。
15. 由于参展力量众多，消防救援车辆、战勤保障车辆等停靠位置需要注意哪些问题。

（六）

10 时 45 分，火场指挥部科学调整部署，下达了灭火总攻的命令，参战消防救援人员对大火展开了全面进攻。特勤一站、青年路、江岸消防救援站分别从起火建筑三至五层由北向南逐步推进，硚口、青年路消防救援站分别从起火建筑三至五层由东向南逐步推进，汉正街、江汉、汉阳、天门墩消防救援站由南向北推进。此时，整个火场形成内部灭火与外部破拆相结合，各楼层立体进攻遥相呼应，东、南、北三面夹攻，东南面排烟的有效灭火态势。

10 时 55 分，经过各参战消防救援站的奋力扑救，大火蔓延的趋势已得到有效控制。

11 时 30 分，大火被全部扑灭。

12 时 10 分，经过清理，确认无残火，除辖区主管站汉正街消防救援站留 2 辆消防车监护火场外，其余力量全部撤离。

16. 火场破拆的目的是什么，在破拆过程中注意事项有哪些。
17. 火场排烟的方法有哪些。
18. 如何科学安全选择内攻射水阵地。

第二节　高层公寓火灾扑救想定作业二

一、基本想定

认真阅读本材料，熟悉整个救援过程。

（一）

某市温富公寓于 1993 年开工建设，1996 年 7 月建成并投入使用，共 28 层，地下 1 层，为商住楼，总建筑面积 29304 平方米。该公寓北为人民西路，东为隔岸路，南临水心河，西面为住宅区。1～3楼为裙房，一楼设有夏蒙西服专卖店、中国农业银行营业网点、朵朵鲜园艺有限公司、金榜美发店、克丽缇娜美容院和城市晚报广告部，一楼建筑面积970平方米；二层设有艺苑舞厅和中国银行员工食堂；三楼设有奥成贸易有限公司和开泰百货办公室；4～28楼为住宅，每层有8套住房，有住户200户；地下1层为自行车库和摩托车库。

温富公寓周围300米范围，有市政消火栓10个，塘河取水口2处，南侧有天然小河（水心河），水源充足。

气象情况：当时气温为13℃，风向为西风，风力为2级。

（二）

12月12日上午8时27分，某市人民西路69号温富公寓裙房一楼发生火灾。

起火建筑物火场情况：

（1）该大厦裙楼部分共有3个安全出口，裙楼一至二楼设有自动扶梯一部。一至三楼分别有南、北、西面3个直通室外的出口。

（2）裙楼一楼层高5米多，使用可燃装修材料，并在楼内设置了夹层（阁楼），用于办公和仓储大量干鲜花，以及其他塑料、泡沫包装材料，火灾荷载大。

（三）

本次火灾具有以下特点：

（1）火灾发展特征明显，使用可燃装修材料，建筑密封性能较好，燃烧形成橙色的剧毒浓烟，发烟量大，烟雾通过各类通道蔓延。

（2）浓烟、高温和火焰从各开口处喷出，烟囱效应强，突破外壳向上蔓延，燃烧、蔓延速度快。

（3）人员密集，且分散在不同部位，被困人员情绪紧张，人员疏散困难，疏散时间长、距离长。

（四）

该市消防救援支队指挥中心接到报警后，先后调集了广场路、勤奋路、特勤一站、特勤二站等5个消防救援站22辆消防车、140名消防救援人员赶赴现场组织救援。此次火灾烟雾大，火势蔓延迅速，被困人员多，参战力量多，并处在交通要道上，火场情况复杂，在火场指挥部统一指挥下，启动了《某市重特大火灾事故处置应急预案》，经过近2个小时的奋勇扑救，成功将大火扑灭，共抢救113人（不含21名死者）、疏散98人，过火面积1270平方米；共造成21人死亡（11男10女）。火灾中，3名消防救援人员负伤。

（五）

力量编成：

（1）广场路消防救援站：消防救援人员24人，水罐消防车2辆，云梯消防车1辆；

（2）勤奋路消防救援站：消防救援人员26人，水罐消防车3辆，泡沫消防车1辆；

（3）鹿城消防救援站：消防救援人员28人，水罐消防车3辆，泡沫消防车1辆；

（4）特勤一站：消防救援人员32人，水罐消防车3辆，泡沫消防车2辆，云梯消防车1辆，登高平台消防车1辆；

（5）特勤二站：消防救援人员 30 人，水罐消防车 2 辆，云梯消防车 1 辆，登高平台消防车 1 辆。

<h2 style="text-align:center">（六）</h2>

要求执行事项：

（1）熟悉该单位情况和基本想定内容。

（2）以指挥员身份理解任务，判断火情，定下决心，部署战斗，处置情况。

<h2 style="text-align:center">（七）</h2>

温富大厦地理位置图（图 2-2-1）。

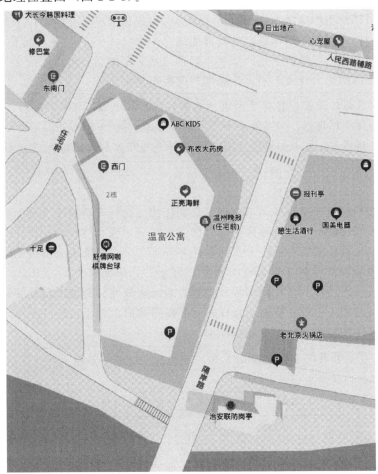

图 2-2-1　温富公寓地理位置图

二、补充想定

请根据基本想定内容，结合补充想定材料完成相应问题。

<h2 style="text-align:center">（一）</h2>

12 月 12 日 8 时 27 分，某市消防救援支队指挥中心接到温富公寓裙房一楼发生火灾报

警后，迅速调派力量前往处置，8时31分许，广场路消防救援站首先到场，辖区指挥员立即组织侦察小组展开火情侦察。此时，温富公寓裙房东南侧已被浓烟笼罩，朵朵鲜花店内浓烟翻滚，一楼主大门内烟雾弥漫，自动扶梯已被浓烟封堵；外部侦察发现二楼一窗口处有人员在呼叫待救，火势沿外墙向上蔓延，经侦察发现，建筑内还有人员被困。

1. 在高层建筑火灾中，火场救人需要重点搜索的部位有哪些。
2. 结合此次火灾的特点，消防救援人员可选择内攻途径有哪些。
3. 在堵截火势蔓延的过程中，有哪些注意事项。

（二）

8时32分许，第一出动的勤奋路消防救援站到场，按预案要求，将救援车辆停靠于公寓西侧。辖区消防站指挥员向支队作战指挥中心汇报现场情况。此时，位于公寓地下车库出入口坡道上方的窗口均在向外冒橙色的剧毒浓烟。8时40分许，增援的特勤二站到达火场。根据广场路消防救援站指挥员下达的指令，特勤二站头车停靠公寓正面的交叉路口，二车停靠人民西路北侧的四达大楼楼下消火栓取水并向头车供水。

4. 写出辖区消防救援站指挥员向消防支队作战指挥中心汇报的内容。
5. 辖区指挥员到场后，应为他的初步指挥决策做哪些准备工作。
6. 在内部侦察前，应做好哪些工作，以保障整个侦察行动的顺利进行和自身的安全。

（三）

支队全勤指挥部接到报告后，迅速指派全勤指挥部遂行人员前往火场加强灭火救援组织指挥。途中，指挥部人员与火场辖区消防救援站指挥员加强通信联系，指导开展灭火救援行动；同时根据上级领导的指令，进一步明确任务分工，全力做好灭火救援工作。

9时05分许，支队全勤指挥部遂行人员到现场后，按职责分工，由支队值班指挥长负责统一指挥，成立现场作战指挥部，统一指挥救人灭火战斗。鹿城消防救援站指挥员负责统计疏散营救人员的相关信息。同时，指挥长及时向市政府汇报了火场情况，市委市政府领导及相关部门领导迅速到场并成立火场指挥部。

7. 以支队值班指挥长身份写出向市政府及相关部门领导汇报火场情况的具体内容。
8. 灭火组织指挥的原则是什么。
9. 火场前沿指挥部成立后，主要应该做哪些方面的工作。

（四）

火势发展十分迅猛，整个裙房一至三楼均在向外冒烟，主楼四层以上许多窗口有人员在呼救；着火店面内一片火海，熊熊的火焰在烧穿的阁楼、塌落的顶棚及倒塌的货架下猛烈燃烧，人员内攻十分困难且具有很大危险性；火灾时，火灾报警、事故广播系统，及消防水泵和防排烟系统均无法使用。指挥部马上成立了搜索救人、水枪掩护、照明保障和医疗救护等救援小组，实施行动救人。

10. 在高层公寓建筑火灾中，火场救人都有哪些方法，需要注意哪些问题。
11. 根据此次火灾的特点，在强行内攻十分困难的情况下，指挥部对力量部署进行调整的具体内容有哪些。

（五）

一楼灭火及二、三楼内攻搜救取得逐步突破的同时，指挥部将救援重心及时转移到被浓烟吞噬且有数十人被困的主楼四层以上住宅。救援过程中，搜救小组获悉二十一层电梯内有人员被困信息，发现电梯不仅停在二十层与二十一层之间，而且里面的被困者是一名已经窒息昏迷的孕妇，情况万分危急。

12. 在进行火场人员搜救和疏散过程中需要注意哪些事项。

13. 消防救援人员可以采取哪些现场急救手段。

14. 针对内攻搜救组反馈的搜救和侦察情况，指挥部应如何部署救援行动。

（六）

10 时 30 分许，经过全体参战消防救援人员近 2 小时的奋勇扑救，火势基本被扑灭，楼内人员得到有效转移、救助，险情全面消除。指挥部再次对力量进行调整部署，留广场路消防救援站等 6 辆消防车继续担负残火清理和火场监护工作。在清理朵朵鲜园艺有限公司仓库内余火中，发现 2 名遇难人员尸体。

11 时 30 分许，余火被全部扑灭。指挥部决定留广场路消防救援站一辆水罐消防车担负现场监护工作，其余消防救援站车辆整理器材后全部归队。

15. 在残火清理和火场监护中，要重点注意的部位有哪些。

16. 请写出在本次火灾扑救过程中在组织指挥方面存在哪些方面不足及改进措施。

第三节 高层公寓火灾扑救想定作业三

一、基本想定

认真阅读本材料，熟悉整个救援过程。

（一）

衡州公寓位于某市宣灵村，东、北面与衡州大市场相邻，南接正衡股份有限公司商服住宅楼，西面毗连房地局住宅楼。占地面积 1100 平方米，总建筑面积 7200 平方米，共 8 层，局部 9 层，高 28.5 米。该建筑于 1997 年 4 月动工兴建，1998 年 10 月建成并投入使用。一层为框架结构门面，后改做仓库使用；二层以上为砖混结构，均为居民住宅。一楼仓库内储有大量的电器、橡胶制品以及烟酒、糖果、红枣、八角、木耳等副食品，致使火灾荷载成倍增加；该建筑四周均被居民楼、商住楼包围，防火间距、火灾扑救面严重不足，通道内设有水泥墩，衡州公寓属"回"字形平台单元式商服住宅楼，只有东面 1 个楼梯口从一层上到二楼平台，再从二楼平台分为 5 个居住单元。

（二）

本次火灾具有以下特点：

（1）这次灾害首先由火灾引起最终导致建筑物倒塌，一层由门面擅自改为仓库，使火灾荷载密度大大增加，火势相当猛烈，燃烧时间长。四周违章建筑比较多，不利于外部进攻，仓库内部由铁丝网分割，且堆满物品，烟气火焰可以蔓延，但是消防救援人员不易通过，内攻难度大。

（2）火灾发生在凌晨，发现起火时间晚，报警更晚，消防救援队伍到达现场时，火灾已处于猛烈燃烧阶段，错过最佳扑救时机。由于二层以上住宅居民处于熟睡状态，且疏散通道狭窄，二层只有一个出口通往地面，居民疏散工作十分困难。

（3）建筑结构为底层框架结构，采用预应力钢筋，耐火性能不好。二层以上为砖混结构，建筑整体性差，建筑材料的使用不合格，加之火灾燃烧猛烈，持续时间长，导致建筑突然倒塌。部局和省、市领导到达现场指挥协调，救援力量众多，指挥体系复杂，救援技术难度大。

（三）

11月3日凌晨5时许，某市衡州公寓发生特大火灾。市消防救援支队5时39分25秒接到报警后，先后调集4个消防救援站、4个专职消防救援队共16辆消防车和市环卫局2辆洒水车，150余名消防救援人员赶赴现场进行灭火救援。8时许大火基本控制，大楼内94户412人及周边楼宇居民全部疏散撤离到安全地带。8时33分，大楼西北部分（约占整个建筑的五分之二）突然坍塌，现场立即由火灾扑救转为灭火与救援同步进行。这次特大火灾坍塌事故，造成36人伤亡，其中20名消防救援人员壮烈牺牲，11名消防救援人员、4名记者及1名保安不同程度受伤。

（四）

力量编成：

（1）辖区珠晖消防救援站：消防救援人员20人，水罐消防车3辆；

（2）特勤消防救援站：消防救援人员24人，水罐消防车3辆，举高喷射消防车1辆，器材装备消防车1辆；

（3）雁峰消防救援站：消防救援人员18人，水罐消防车2辆；

（4）石鼓消防救援站：消防救援人员15人，水罐消防车2辆；

（5）湖口专职消防救援队：消防救援人员19人，水罐消防车1辆；

（6）穿金专职消防救援队：消防救援人员21人，水罐消防车1辆；

（7）澎湃专职消防救援队：消防救援人员16人，水罐消防车1辆；

（8）天竹专职消防救援队：消防救援人员18人，水罐消防车1辆。

（五）

要求执行事项：

（1）熟悉该单位情况和基本想定内容。

（2）以指挥员身份理解任务，判断火情，定下决心，部署战斗，处置情况。

（六）

衡州公寓周边水源分布图（图2-3-1）。

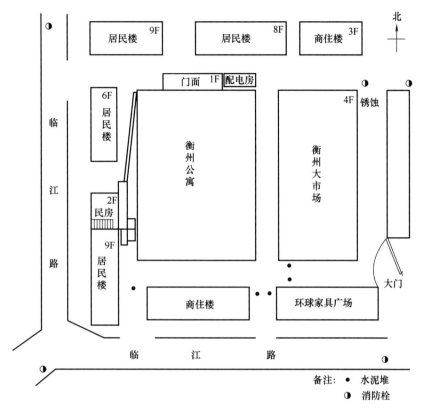

图 2-3-1　衡州公寓周边水源分布图

二、补充想定

请根据基本想定内容，结合补充想定材料完成相应问题。

（一）

11 月 3 日凌晨 5 时许，公寓保安值班员发现公寓一楼仓库有浓烟冒出，过了大约 10 分钟，又发现明火，于是提着干粉灭火器去扑救，但没有扑灭，随即开启室内消火栓，却没有水枪水带，因此延误了报警时间，导致火势越烧越大。

5 时 39 分 25 秒，市消防救援支队指挥中心接到报警。5 时 40 分 25 秒，辖区消防救援站接到命令，出动 3 辆消防车、20 名消防救援人员于 5 时 43 分赶到现场。现场浓烟弥漫，能见度非常低，烟气中还夹带着浓烈的辣椒、硫黄味，十分呛人。此时，火势主要从西北方向东南方蔓延。

1. 以辖区消防救援站指挥员身份写出初步战斗决心的内容。
2. 作为辖区消防救援站指挥员，针对火灾现场外部观察情况还应及时采取哪些指挥行动。

（二）

5 时 58 分，支队值班领导接到报告后，当即命令支队指挥中心按一级灭火救援调度方案实施调度，先后调集特勤消防救援站 3 辆水罐消防车、1 辆举高喷射消防车和 1 辆器材装备消防车，雁峰消防救援站、石鼓消防救援站各 2 辆水罐消防车，市环卫局 2 辆洒水车和支队机关以及专职救援消防队共 130 余名消防救援人员赶赴火灾现场。此时，西北面火势正处于猛烈燃烧阶段，并向二楼蔓延，此时许多居民还在熟睡中，人身安全受到严重威胁。

> 3. 作为第一到场力量的辖区指挥员，如何进行战斗部署。
> 4. 立足现阶段战斗力量，在部署搜救和疏散行动中应注意事项有哪些。

（三）

支队当即成立了由支队长为总指挥的火场指挥部，统一指挥救人灭火战斗，按照"救人第一，科学施救"的指导思想，为防止火势蔓延和大楼倒塌等情况，给群众和参战人员造成伤害，迅速疏散解救被困群众。同时，全力控制和扑救火灾，并在大楼四周设立观察点，密切注视大楼及周边情况，一旦发现情况，立即向指挥部报告。

因该楼属"回"字形平台单元式商服住宅楼，5 个单元居住群众的疏散都必须经二楼平台，才能从东面唯一的楼梯口疏散下来，加之一层仓库在大面积燃烧，平台上的温度很高，楼上疏散下来的群众一时难以从东面的楼梯口快速疏散到地面。

> 5. 写出消防救援支队指挥部根据现场情况下达作战命令的主要内容。
> 6. 针对上述情况存在的困难，可以采取何种方法将被困群众安全疏散至地面。

（四）

疏散解救下来的群众，慌乱中相继将自家经营门面的卷闸打开，人为地造成空气对流，风助火势，造成整个火场迅速蔓延，形成全面燃烧态势。增援力量到达后，指挥部及时调整作战力量，果断采取夹击、堵截的灭火战术方法。8 时许，后勤保障人员送来早餐，分批轮换一线消防救援人员就餐。8 时 33 分，早餐结束，大楼西北部分在没有任何迹象的情况下突然坍塌，在灭火一线的 31 名消防救援人员、4 名记者、1 名保安来不及撤离被埋压在废墟中。

> 7. 火场观察员的职责和任务有哪些。
> 8. 针对突发坍塌情况，写出支队全勤指挥部向总队全勤指挥部汇报的内容要点。
> 9. 此时支队全勤指挥部应如何调整战斗部署，请写出部署的具体内容。

（五）

省、市各级领导和省消防救援总队领导接到大楼坍塌和消防救援人员伤亡严重的报告后，相继赶赴现场组织指挥抢险救援工作，并迅速成立灭火救援总指挥部，下设五个行动小组：一是抢险救援组；二是火灾事故调查组；三是善后处理组；四是医疗救护组；五是灾民安置组。

> 10. 请写出指挥机构的升级情况。
> 11. 随着到场力量的增多，灭火救援总指挥部除组织好前方救援工作外，还应统筹协调哪些工作。

（六）

灭火救援总指挥部经过充分论证，迅速做出了六条救援措施：一是吊车将楼板、墙体、梁、柱等坍塌重物清离现场；二是用生命探测仪探测和搜救犬搜索埋压在废墟中的被困人员，配合挖掘机在废墟的西北面的两个救援作业面实施作业；三是将参战全体救援人员整编成 8 个搜索救援小组，轮番作业，并搞好后勤保障，确保救援人员体力跟得上；四是利用直流水枪呈"扇"形不间断向坍塌废墟洒水，防尘、冷却降温、稀释排毒和扑灭余火；五是调集城建部门的专家，在事故现场的西北角、北面、西南角设立 3 个经纬仪观察点，实行 24 小时监测未塌部分建筑的变化情况，每隔 10 分钟向现场指挥员报告一次监测情况，严防大楼二次坍塌，确保消防救援人员的绝对安全；六是电力部门提供现场照明，为救援人员昼夜作战创造条件。

> 12. 建筑结构倒塌破坏的原因都有哪些。
> 13. 灭火救援总指挥部应怎样进行全面救援力量部署，请写出具体部署内容。
> 14. 在现场如此众多的救援力量的情况下，怎样保证指挥信息的畅通。

（七）

截至 5 日 12 时，灭火救援工作已持续了 50 多个小时，被埋压的 31 名救援人员有 30 名被搜救出来（其中 11 人生还），还有一名指挥员下落不明。指挥部当即采取了两条措施：一是在大梁的四周及下方搜寻；二是继续向坍塌现场纵深挺进。为了防止大楼二次倒塌造成救援人员伤亡，同时指挥部又果断做出决定，开辟第三个救援作业面，三个建筑监测点实行随时监控。6 日 10 时 05 分，最后一名埋压在废墟中的消防指挥员的遗体被搜救出来。至此，经过 70 多个小时的连续奋战，埋压在废墟下的 31 名消防救援人员全部被搜救出来（图 2-3-2）。

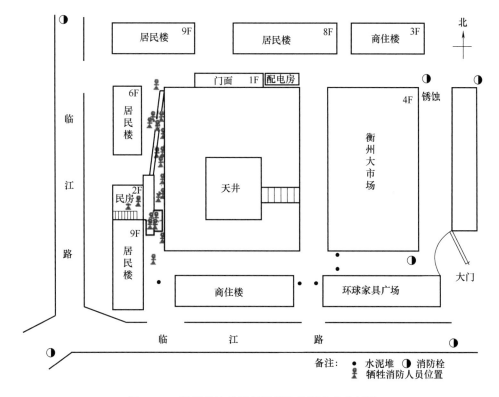

图 2-3-2　坍塌事故现场牺牲消防救援人员位置图

15. 人员搜救过程中需要注意哪些问题。

16. 在建筑倒塌搜救过程中，可以应用哪些搜救装备，采取何种搜救方法。

第四节　高层住宅火灾扑救想定作业一

一、基本想定

认真阅读本材料，熟悉整个救援过程。

（一）

某市高层商服住宅楼地处经纬街、田地街、尚志大街交汇处的三角地带，南面为经纬街与尚志大街交叉口，西面为经纬街与田地街交叉口，整个建筑呈三角形状。该建筑共有 A、B 两座，地下 1 层，地上 28 层，地下 1 层为车库，地上 4 层是商铺，5～28 层为住宅，A 座、B 座 5～20 层之间有连接体，主体楼高 99.8 米。该楼正在装修，1～4 层堆集了大量的装修材料，固定消防设施尚未投入使用。火灾发生在 A 座西侧，火势迅速向上、向东和东南侧的 B 座蔓延，起火时，楼内 106 名装修工人正在施工。

当日天气为晴转多云，气温 4～16 摄氏度，偏西风 3 级。

（二）

起火建筑物消防水源情况：

（1）距起火单位最近消防上水鹤 2 处，分别为：霓虹街 58 号上水鹤，其出水口径为 200 毫米，流量为 65 升/秒，压力 0.2 兆帕，距起火单位 540 米；工厂街与地段街拐角处上水鹤，其出水口径为 200 毫米，流量为 65 升/秒，压力 0.2 兆帕，距起火单位 580 米；单车 14 吨水罐车加水需要 3.5 分钟。

（2）临近市供排水集团消防水池 1 处，蓄水量为 800 吨。

（三）

本次火灾具有以下特点：

（1）蔓延途径多，燃烧速度快，形成立体火灾。外墙保温层采用聚氨酯硬发泡和苯板，均为可燃材料，楼体外装修面采用铝塑板和玻璃幕墙，保温层与外墙体装修面留有 15 厘米的空隙。发生火灾产生"烟囱"效应，烟火流动速度快；外部风力作用加剧火势蔓延；高强度热辐射和飞火威胁邻近建筑物。

（2）人员疏散困难，灭火救援难度大。火灾中，聚氨酯硬发泡和苯板以及装修材料，产生大量浓烟、毒气及其他燃烧产物，易造成人员呼吸困难，甚至窒息、中毒死亡；内部温度高、烟气浓、能见度低，灭火救援人员难以深入内部实施有效的人员救助及灭火战斗行动；楼层高，道路狭窄，消防举高车辆和消防移动作战装备器材难以发挥作用；可供疏散逃生的通道少，被困人员易惊慌失措，容易造成大量人员伤亡。

（3）玻璃幕墙破碎以及大量的燃烧产物和楼梯外装修坠落物，随火势风力四处飘落，极易造成地面人员伤亡和破坏地面消防车辆及供水器材，影响灭火进程。

（四）

10月9日15时59分，某市消防救援支队指挥中心接到报警，位于经纬街与田地街交叉口处，在建高层商服住宅楼双子座A座和4层裙房发生火灾。16时01分，支队指挥中心一次性调集了责任区道里消防救援站，以及南岗、承德、顾乡、群力、太平、香坊、动力、化工和特勤消防救援站，共10个消防救援站赶赴现场，合计出动70辆消防车，310名消防救援人员。支队和总队全勤指挥部遂行出动，并及时启动了重大灾害事故应急联动预案，调派交警、公安、120、供电等部门到场协助救援。此次灭火救援行动，严格贯彻了"救人第一，科学施救"的指导思想，成功解救了被困人员61名，共射水779吨，此次火灾A座1～4层裙房内装修材料被烧损，A座西侧外墙面和部分窗户烧损，全力确保B座住宅楼安然无恙，防止了火灾向建筑内部蔓延，保护了毗邻的东方宾馆、鼎鼎香火锅楼、温馨鸟服饰专卖店、供排水集团综合楼等建筑的安全。

（五）

力量编成：

（1）道里消防救援站：消防救援人员32人，水罐消防车2辆，登高平台消防车2辆，抢险救援消防车2辆；

（2）南岗消防救援站：消防救援人员30人，水罐消防车4辆，登高平台消防车1辆，抢险救援消防车2辆；

（3）承德消防救援站：消防救援人员29人，水罐消防车4辆，登高平台消防车3辆；

（4）顾乡消防救援站：消防救援人员32人，水罐消防车5辆；

（5）群力消防救援站：消防救援人员33人，水罐消防车5辆，举高喷射消防车2辆；

（6）太平消防救援站：消防救援人员28人，水罐消防车4辆，登高平台消防车3辆，举高喷射消防车1辆；

（7）香坊消防救援站：消防救援人员25人，水罐消防车3辆，抢险救援消防车2辆；

（8）动力消防救援站：消防救援人员34人，水罐消防车5辆，举高喷射消防车2辆，泡沫消防车3辆；

（9）化工消防救援站：消防救援人员32人，水罐消防车4辆，举高喷射消防车1辆，泡沫消防车2辆；

（10）特勤消防救援站：消防救援人员35人，水罐消防车5辆，登高平台消防车1辆，举高喷射消防车2辆。

（六）

要求执行事项：

（1）熟悉该单位情况和基本想定内容。

（2）以指挥员身份理解任务，判断火情，定下决心，部署战斗，处置情况。

（七）

高层商服住宅楼平面图（图2-4-1）。

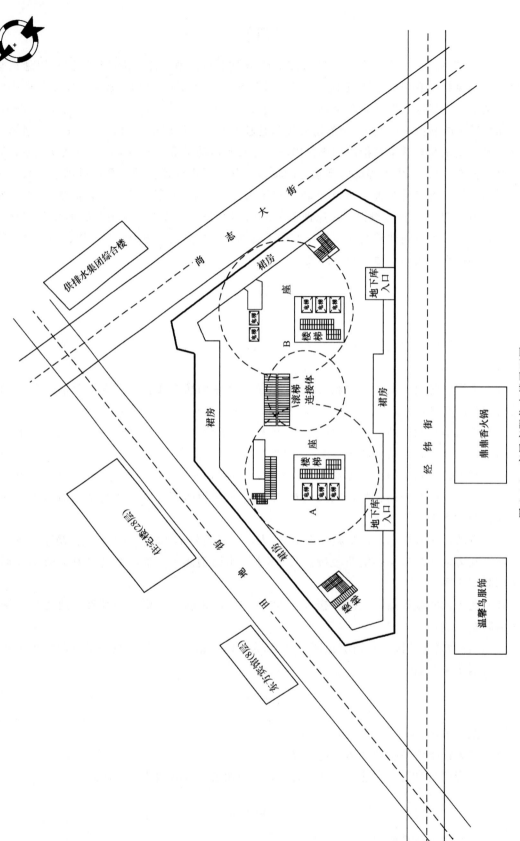

图 2-4-1 高层商服住宅楼平面图

二、补充想定

请根据基本想定内容，结合补充想定材料完成相应问题。

（一）

9 日 15 时 59 分，某市消防救援支队指挥中心接到报警，位于经纬街与田地街交叉口处，在建高层商服住宅楼双子座 A 座和 4 层裙房发生火灾。16 时 01 分，支队指挥中心一次性调集了 10 个消防救援站赶赴现场。

16 时 05 分，责任区道里消防救援站抵达现场。经火情侦察，1～4 层外围墙体装饰材料及内部堆放的大量可燃材料已经燃烧，火势猛烈，通道全部被火势封堵，楼内人员无法疏散，少部分人员被困于地下 1 层，大部分人员被烟火逼至楼上。指挥员迅速命令在楼西侧出 2 支水枪，强行打开通道，搜救小组进入楼内疏散和解救被困人员。

> 1. 通过前期侦察，以辖区消防站指挥员的身份，分析火场的主要险情有哪些。
> 2. 作为辖区消防站指挥员如何下定战斗决心和战斗部署。
> 3. 作为辖区消防站指挥员，除对作战任务进行部署外，还应有哪个指挥环节需要进行。

（二）

在八区体育场组织演练的市消防救援支队支队长、副支队长得到报告后，迅速奔赴现场。行驶途中，副支队长命令调集参战消防救援站全部登高平台、高喷消防车辆出动。16 时 05 分到达现场后，辖区指挥员立即进行了火场情况报告。支队长根据现场情况，命令责任区消防救援站全力以赴解救被困人员。高层商服住宅楼火灾营救被困人员示意图见图 2-4-2。

> 4. 请以全勤指挥部指挥长身份，写出在力量调集时的决策内容。
> 5. 根据此次火灾的特点，消防救援队伍火场救人可选择内攻途径有哪些。

（三）

16 时 10 分，第一增援队南岗消防救援站到达现场，迅速向支队指挥员请求战斗任务。此时，从 B 座逃生至 4 楼裙房顶部的人员向地面人员呼救。支队长立即命令南岗消防救援站 53 米登高平台消防车解救 4 楼裙房顶部人员，并在楼西南侧出 3 支水枪堵截由 A 座向 B 座，以及 4 层向上蔓延的火势，打开救生通道，其中 1 支水枪边控制边深入内部进攻。登高平台消防车共计从裙房顶部解救出 14 名被困人员。

> 6. 在此次高层商服住宅楼火灾中，火场救人需要重点搜索的部位有哪些。
> 7. 在内攻灭火战斗中，应如何安全科学选择水枪阵地。
> 8. 水枪手应注意哪些安全问题，怎样采取针对性措施保证安全。

（四）

16 时 13 分，支队全勤指挥部和承德消防救援站到达现场。支队先期到达的指挥员与全

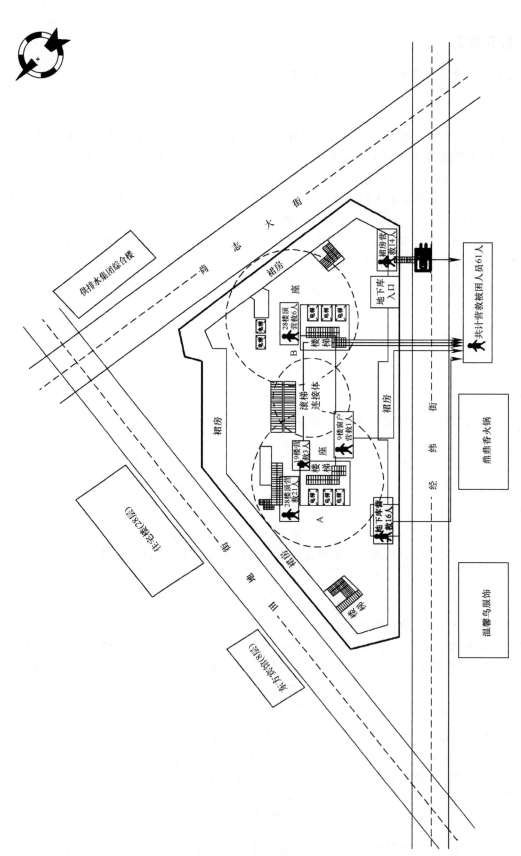

图 2-4-2 高层商服住宅楼火灾营救被困人员示意图

勤指挥部人员成立了支队现场指挥部。指挥部命令道里大队大队长率领 5 名消防救援人员，组成两个搜救小组，由熟悉情况的工地负责人引导进入楼内解救被困人员；命令承德消防救援站在楼东侧架设 3 门车载水炮射水，利用供排水集团内部消火栓向水罐消防车供水，保证供水不间断，堵截向东侧和东南侧 B 座蔓延的火势。

> 9. 请以支队全勤指挥部指挥长的身份，对现阶段火灾现场情况进行分析判断。
> 10. 内攻打近战的优点有哪些，强攻近战应注意哪些问题。
> 11. 根据基本想定中提供的消防水源情况，如何保证火场不间断供水。

（五）

16 时 20 分，总队长、副总队长率领总队全勤指挥部到达现场。支队指挥部立即将情况向总队指挥员作了汇报。此时，A 座住宅楼燃烧的火焰散发出强烈的热辐射，将鼎鼎香火锅楼三层玻璃烤碎，同时从高空飘落大量飞火严重威胁周边建筑安全。总队指挥部命令：全力以赴救助被困人员，坚决控制住火势向 B 座和周边其他建筑蔓延。接到命令后，支队长命令顾乡消防救援站成立两个战斗小组，第一小组在田地街设置一支水枪保护东方宾馆，第二小组深入到位于尚志大街的市供排水集团综合楼顶部，利用室内消火栓出一支水枪扑灭楼上的飞火；特勤消防救援站在经纬街出一支水枪保护鼎鼎香火锅楼等受火势威胁的单位。

> 12. 支队全勤指挥部应向总队指挥员具体汇报哪些内容。
> 13. 请写出总队指挥部此时根据汇报内容和火灾发展阶段应如何进行力量调整，部署重点在哪方面。

（六）

成立两个搜救小组，第一搜救小组，沿 A 座楼梯一路向上，携带备用呼吸器逐层搜寻，经清点共找到 21 名被困人员，将人员带至顶层。支队指挥部命令搜救小组稳定被困人员情绪，俯身减少烟气伤害。经查找，发现可以通过 A 座与 B 座之间的 20 层连接体进行疏散。命令道里大队长带领第二搜救小组从 B 座上至楼顶，引导 B 座楼顶被困的 6 名人员至 20 层连接体处，敲碎连接体窗户玻璃，帮助第一搜救小组及被困人员翻过连接体上约 2 米高的隔墙，通过连接体进入 B 座。第一搜救小组引导共计 27 名被困人员疏散至安全地带。第二搜救小组进入 A 座，继续搜寻人员。搜寻过程中，在 A 座 19 层又发现了 3 名被困人员，其中 2 名妇女、1 名保安，并成功救出。

> 14. 在高层建筑火灾中，火场排烟的方式方法有哪些。
> 15. 消防救援人员可选择内攻途径有哪些。
> 16. 火场救人需要重点搜索的部位有哪些。

（七）

16 时 22 分，动力、香坊等增援力量先后到达火场。支队指挥部命令：全面堵截控制火势，积极做好火场供水，确保供水充足。各消防救援站立即展开战斗，在楼西北侧道里消防救援站利用 1 辆 32 米登高平台消防车、动力消防救援站利用 1 辆 18 米举高喷射消防车的水炮，堵截东侧由 4 层向上蔓延的火势，在楼西北侧化工消防救援站利用 1 辆 32 米举高喷射消防车扑救 A 座外楼面向上蔓延的明火，已经完成解救人员任务的南岗消防救援站的 53 米登高平台消防车调整至 A 座楼西侧，扑救 A 座外楼面向上蔓延的明火。楼东承德消防救援站出 3 门车载水炮消灭 1～4 层的火势，阻止火势向 B 座蔓延。在楼北侧承德和顾乡消防救援站各出 1 支水枪扑救 1～4 层火势，香坊消防救援站出 3 支水枪实施内攻。总队指挥部判明 B 座已无危险，火场主要方面是防止火势由 A 座西侧外墙面向北侧蔓延。总队长果断命令：全力围堵火势。

17. 在堵截火势蔓延的过程中，有哪些注意事项。
18. 在使用举高喷射消防车、登高平台消防车灭火救人过程中需要注意哪些安全问题。

（八）

因 A 座楼内烟大、火势猛烈，副支队长命令：动力消防救援站指挥员和 4 名战斗员从 B 座铺设水带至 21 层，防止 A 座火势向 B 座蔓延；太平消防站指挥员和 6 名战斗员由 A 座室内楼梯携带水带、灭火器上至 25 层，采取垂直吊带的方式，进行内攻，利用水枪扑救 25 层外围明火，利用灭火器扑灭水枪打不到的死角明火。其余到场水罐消防车负责为主战车辆供水。至此，内外合击、上下夹击之势全面形成。

17 时 00 分，火势得到全面控制。

19. 垂直铺设水带过程中需要注意哪些问题。
20. 利用消防车向室内固定消防设施加压供水时应注意哪些问题。
21. 如何正确理解"集中兵力，准确迅速"的战术原则。

（九）

17 时 30 分，支队指挥部命令 6 个消防救援站的救援力量再次进入室内逐层搜寻人员，消灭残火。经确认，现场内再无被困人员。

18 时 20 分，火灾被彻底扑灭。经总队指挥部研究决定 3 个消防站留守，清理现场。

19 时 59 分，支队命令除道里消防站外，其他力量撤离。

21 时 00 分，所有灭火救援力量撤离。

22. 清除残火过程中，内攻搜救组应重点清查哪些部位。
23. 在火场清理工作后，火场指挥员的主要工作是什么。

第五节 高层住宅火灾扑救想定作业二

一、基本想定

认真阅读本材料，熟悉整个救援过程。

（一）

紫荆嘉苑位于城南紫荆居住区紫芊北路上，毗邻银都花园，距二环路仅百米之遥，起火建筑位于汉阳大道紫荆路邵牛湾 42 号，距离辖区七里庙消防救援站约 1.3 公里，途中共有 3 个红绿灯路口，且小区紫荆路口处因施工封堵。该建筑为地上 33 层、地下 1 层单元式住宅，建筑高度 99.6 米，总建筑面积 44386 平方米。疏散楼梯为剪刀式防烟楼梯。该建筑为 2 梯 4 户，共 131 户，其中入住 67 户 132 人，11 户正处于装修状态。

当日天气为北风 2～3 级，气温 24～34 摄氏度，阴转晴。当日天气是入夏以来当地天气温度最高的一天。

建筑内设有室内消火栓（每层 2 个）、消防水池（400 立方米）、正压送风系统、常闭式防火门、火灾自动报警等消防设施；小区室外消火栓 4 个，管径为 150 毫米，压力为 0.25 兆帕。

（二）

本次火灾具有以下特点：

（1）物业管理混乱，疏散条件差，现场施救难。该建筑物业部门日常疏于管理，住户因采光需求，常闭式防火门均处于开启状态，物业管理部门未进行阻止，致使防烟楼梯未防烟、常闭式防火门未常闭。楼道内居民堆积大量杂物，特别是 20 层一侧楼梯间被杂物完全封堵；出于管理便利，物业管理部门擅自将通往屋顶平台的外开门锁闭。

（2）竖井立式燃烧，跳跃火点多，烟热蔓延快。电缆井因过荷载高温短路着火后，向上蔓延，同时形成带火流胶，向下滴落，造成跳跃式蔓延，火势分别在 8 楼、18 楼、26 楼等多处突破电缆井门。因常闭防火门处于开启状态，高温有毒烟气充满整个楼梯间，且由于烟囱效应，造成大量高温烟气聚集在 30 层以上建筑物的顶部。

（3）人员拥挤密集，逃生能力差，造成伤亡大。火灾发生后，整栋建筑断电，环形走道和楼梯间烟雾较大、能见度差，居民心理恐惧，多数居民没有在室内等待救援，而是涌向楼梯盲目逃生。逃生人员情绪激动，与消防救援人员在狭窄楼梯间内逆向而行，影响了对顶部的救援。

（三）

7 月 11 日 23 时 27 分，市消防救援支队作战指挥中心接到群众报警：本市紫荆嘉苑小区 1 栋 2 单元室外电表箱起火。接警后，支队作战指挥中心先后调集七里庙、墨水湖、汉阳 3 个消防救援站共 7 个编组（其中 2 个灭火编组、3 个抢险救援编组、2 个高空编组）、13 辆消防车、53 名消防救援人员到场处置。灾情发生后，支队、大队两级全勤指挥部相继赶赴现场指挥灭火救援。参战全体消防救援人员按照支队长在指挥中心调度指挥时强调的"快速排险、合理搜救、分组展开、不留盲点"战术思想，迅速展开搜救、排烟、灭火战斗。此次火灾共造成 7 人死亡（均为送医院后抢救无效死亡，其中，1 名男性、6 名女性，年龄在 22～49 岁之间）、12 人受伤。

（四）

力量编成：

（1）七里庙消防救援站：消防救援人员 24 人，水罐消防车 2 辆，泡沫消防车 2 辆，云梯消防车 1 辆（32 米），抢险救援消防车 1 辆；

（2）墨水湖消防救援站：消防救援人员 20 人，水罐消防车 2 辆，登高平台消防车 2 辆，抢险救援消防车 1 辆；

（3）汉阳消防救援站：消防救援人员 9 人，水罐消防车 1 辆，抢险救援消防车 1 辆。

（五）

要求执行事项：

（1）熟悉该单位情况和基本想定内容。

（2）以指挥员身份理解任务，判断火情，定下决心，部署战斗，处置情况。

（六）

着火住宅楼截面图（图 2-5-1）。

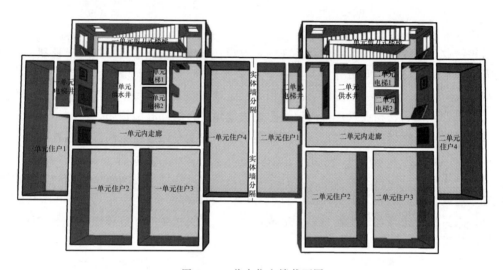

图 2-5-1　着火住宅楼截面图

二、补充想定

请根据基本想定内容，结合补充想定材料完成相应问题。

（一）

11 日 23 时 27 分，市消防救援支队指挥中心接警后，立即调派辖区七里庙消防救援站 6 辆消防车（1 个抢险救援编组、1 个灭火编组、1 个登高编组）、24 名消防救援人员赶赴现场扑救。23 时 35 分，辖区消防救援站到达现场。经初步侦察发现，起火部位为电缆井，楼梯内充满烟雾，有部分居民自行往下逃生。

指挥员按照支队长在指挥中心调度指挥时强调的战术思想，迅速下达作战命令：一是成立 3 个搜救组全力搜救，搜救 1 组疏散 18 层以下人员，搜救 2 组、3 组重点对 18～32 层逐层搜索，做好标记；二是利用排烟机排除烟气，破拆楼梯间外窗玻璃，排烟降毒；三是灭火组出枪堵截控制火势蔓延；四是联系物业人员及时切断电源；五是做好火场照明，设置现场警戒，防止无关人员进入。

1. 作为辖区消防救援站指挥员如何下定战斗决心，战斗部署的具体内容是什么。

2. 简述如何做好火场警戒。

3. 搜救组在内攻疏散救人过程中需要携带哪些器材装备。

（二）

战斗过程中，搜救 1 组发现 1 楼电缆井不断掉落燃烧物，8 楼电缆井有明火冒出，烟雾较浓；搜救 1 组迅速利用 8 楼室内消火栓出 1 支水枪扑灭明火。搜救 2 组搜救至 18 楼时，发现浓烟弥漫，有群众往下逃生；迅速联系司机班利用车载扩音器，通知住户稳定情绪，待在屋内等待救援；同时，迅速利用 18 楼室内消火栓出 1 支水枪灭火。

4. 根据材料提供内容，如何确定同时使用消火栓数量。

5. 火场救人需要重点搜索的部位有哪些，如何进行高效人员搜索以避免重复搜救。

6. 在人员疏散过程中，可利用哪些方法手段对被困人员进行疏散和心理安抚。

7. 在内攻灭火战斗中，应如何安全科学选择水枪阵地，水枪手需要注意哪些安全事项。

（三）

搜救 3 组搜救至 24 楼时，发现 3 人口捂湿衣服试图向下逃生，搜救组成功将其营救；随后，发现 5 名群众从房间出来往楼梯间逃生，搜救 3 组果断劝阻，要求进入房内，封堵烟气进入，做好简易防护措施，在房间通风处等待救援。战斗过程中，支队作战指挥中心利用报警电话安抚被困群众情绪，并提示：不要盲目逃生，留在家中关好门等待救援。消防站利用排烟机进行排烟，破拆组逐层破拆楼梯间外窗玻璃，实施自然排烟。通过疏散楼梯，成功营救 13 人，均移交 120 送医。

8. 高层建筑住宅楼疏散救人的方法有哪些，需要注意哪些问题。

9. 搜救组在内攻疏散救人过程中，可利用哪些建筑设施对被困人员进行疏散和转移。

10. 通过上述分析，火场破拆排烟，应首先从哪个部位破拆；破拆的方法有哪些；在破拆的同时，其他人员如何掩护。

（四）

为加强现场救援力量，23 时 36 分，支队指挥中心又先后调集墨水湖消防救援站 5 辆消防车（1 个抢险救援编组、1 个灭火编组、1 个登高编组）、20 名消防救援人员，汉阳消防救援站 2 辆车（1 个抢险救援编组）、9 名消防救援人员赶赴现场增援。

12 日 0 时 3 分，支队全勤指挥部到场，第一时间成立火场指挥部，确定了"攻坚轮换、全力疏散、应急保障"的战术措施，并及时调整力量部署：一是再成立 3 个搜救小组，进一步搜索楼内人员；二是设立器材集结地，做好应急救生、人员转移、供气保障等工作。战斗部署后，在烟雾浓度大、能见度差的情况下，经过反复搜救，通过疏散楼梯，成功搜救 14 人；通过屋顶平台转移 3 名危重人员至地面，均移交 120 送医。

11. 请写出支队指挥员在力量调集时的决策内容。

12. 请以支队全勤指挥部指挥长的身份，对现阶段火灾现场情况进行分析判断，如何调整力量部署。

13. 请以支队全勤指挥部指挥长身份，从人员、车辆、通信、器材装备等方面写出如何加强战勤保障，以更好地完成灭火救援战斗任务。

第六节　高层住宅火灾扑救想定作业三

一、基本想定

认真阅读本材料，熟悉整个救援过程。

（一）

某市世贸雅苑为商服住宅楼，于1994年建成并投入使用，钢筋混凝土框架结构，高度94.3米，共25层，建筑面积3.34万平方米。该商服住宅楼1～4层为商用，主要经营美容、银行、医疗以及培训机构等。5楼及以上为住宅，每层有8户，走廊呈"工"字形，无窗户。着火建筑东面为世贸雅苑E座，南面为金贸西路，西面为世贸雅苑F座，北面为世贸雅苑小区。

3月7日6～11时，多云，东南风2～3级，气温21～25摄氏度，湿度73%。

（二）

起火建筑物消防水源情况：该商服住宅楼设有自动喷水灭火系统、火灾自动报警系统、室内消火栓系统、机械防排烟系统、应急照明及疏散指示标志等消防设施、设备，其中1～4层商业部分设施、设备均完好有效，5层住宅部分的机械加压送风系统不能正常工作；共有疏散楼梯2部，电梯3部，其中1部消防电梯；小区设有地下消防水池，储水量为400立方米，楼顶高位水箱50立方米，均处于蓄满状态，周边500米范围内市政消火栓5个。

（三）

火灾原因：该建筑合用前室北侧设有纵向连通整栋大楼的电缆井，每层楼板未进行封堵，强弱电未独立设置。经调查，起火原因为5～6层电缆井内的电气故障起火引燃周围电线电缆、套管和其他杂物。火焰沿电缆井纵向一路向上蔓延至顶楼，部分楼层木制检修门被烧穿，火焰卷出引燃走廊内吊顶等装饰。

（四）

本次火灾具有以下特点：

（1）报警时间晚，烟雾浓毒性大，易造成人员伤亡。经综合调查情况推定，火灾发生于3月7日5时15分许，楼内居民正在熟睡，待有人发现并报警时已是5时47分，时间已过去32分钟。此次火灾燃烧物质主要是电缆井内大量的电线、网线等可燃物，各类电线、网线的胶质外皮及吊顶装饰材料着火后，产生大量有毒、刺激性气体，极易造成人员窒息、中毒。

（2）排烟途径少，烟囱效应明显，烟热蔓延快。由于该楼各层电缆井无有效防火分隔，在烟囱效应作用下火灾蔓延迅速。楼内走廊无窗户，不少楼层居民因采光需要，将常闭防火门处于开启状态，致使火灾发生后，高温有毒烟气充满走廊和楼梯间。

（3）楼层高、登高途径少，作战行动困难。整栋建筑两个疏散楼梯，在消防电梯损坏的情况下，内攻灭火和搜救人员只能徒步登楼展开救援行动；在超负荷战斗行动中，人员搜救、灭火进攻、器材运送等行动极大地消耗了消防救援人员体力，作战行动非常困难。

（4）被困人员多而分散，救援难度大。火灾发生在凌晨，很多住户都在家，楼内人员比较多，火势迅速蔓延，大量有毒烟气封堵了撤离路线，导致多名人员被困于5楼以上（据事后统计楼内共有111名被困人员）；火势大、温度高、烟雾浓，内攻搜救严重受阻，极大增加了现场救援难度。

（5）社会影响大，关注度比较高。火灾发生正值"两会"安保期间，受到各级领导的高度重视以及社会各界的广泛关注，省内多家媒体跟踪报道，省委书记和省长亲自打电话询问现场情况。

（五）

3月7日5时47分，某市消防救援支队指挥中心接到报警，世贸东路2号世贸雅苑E栋商住楼电缆井发生火灾，立即启动高层建筑火灾扑救应急预案，先后调集8个消防救援站、1个战勤保障大队、29辆消防车、164名消防救援人员赶赴现场处置，省、市政府及省消防救援总队等领导相继到达现场指挥灭火战斗。11时32分，现场处置完毕。此次灭火战斗共派出3批次37个攻坚小组，先后疏散和搜救出被困人员111名（其中3人经全力抢救无效死亡，均为参与扑救初起火灾的物业管理人员；8人受轻伤）。此次火灾导致5～25层电缆井电缆全部烧毁，部分楼层吊顶及装饰材料过火，多数楼层受烟熏严重，过火面积约600平方米，直接财产损失为400万元。

（六）

力量编成：
（1）消防救援一站：消防救援人员24人，水罐消防车3辆，抢险救援消防车1辆；
（2）消防救援二站：消防救援人员16人，水罐消防车2辆；
（3）消防救援三站：消防救援人员26人，水罐消防车3辆，登高平台消防车1辆（32米）；
（4）消防救援四站：消防救援人员18人，水罐消防车3辆；
（5）消防救援五站：消防救援人员13人，水罐消防车2辆；
（6）消防救援六站：消防救援人员16人，水罐消防车3辆，登高平台消防车1辆（53米）；
（7）消防救援七站：消防救援人员18人，水罐消防车3辆；
（8）消防救援八站：消防救援人员16人，水罐消防车3辆，云梯消防车1辆；
（9）战勤保障大队：消防救援人员17人，水罐消防车2辆，云梯消防车1辆。

（七）

要求执行事项：
（1）熟悉该单位情况和基本想定内容。
（2）以指挥员身份理解任务，判断火情，定下决心，部署战斗，处置情况。

（八）

世贸雅苑E栋商服住宅楼现场立体图（图2-6-1）。

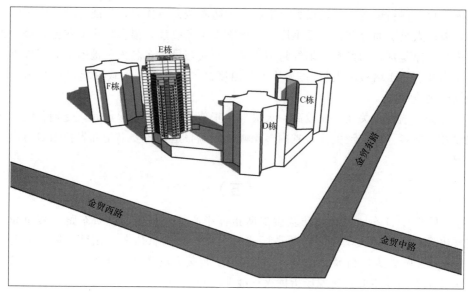

图 2-6-1　世贸雅苑 E 栋商服住宅楼现场立体图

二、补充想定

请根据基本想定内容，结合补充想定材料完成相应问题。

（一）

3月7日5时47分，市消防救援支队119指挥中心接到群众报警后，结合"两会"安保期间力量调派上升一级的要求，立即调派辖区消防救援站4辆消防车24名消防救援人员前往处置。同时，一次性调集7个消防救援站和一个战勤保障大队，共25辆消防车140名救援人员赶赴现场增援；支队全勤指挥部遂行出动，支队主官立即赶赴火灾现场，同时启动高层建筑火灾扑救应急预案，将灾情向市委市政府、省消防救援总队等部门报告，请求调集交通、水电、医疗、安监、住建等联动部门到场协助处置。

1. 消防救援队伍实行的战备等级分为哪几种。
2. 市消防救援支队指挥中心应当履行哪些战备职责。
3. 消防救援站值班干部应当履行哪些战备职责。

（二）

5时51分，辖区消防救援站到达现场。经侦察询问物业人员得知现场为E座5楼起火，楼内有多名群众被困，楼内烟雾浓、温度高、火焰大。指挥员立即命令：1个灭火小组在着火层利用室内消火栓出水灭火；1个侦察小组进入楼内进行火情侦察；2个搜救小组进入5楼内迅速搜救被困人员；供水小组占据市政消火栓，利用水罐消防车向水泵接合器加压供水；警戒小组负责现场警戒，同时通知物业对大楼进行断电，并组织移除楼下停放车辆。

4. 如果你作为辖区消防站指挥员，救人和灭火的力量如何分配更合理。
5. 如何正确使用水源，达到确保重点、兼顾一般、力争快速不间断的目标。
6. 侦察小组进入楼内进行火情侦察，需要侦察的内容和方法手段有哪些。

（三）

5时55分，侦察小组发现浓烟已蔓延整栋大楼，走廊内温度较高，指挥员立即命令1个灭火小组在9楼利用室内消火栓出枪堵截火势。指挥员评估现场已不具备大规模疏散的条件，立即向支队指挥中心报告现场情况，随即组织人员利用喊话器向楼内被困人员进行指导和安抚，提醒被困人员不要盲目逃生和跳楼，封堵门缝，固守待援。

7. 若建筑物室内消防设施水量、压力无法满足灭火需求，可以通过哪些方法保障内攻灭火射水要求。

8. 在内攻灭火战斗中，应如何安全科学选择水枪阵地，水枪手需要注意哪些安全事项。

9. 在堵截火势蔓延的过程中，有哪些需要注意的事项，确保救援人员和被困人员安全。

（四）

5时58分，首批增援力量到达现场（1个消防救援站），迅速成立1个灭火小组在12楼利用室内消火栓出一支水枪堵截火势；2个搜救小组重点搜救走廊内有无被困人员，提醒房内住户不要打开房门逃生，等待救援；剩余力量协助辖区消防救援站做好现场警戒和清理楼下停放车辆。

10. 辖区消防救援站和首批增援力量达现场后的现场指挥属于哪种方式，有何实际意义。

11. 针对现阶段火场情况，请写出此时应遵循的战术思想及采用的战术措施。

（五）

6时03分，支队指挥中心对一报警人进行电话紧急救护指导，并了解到报警人现处于8楼806房，有大量浓烟涌入，有三人被困屋内，情况十分危急。指挥中心一边安抚报警人情绪，引导报警人科学应对，避免因跳楼等盲目逃生行为造成的人员伤亡，一边与辖区消防救援站指挥员联系告知现场情况。

6时05分，辖区消防救援站迅速组织一个搜救小组携带空呼及他救面罩和防毒面具进入8楼806房间进行搜救。

6时17分，搜救小组成功将8楼3名被困人员疏散至1楼安全区域。

截至6时20分，辖区消防救援站成功疏散搜救4~6楼住户共计24人（其中6楼走廊内搜救出3名昏迷人员，移交120急救，后经确认死亡）。世贸雅苑遇难人员方位图见图2-6-2。

12. 出现上述情况，作为辖区消防救援站指挥员，应如何向支队指挥中心汇报情况及汇报具体内容。

13. 请写出防毒面具的使用场合及在使用过程中需要注意哪些问题。

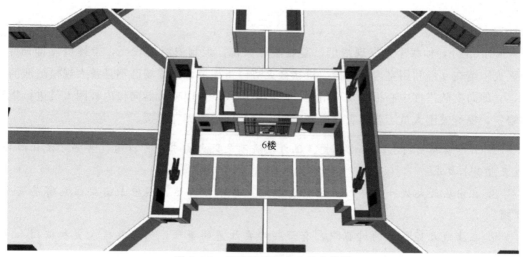

图 2-6-2 世贸雅苑遇难人员方位图

（六）

6时25分，支队、大队全勤指挥部及增援力量相继到达现场，现场成立火场指挥部，现场指挥部坚持"救人第一，科学施救"的指导思想，分层划片，逐层消灭，全力搜寻被困人员，立即划分作战区域，根据现场情况制定以下部署（图2-6-3）：

一是辖区消防救援站继续负责4~9楼灭火搜救。

二是首批增援力量继续负责10~15楼灭火搜救。

三是其余增援力量成立8个攻坚小组分别对15楼以上开展灭火、搜救。

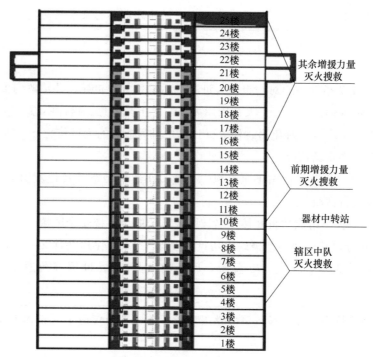

图 2-6-3 力量部署图

四是迅速清理周围停放车辆，利用登高平台消防车进行外部营救。

14. 在高层建筑火灾中，可选择内攻途径有哪些，如何选择进攻起点。

15. 请写出安全疏散的基本顺序及疏散救人的措施手段有哪些。

16. 此次火灾救援战斗行动，支队火场指挥部还需要协调哪些社会联动力量保障灭火搜救任务顺利进行。

（七）

6时27分，支队长、政委到达现场指挥灭火战斗，6时29分，社会联动力量相继到达火灾现场。

6时33分，楼下妨碍灭火救援行动的车辆利用移车器清理完毕，指挥部命令在大楼西侧和南侧分别架设53米、32米登高平台消防车，开辟外部救生通道，对7～10楼人员进行疏散。同时，大队指挥员迅速组织物业人员分四组通过电话和物业微信群联系业主了解情况，提醒楼内被困人员相互告知封堵门缝、等待救援，防止盲目逃生和跳楼。

截至7时01分，增援力量沿疏散楼梯向楼顶共疏散20人，沿疏散楼梯向楼下疏散16人，两辆登高平台消防车从外部窗口疏散15人。

17. 在使用登高平台消防车疏散救人过程中需要注意哪些问题。

18. 作为支队指挥员，如何协调统筹好遂行作战中的战勤保障任务。

19. 作为大队指挥员，如何快速有效通知楼内被困人员做好安全防护、安抚情绪、等待救援。

（八）

7时08分，总队领导带领总队全勤指挥部到达现场接管指挥权，总队指挥部根据现场情况，作出作战部署：

一是指挥员要靠前指挥，要全力组织力量搜救被困人员，全力攻坚；

二是利用登高平台消防车向上输送器材，在10楼设立第一中转站，通过楼内接力运送，在17楼设立第二中转站；

三是迅速对疏散人员进行清点，持续做好电话回访和跟踪，详细掌握楼内被困人员数量、具体位置以及现场情况；

四是组织所有力量进行拉网式搜索、分区包干，将着火楼层划分5个区域（每个区域5层），每个区域成立4个攻坚小组逐层逐户开展搜救和排查，确保不漏死角；同时，采用自然排烟的方式对火场进行排烟；

五是战勤保障大队做好现场装备器材的供应和保障工作。

20. 火场救人需要重点搜索的部位有哪些，如何防止重复搜索，确保不漏死角。

21. 内攻搜救人员如何做好个人防护。

22. 根据力量部署图及补充想定内容，请你分析如何设置器材中转站可以高效完成灭火搜救任务。

23. 内攻灭火过程中如何有效防止轰燃现象的发生。

（九）

7 时 15 分，18 楼有一名群众因无法忍受房内烟气，翻出窗外蹲坐在空调外机上面，情况十分危急，指挥部立即成立一个攻坚小组携带战斗服和空气呼吸器进入房间成功实施救援。

8 时 02 分，火势初步得到控制。

8 时 40 分，经过拉网式搜救，各作战区域搜救小组将楼内剩余的 32 名被困群众成功疏散到安全区域。

9 时 03 分，所有楼层明火全部扑灭，各组内攻人员继续降温、排烟和搜救。

---

24. 火场排烟有哪些方法及注意事项。

25. 根据起火建筑特点，引导疏散被困人员的方法有哪些，救援人员需要携带哪些器材装备。

第三章

高层公共建筑类火灾扑救想定作业

第一节　高层商务办公类建筑火灾扑救想定作业

想定一

一、基本想定

认真阅读本材料，熟悉整个救援过程。

（一）

10 月 22 日凌晨 4 时许，某市国贸大厦发生火灾，过火面积约 5000 平方米，共造成 3 人死亡、20 人受伤；大厦内 1～4 层 250 个经营摊位商品全部烧毁，6～14 层办公区域部分烧毁，共计财产损失 5000 万元。

火灾发生后市消防救援支队先后调集 6 个消防救援站、9 个企业消防队、44 辆消防车赶赴火场开展灭火救援行动。经过全体救援人员 7 个多小时的奋力扑救，下午 18 时 50 分许，成功扑灭火灾。保住了国贸大厦主楼 5～13 层及毗邻的中延国际大厦和百货大楼，避免了更为严重的人员伤亡和财产损失。

（二）

国贸大厦位于某市二道街，东临中延国际大厦，北邻新华书店建筑工地，南邻小东门巷。该建筑为钢筋混凝土框架剪力墙结构，主楼建筑高度 48 米，地上 14 层，总建筑面积约 10000 平方米。1～4 层每层建筑面积 1200 平方米；5～14 层每层建筑面积 500 平方米。大厦使用性质为综合性商务办公楼，1～4 层为国贸商场，5～6 层为经贸公司办公区，7 层为当地农村商业银行办公区，8～14 层作为写字楼租用给各租户作为办公区域使用。大厦立面图如图 3-1-1 所示。

建筑物内设有火灾自动报警、自动喷水、消火栓等系统。主楼设有 2 部封闭楼梯

图 3-1-1　大厦立面图

间，其中，东侧封闭楼梯间从 1 层直通 14 层，与 4 层以下商场完全隔绝，西侧封闭楼梯间在 4~5 层休息平台设有一道防火门将楼梯间截断，5 层及以上人员须通过 5 层屋面到达室外楼梯进行疏散，4 层以下供商场使用。东北侧室外楼梯从 5 层屋面平台直通 1 层，与商场完全隔绝。商场内 1~4 层东南角另设 1 部楼梯，供商场使用，商场内 1~4 层靠北部设 1 部自动扶梯，扶梯四周设有防火卷帘。

国贸大厦西侧、南侧、北侧均无毗邻建筑；东侧毗邻中延国际大厦，2~5 层与中延国际相贴邻。

（三）

市政供水管网形式为支状管网，主干口径为 300 毫米。国贸大厦周边 500 米范围内，有 4 个市政地下消火栓，消火栓口径为 65 毫米，出口压力为 0.4 兆帕。大厦水源分布图如图 3-1-2 所示。

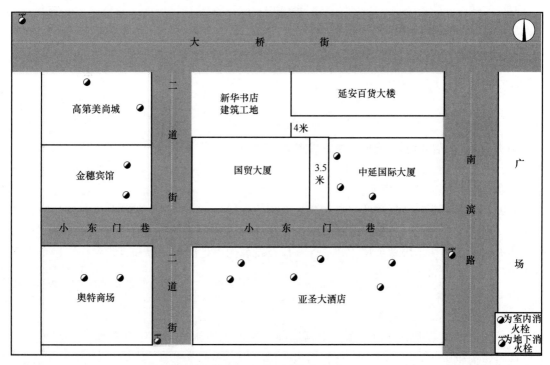

图 3-1-2　大厦水源分布图

当日为西南风 4~5 级，气温 -18~2 摄氏度，晴间多云。

（四）

商场内部摊位数量多，大小不一，隔断多，布置乱，侦察搜救路线复杂致使搜救困难。大楼疏散楼梯布局复杂，一层东侧出口已被浓烟封堵视线不清，室外楼梯不能直接通向宾馆。由于火灾发生在凌晨，大多数客人在熟睡当中，疏散搜救时间较长。

大厦商场空间大，商场内部易燃可燃物储量多，且堆放密集，特别是楼内有大量服装、鞋帽、床上用品、文体用品、玩具、小家电、化妆品等，燃烧后蔓延迅速，发热、发烟量大，毒性强，增加了施救难度。

商场内部商户多、分隔复杂、灭火障碍物多，且可燃物堆垛阴燃严重，发烟量大，视线差，进攻路线狭小，难以直接打击火点。大楼内由于空调、管线、装饰吊顶及大量装修材料等物品在大火烘烤下纷纷掉落，使得内攻困难，不能持续进行，严重影响灭火救援工作。

（五）

火灾发生后消防支队作战指挥中心先后调集 6 个消防救援站、9 个企业消防站、44 辆消防车、270 名消防救援人员赶赴火场开展灭火救援行动。省消防总队作战指挥中心接到报告后，又调集 2 个消防救援支队的 4 个消防救援站、9 辆消防车、50 名消防救援人员跨区域增援。

当地刚降过一场大雪，天气异常寒冷，道路、战斗服及战斗作业面结冰，战斗员行动困难，战斗行动时常受阻，给灭火作战造成了极大困难。由于低温原因，部分水带冻结，导致战斗阵地变换艰难，难以保持不间断供水，不能有效控火，造成火灾蔓延。

（六）

力量编成：

支队机关：消防救援人员 12 人，指挥消防车 2 辆；

宝塔消防救援站：消防救援人员 20 人，水罐消防车 2 辆，抢险救援消防车 1 辆；

姚店消防救援站：消防救援人员 22 人，水罐消防车 1 辆，抢险救援消防车 1 辆，举高喷射消防车 1 辆；

特勤消防救援站：消防救援人员 23 人，水罐消防车 2 辆，照明消防车 1 辆，云梯消防车 1 辆；

富县消防救援站：消防救援人员 17 人，水罐消防车 1 辆，照明消防车 1 辆，登高平台消防车 1 辆；

黄陵消防救援站：消防救援人员 16 人，水罐消防车 1 辆，照明消防车 1 辆，举高喷射消防车 1 辆；

吴起消防救援站：消防救援人员 18 人，水罐消防车 2 辆，照明消防车 1 辆，抢险救援消防车 1 辆；

9 个企业消防站：消防救援人员 142 人，水罐消防车 16 辆，举高喷射消防车 3 辆，抢险救援消防车 3 辆；

铜川消防救援支队：消防救援人员 28 人，水罐消防车 3 辆，举高喷射消防车 1 辆，抢险救援消防车 1 辆；

榆林消防救援支队：消防救援人员 22 人，水罐消防车 2 辆，登高平台消防车 1 辆，举高喷射消防车 1 辆。

（七）

要求执行事项：

（1）熟悉该单位情况和基本想定内容。

（2）以指挥员身份理解任务，判断火情，定下决心，部署战斗，处置情况。

二、补充想定

请根据基本想定内容，结合补充想定材料完成相应问题。

（一）

12月22日凌晨4时21分，辖区宝塔消防救援站接到指挥中心命令，称市区国贸大厦发生火灾，现场烟雾较大，立即出动2辆水罐消防车、1辆抢险救援车、20名消防救援人员赶赴现场实施灭火救援。在出动途中，消防救援站指挥员通过联系指挥中心，了解到火灾发生在一层，现场烟雾很大。根据平时对大厦的了解，定下初步战斗决心。

> 1. 写出初步战斗决心的内容。
> 2. 火灾现场可利用哪些固定消防设施。

（二）

4时26分，宝塔消防救援站到达现场，发现建筑内部浓烟弥漫，1层东北侧有明火，2、3层均有火焰从窗口冒出，火势已呈猛烈燃烧态势，经询问知情人当晚办公楼大约有51人。

侦察小组侦察发现，大厦一层顶部不断有燃烧物坠落，烟雾极大，能见度极低，内部情况十分复杂。指挥员部署作战任务，一是组织2个搜救小组深入建筑内部，重点对6~14层进行搜索；二是组织人员破拆大楼北侧彩钢板对内部火情进行进一步侦察；三是出2支水枪压制1层火势，并掩护破拆小组作业。

> 3. 指挥员还应进行哪些力量部署。
> 4. 在火灾条件下建筑倒塌破坏有哪些原因和一般规律。
> 5. 火场安全管理有哪些基本要求和方法。

（三）

在增援力量到达之前这段时间内，宝塔消防救援站各搜救小组充分利用各种有利条件营救被困群众。最终，搜救小组多次上下楼梯，经过4次搜救，通过背、扶、扛、抬等方式，营救被困群众16人，引导疏散27人。

5时10分，支队主官带领支队全勤指挥部人员到达现场，第一时间成立火场指挥部，及时对到场力量进行了部署。一是组织特勤、宝塔、姚店消防救援站各出1个搜救小组对大厦5层以上进一步搜索救人。二是组织特勤、宝塔3个攻坚组，由大厦北侧利用无齿锯、双轮异向切割锯与大锤、撬杠等联用的方法破拆2层彩钢板，强行内攻；组织姚店消防救援站灭火攻坚组出1支水枪，从东侧入口（宾馆吧台北侧）进入1层，内攻灭火。三是部署企业队举高喷射消防车、大吨位水罐消防车，各出1门水炮，分别从西侧、西南侧压制火势向上层蔓延。四是特勤消防救援站云梯消防车出1支水枪由南侧阻止大火向上层蔓延，特勤消防救援站出1支水枪堵截火势向毗邻中延国际大厦蔓延。此次战斗部署后，在烟雾极大、能见度不足20厘米的情况下，姚店消防救援站搜救小组在大厦六至七层处发现7名被困群众，并成功救出。

> 6. 在此阶段，指挥者和指挥对象有了什么变化。
> 7. 人员疏散和救助受哪些因素影响。

（四）

当地刚降过一场大雪，天气异常寒冷，道路、战斗服及战斗作业面结冰，战斗员行动困难，战斗行动时常受阻，给灭火作战造成了极大困难。由于低温原因，部分水带冻结，导致战斗阵地变换艰难，难以保持不间断供水。

> 8. 针对当日天气情况，分析可能出现的困难，并提出对应解决方法。

（五）

5时50分，总队当日值班副总队长，接到消防支队火情报告，要求总队全勤指挥部做好赶赴火场的准备工作。7时许，总队长、总队政委接报，立即赶到总队指挥中心，命令副总队长立即带领总队全勤指挥部人员赶赴现场；调集临近两个消防支队精锐力量赶赴火场增援；要求总队指挥中心迅速向省公安厅和部消防局报告情况；并启动现场3G图传，向总队、部局进行音视频传送。

7时10分，市政府领导及其应急救援单位到场，成立现场总指挥部。火场指挥部根据现场情况作出调整。一是宝塔消防救援站组织攻坚组利用中延国际大厦室内消火栓出2支水枪对国贸大厦与中延国际大厦五楼连接处的彩钢房进行冷却，防止火势向中延国际大厦蔓延。二是特勤、宝塔、姚店消防救援站组织4个攻坚组，分别从南侧、东南侧、西南侧三个方向进入商场，再次组织内攻灭火。三是宝塔大队及机关干部，协同公安机关及中延国际大厦、百货大楼管理人员，紧急疏散毗邻建筑内的600余户1700余名群众。

火灾当日，国贸大厦周围500米内的4个市政消火栓仅1个能正常使用。大厦水泵接合器已被装饰石材遮蔽，灭火过程中砸开石材发现接口已冻死，不能向室内消火栓系统供水。14层室内消火栓充实水柱仅有3～4米，不能满足灭火战斗需求。在灭火战斗调整后，战斗进攻路线增多，消防车往返运水量有限，无法满足火场的不间断供水。力量部署图如图3-1-3所示。

> 9. 火场指挥部的组织原则和人员构成有哪些。
> 10. 根据现场水源情况，指挥员应如何组织好供水力量，保障现场灭火用水。
> 11. 估算该区域管网供水能力。

（六）

8时许，省政府副省长、省安监局局长、省公安厅厅长、副厅长先后赶到总队指挥中心，听取汇报，了解火情，立即成立了以公安、消防、安监为主要成员的重大灾害事故应急处置总指挥部，负责协调、调集相关应急力量和救援物资，并通过音视频系统实施远程指挥，全面协调灭火救援工作。

11时许，大火被有效控制。

12时50分许，大火被扑灭。指挥部命令全力搜寻失踪人员，全面清理火场：一是组织10个搜救小组沿楼层地毯式搜寻失踪人员；二是由铜川消防救援支队负责彻底清除商场2～4层阴燃火点。

16时40分左右，铜川支队搜救小组在5层火锅店吧台处发现1具遇难者遗体；榆林支队搜救小组在5层与4层的楼梯口转角处发现了1具遇难者遗体；21时许，铜川支队搜救

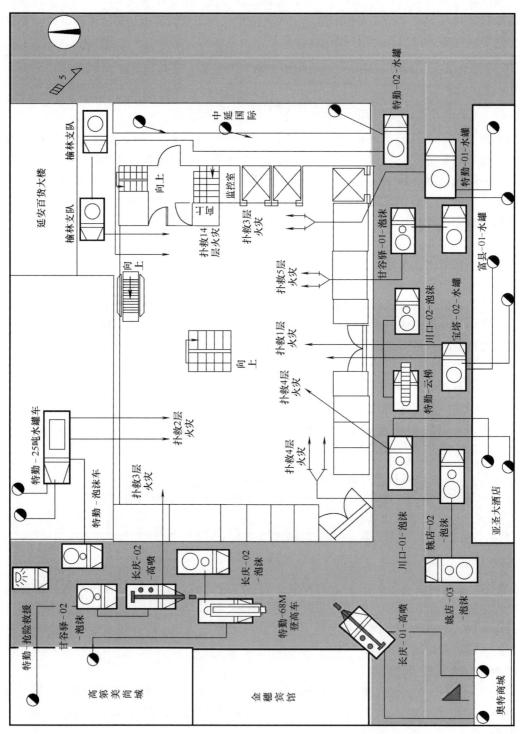

图 3-1-3 力量部署图

小组在一层中部楼梯间底部夹层房间内发现最后 1 名遇难者遗体。

22 时 30 分，火场全部清理完毕。前沿指挥部命令黄陵消防救援站和吴起消防救援站现场监护，其余作战力量全部返回。

> 12. 消防救援队伍受重大灾害事故应急处置总指挥部中的哪一级组织领导，主要任务是什么。
>
> 13. 战斗结束后进行清理工作，在收残和清理中应注意哪些问题。

想定二

一、基本想定

认真阅读本材料，熟悉整个救援过程。

（一）

5 月 13 日 4 时许，某市财富广场发生火灾。4 时 22 分，该市消防救援支队 119 指挥中心接到报警后，先后调集市区 5 个消防救援站、22 辆消防战斗车、1 辆消防指挥车及 96 名救援人员赶赴现场进行扑救。该市人民政府在接到火灾报告后，也迅速调集治安、交警、医疗、供电、供气、供水等社会联动部门 175 名工作人员到场协助处置。在社会联动力量的密切配合下，经过消防救援人员的奋力扑救，凌晨 6 时火势得到控制，上午明火全部被扑灭，成功疏散出被困人员 136 名，有效保护了起火建筑财产安全。

（二）

某市财富广场东西长 60 米、南北宽 20 米，主体结构为钢筋混凝土剪力墙结构，为一级耐火等级，地上十层，地下一层，建筑高度 35 米，占地面积 1200 平方米，总建筑面积 7000 平方米。该楼地下一层设泵房和水箱间，局部是仓库，一层为财富广场接待大厅及部分商铺，二至十层是写字楼办公区域，建筑内部内共有入驻公司机构等 77 家。

该建筑东侧 5.4 米处为一栋 15 层高层住宅楼，南侧 4.7 米处为一栋 3 个单元的 5 层砖混结构住宅楼，西侧 14.5 米处为一栋 6 层综合写字楼，其中有宽 7.7 米的消防通道被两侧临时商铺侵占，北面是城市主干道——东岗东路。

商厦内部中间设有自动扶梯 1 部，东西两侧各设疏散楼梯 1 部。室内设有火灾自动报警、自动喷淋灭火系统，每层各设墙壁式消火栓 8 个，每层楼梯间均设有甲级防火卷帘。

（三）

市政供水管网形式为环状管网，主干口径为 400 毫米。财富广场周边 500 米范围内，有 5 个市政消火栓，消火栓口径为 100 毫米×65 毫米，出口压力为 0.4 兆帕。

当日为西南风 2～3 级，气温 19～28 摄氏度，晴间多云。

（四）

5 月 13 日 4 时 22 分，指挥中心先后调集市区 5 个消防救援站、22 辆消防战斗车、1 辆消防指挥车、96 名救援人员赶赴现场进行扑救,同时启动支队全勤一级指挥,并将火灾情况向当日总指挥汇报。

凌晨 4 时 29 分,消防救援一站、消防救援二站相继到达现场。随即展开火情侦察和人员搜救。根据现场指挥员反馈的信息,119 指挥中心迅速将火灾情况向市人民政府值班室、消防救援总队值班室汇报,并请求市人民政府调集治安、交警、医疗、供水、供气、供电等社会联动力量到场协助处置。

（五）

凌晨 4 时 29 分,消防救援一站指挥员经过外部观察和询问有关知情人,确定财富广场内无人员被困,根据一、二层全部和三层西半部分已呈大面积燃烧,并且火势已向三层东侧和四层蔓延形成了猛烈燃烧的严峻态势,一面立即向支队作战指挥中心汇报火场情况,请求调集增援力量;另一方面立即命令本站和救援二站迅速展开战斗。一是组织 3 个搜救小组深入建筑内部,重点办公区域进行搜索;二是组织灭火攻坚组出水枪压制一层火势,并掩护破拆小组作业。

凌晨 4 时 50 分,消防救援三站、特勤一站、特勤二站也相继到达火场,支队当日全勤总指挥及其他全勤值班人员相继赶到现场,成立现场指挥部。

听取情况汇报后,指挥部及时调整力量部署:一是组织消防救援二站、消防救援三站各出 1 个搜救小组对大厦三层以上进一步搜索救人;二是组织特勤一、二站组建 4 个灭火攻坚组,进入财富广场强行内攻;同时在三层与四层之间部署水枪阵地堵截火势蔓延;三是部署高喷消防车、大吨位水罐消防车,各出 1 门水炮,压制火势向毗邻建筑蔓延。

在灭火战斗力量调整后,战斗进攻路线增多,周边市政水源无法满足火场的不间断供水。

5 时 50 分,总队全勤指挥部到达现场,前往一线参与灭火指挥。经过有效扑救,火势被牢牢地控制在商厦五层以下燃烧。

（六）

力量编成:

消防救援一站:消防救援人员 18 人,水罐消防车 4 辆;

消防救援二站:消防救援人员 18 人,水罐消防车 3 辆;

消防救援三站:消防救援人员 15 人,水罐消防车 3 辆;

特勤消防救援一站:消防救援人员 20 人,水罐消防车 3 辆,一七式 A 类泡沫消防车 1 辆,举高喷射消防车 2 辆;

特勤消防救援二站:消防救援人员 20 人,水罐消防车 3 辆,一七式 A 类泡沫消防车 1 辆,举高喷射消防车 1 辆,充气消防车 1 辆;

支队机关:消防救援人员 5 人,消防指挥车 1 辆。

（七）

要求执行事项:

(1) 熟悉该单位情况和基本想定内容。

(2) 以指挥员身份理解任务,判断火情,定下决心,部署战斗,处置情况。

二、补充想定

请根据基本想定内容，结合补充想定材料完成相应问题。

（一）

凌晨 4 时 29 分，消防救援一站 4 辆水罐车，消防救援二站 3 辆水罐车共 36 人相继到达现场。第一时间进行灭火战斗部署并向指挥中心汇报火场情况，请求调集增援力量。由于火场烟雾大、辐射热强，强行内攻十分困难，灭火工作受阻，消防救援一站指挥员当即又对力量部署进行了调整。

> 1. 如何开展火情侦察，火情侦察的内容和方法有哪些。
> 2. 消防救援一站和消防救援二站相继到达现场后的现场指挥属于哪种方式，有何实际意义。
> 3. 针对现场情况，写出辖区消防救援站指挥员向支队作战指挥中心汇报的内容。
> 4. 辖区消防救援站指挥员在强行内攻十分困难的情况下，对力量部署进行调整的具体内容有哪些，并把力量部署标注于现场平面图（图 3-1-4）上。

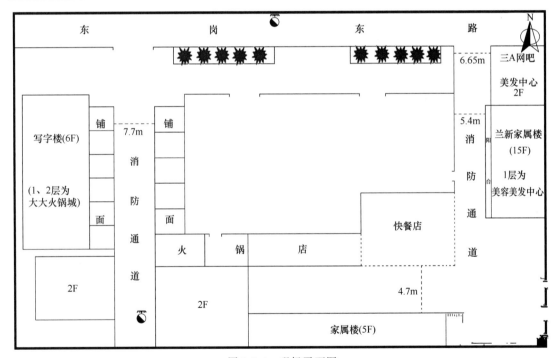

图 3-1-4　现场平面图

（二）

凌晨 4 时 50 分，消防救援三站、特勤一站、特勤二站相继到达火场，支队当日全勤总指挥及其他全勤值班人员相继赶到现场，成立现场指挥部。此时，凶猛的火势已经蔓延到商厦五层，从窗口喷出的 30 多米高的滚滚烟火将商厦全部包围，大楼外表的玻璃幕墙、铝塑板被暗红色的火舌推出十几米远，大框架的商场内部因"轰燃"效应引发的爆燃和巨大的"轰鸣"

声此起彼伏，在50多米外都能听到。阳台玻璃的碎片像雨点一般向消防救援人员袭来，商厦东侧15层住宅楼在炙热、高压气浪和热辐射的作用下，楼内物品已经发生燃烧，南侧5层住宅楼在火灾的吞噬下随时都有过火危险。见此情形，火场指挥部迅速调整了灭火力量。

> 5. 支队指挥员到场后的力量调整内容是什么。
> 6. 外攻堵截的注意事项是什么。
> 7. 针对现场情况，应对周边毗邻居民区、写字楼做出何种战斗部署。

（三）

在灭火战斗调整后，战斗进攻路线增多，周边市政水源无法满足火场的不间断供水。凌晨5时10分，最后一批增援力量到达火场，负责向火场供水。

> 8. 作为现场供水负责人，如何组织现场供水。
> 9. 计算出市政管网在消防车出2～3支水枪的情况下能供多少辆消防车用水。
> 10. 高层建筑火场供水的方式方法有哪些。

（四）

凌晨6时，大火被控制。指挥部命令：分层灭火行动开始，各参战消防救援站深入商厦内部开始消灭余火。上午9时灭火战斗行动全部结束。

> 11. 战斗结束后进行清理工作，在收残和清理中应注意哪些问题。

想定三

一、基本想定

认真阅读本材料，熟悉整个救援过程。

（一）

某大厦位于织里中路50号，东邻今海岸幼儿园，南面紧贴利丰皮毛商行，西邻织里中路，北靠永佳路，位居镇中心繁华地带。

该大厦共10层，高度35米，总建筑面积约2500平方米，钢筋混凝土框架结构。内部楼层主要分布情况：一、二层为童装面料商场，主要堆放织带、商标、花边、纽扣、牛筋、皮扣、饰品；三层为会议中心；四至十层为写字楼办公区域；楼顶平台为电梯机房和临时搭建工棚。大厦内设有1部货运电梯，可达十层；东、南两侧各有1部封闭式疏散楼梯，东面楼梯直通楼顶平台，南面楼梯通至十层。南侧楼梯口每层设有1个连接市政管网，供水管道直径50毫米的墙式消火栓，共5个。大厦一层东、南两侧为砖墙，东面设有一扇向外开启的铁门。西、北两侧邻街，北、西北、西侧各有1扇向外开启的玻璃门。从外围观察，西、北面共有10个店铺，设有12扇金属卷闸门。二层窗户装有内嵌式铁栅栏，且窗户的铁栅栏外加装铁丝网。

（二）

9月14日凌晨4时29分，消防救援支队作战指挥中心接到火警后，迅速调派辖区消防救援一站 3 辆消防车 14 名消防救援人员赶赴火场，同时调集市区特勤消防救援一站、消防救援二站、八里店专职消防队共 6 辆车 34 名消防救援人员和 5 名专职消防员进行增援。同时迅速联动调集治安、交警、医疗、供电、供气、供水等社会联动部门到场协助处置。经过参战救援人员的奋力扑救，大火于上午 8 点 40 分被基本扑灭。

（三）

火灾发生当日为阴天，气温 20～23 摄氏度，西北风 3～4 级。

（四）

凌晨 4 时 34 分消防救援一站到达现场，随即展开火情侦察和人员搜救。根据现场指挥员反馈的信息，119 指挥中心迅速将火灾情况向市人民政府值班室、消防救援总队值班室汇报，并请求市人民政府调集治安、交警、医疗、供水、供气、供电等社会联动力量到场协助处置。

（五）

凌晨 4 时 50 分，支队全勤指挥部人员到达现场，成立现场指挥部。听取情况汇报后，根据火场内部被困人员多、可燃物荷载量大、一层和五层火势非常猛烈等情况，果断下达了作战命令，并及时向总队全勤指挥部做了报告。6 时 30 分，现场火势已得到初步控制，火场温度有所降低，火场指挥部决定内攻搜救小组再次进入建筑物内部，通过东侧楼梯向上搜救人员。

经过前后 3 个多小时的出水扑救，此时火场温度已明显下降，室内可燃物逐渐减少，此时灭火力量已对整个火场形成内外夹攻、上下合击之势，经过参战消防指战员的奋力扑救，大火于上午 8 点 40 分被基本扑灭。

（六）

力量编成：

消防救援一站：消防救援人员 14 人，水罐消防车 2 辆，抢险救援消防车 1 辆；

消防救援二站：消防救援人员 9 人，水罐消防车 1 辆，泡沫消防车 1 辆；

特勤消防救援一站：消防救援人员 25 人，水罐消防车 1 辆（15 吨），一七式 A 类泡沫消防车 1 辆，登高平台（32 米）消防车 1 辆；

八里店专职消防队：消防救援人员 5 人，水罐消防车 1 辆；

支队机关：消防救援人员 5 人，消防指挥车 1 辆。

（七）

要求执行事项：

(1) 熟悉该单位情况和基本想定内容。

(2) 以指挥员身份理解任务，判断火情，定下决心，部署战斗，处置情况。

（八）

现场平面图如图 3-1-5 所示。

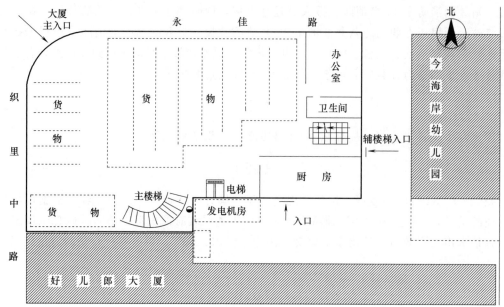

图 3-1-5　现场平面图

二、补充想定

请根据基本想定内容，结合补充想定材料完成相应问题。

（一）

9月14日凌晨4时29分，消防救援支队作战指挥中心接到火警后，迅速调派辖区消防救援一站赶赴火场，同时调集市区特勤消防救援一站、消防救援二站、八里店专职消防队进行增援。4时34分消防救援一站到达现场，此时整个建筑被翻卷的浓烟笼罩，已形成立体式燃烧，其中一层、五层窗口已有明火喷出，不时有幕墙玻璃爆裂从空中坠落。同时，发现浓烟笼罩的顶楼平台有2名人员呼救。

> 1. 如何开展火情侦察，火情侦察的要点和方法有哪些。
> 2. 写出辖区消防救援站指挥员根据现场情况进行力量部署的要点。
> 3. 针对现场情况，此时消防救援站指挥员应遵循什么指挥原则。
> 4. 写出辖区消防救援站指挥员的战斗决心。

（二）

4时53分，特勤消防救援一站32米登高平台车和15吨重型水罐车赶到现场，但4层、5层浓烟翻滚，火光冲天，形成一道巨大的屏障，严重影响登高救援行动的展开。如强行救人，势必影响到人员和车辆的安全，如不救人，被困人员随时有被大火吞噬的危险。为及时营救被困人员，指挥员果断下令，利用登高平台消防车实施救人。5时02分，2名被困人员成功获救。经及时询问被救者得知大厦内还有10余人被困，且主要集中在四层和五层。

4时50分，支队全勤指挥部人员到达现场。根据火场内部被困人员多、可燃物荷载量大、一层和五层火势非常猛烈等情况，果断下达了作战命令，并及时向总队全勤指挥部做了报告。

5. 支队指挥员到场后的力量调整内容是什么。

6. 外部营救被困人员的方法和途径有哪些。

7. 写出支队全勤指挥部向总队全勤指挥部汇报的内容要点。

（三）

接到支队全勤指挥部命令后，消防救援一站和特勤消防救援一站各组成 2 个内部搜救组。消防救援一站水罐车停靠永佳路 01 号消火栓取水，于大厦南侧设立水枪阵地出 3 支水枪，1 支水枪掩护内部搜救组沿东侧楼梯强行内攻搜救大厦内被困人员。另外 2 支水枪从南面楼梯间窗口打击火势，阻截火势向邻近的大厦蔓延。特勤消防救援一站 15 吨重型水罐车停靠在珠江中路 04 号消火栓向停靠在大厦北面的 32 米登高平台消防车供水，利用车载炮向四、五层窗口打击火势。消防救援一站重型水罐车停靠永佳西路 02 号消火栓吸水，向停靠于织里中路的消防救援二站 12 吨重型水罐车供水，利用车载炮从大厦西面窗口打击三、四、五层火势，阻止火势向南侧毗邻的利丰皮毛商行蔓延；八里店专职消防队停靠富康路 08 号消火栓取水，向停靠在永佳路的消防救援二站中低压泡沫水罐车供水，出 3 支水枪从北侧门、窗口打击 1 层、2 层火势。经过参战消防救援人员的努力，将火势牢牢地扼制在大厦内，成功地保护了近万平方米的毗连建筑。

由于燃烧建筑为大空间结构，且内存大量服装辅料（织带、商标、纽扣等），温度高、烟雾浓，给 2 个强行内攻救人小组尽快救人带来极大难度。经过多次反复内攻，未能奏效。

8. 搜救被困人员的顺序是什么。

9. 此时支队全勤指挥部应如何调整战斗部署。

（四）

大厦周围 500 米范围内有市政消火栓 9 个，管网为环状，吴兴大道管网管径 600 毫米，织里中路管径 300 毫米，珠江路、永佳路、富康路管径 200 毫米，常压下压力为 0.15～0.25 兆帕，距火场北面 150 米处有一天然水塘，消防车无法停靠，适于手抬机动泵取水。

10. 作为现场指挥员，如何组织现场供水。

11. 计算出织里中路消防管网的供水能力。

12. 简述手抬机动泵操作方法。

（五）

6 时 30 分，现场火势已得到初步控制，火场温度有所降低，火场指挥部决定内攻搜救小组再次进入建筑物内部，通过东侧楼梯向上搜救人员。7 时，搜救小组在 3 层发现 1 名遇难人员，4 层发现 8 名遇难人员。

7 时 30 分，火场指挥员发现大厦东侧 2 层墙面多处出现大面积裂缝，在场的市委书记得知情况后，立即指示，要确保参战消防救援人员的人身安全。为确保安全，现场指挥部果断地撤出了全部内攻人员，并在原有力量部署的基础上，对力量部署再次进行了调整。

13. 此时支队全勤指挥部果断地撤出全部内攻人员体现了什么指挥原则。

14. 此时支队全勤指挥部应如何调整战斗部署。

（六）

通过近 20 分钟的外围进攻，大厦火势得到有效控制。火场指挥部立即请市建设局质检站技术人员对大厦的结构稳定性进行测定。7 时 50 分，省消防救援总队总队长、副总队长以及相关人员相继赶到火场。随即成立了以总队长为总指挥，副总队长为副总指挥，总队战训处处长、辖区消防救援支队的政委、支队长为组员的总队灭火救援指挥部，全面负责灭火救援指挥工作。

经过前后 3 个多小时的出水扑救，此时火场温度已明显下降，室内可燃物逐渐减少，经市建设局质检站技术人员对建筑结构进行分析，认为该着火大厦建筑属现浇钢筋混凝土结构，发生大面积坍塌的可能性不大，并且可燃物经燃烧发生熔融现象，外攻效果已不明显。综合以上因素，指挥部认为强攻内战的时机已经成熟，随即下令集结灭火力量，调整战斗人员任务和战斗车辆位置。8 时，指挥部决定强行内攻。

15. 总队灭火救援指挥部决定强行内攻前应如何调整战斗部署。

（七）

此时灭火力量已对整个火场形成内外夹攻、上下合击之势，经过参战消防救援人员的奋力扑救，大火于 8 点 40 分被基本扑灭。8 时 45 分，指挥部决定由精干力量组成 5 个内攻搜救小组逐层消灭残火，并对遇难者遗体开展清查工作，至 14 时 30 分，残火被全部消灭，搜救小组共清查出遇难者遗体 14 具。

16. 战斗结束后进行清理工作，在收残和清理中应注意哪些问题。

想定四

一、基本想定

认真阅读本材料，熟悉整个救援过程。

（一）

4 月 13 日 13 时 56 分，位于某市教工路 23 号的百脑汇科技大厦七楼发生火灾。支队指挥中心接警后，立即派出 6 个消防救援站 24 辆消防车 108 人赶赴现场扑救，同时总队、支队全勤指挥部第一时间遂行出动并成立了火灾现场指挥部，全面负责火灾扑救的组织指挥工作。火灾于 15 时 12 分基本扑灭。起火房间为科技大厦 7 楼 705、706 室信格儿数码有限公司办公室，过火面积 120 平方米，燃烧物质为办公家具和手机电脑等数码产品。在此次火灾中成功营救疏散 101 人（特别是 7 楼着火层被困的 11 人），其中 2 男 1 女受轻伤。

（二）

百脑汇科技大厦位于教工路和黄姑山横路交叉口，地处某市数码产品特色集聚区的核心地带，其中裙楼百脑汇大卖场是某市最具规模的数码大卖场之一。着火建筑东面教工路为欧美中心写字楼，南面为科技软件园，北面为机电公司。

百脑汇科技大厦建筑结构为钢混结构，地上 21 层，地下 3 层，高度 60 米。大厦地下 3

层、2 层为地下停车场，总面积为 16429.81 平方米；地下 1 层至地上 4 层为百脑汇大卖场、5 层为餐饮中心，地下 1 层至地上 5 层总面积为 28836.66 平方米；6 层至 21 层为办公写字楼，总面积为 31975 平方米（每层 2006 平方米，21 层为 1885 平方米）。主体建筑用途多为数码产业从业办公或数码产品仓库；人员多，火灾荷载量大。

主楼设有 8 部电梯（2 部消防电梯），东侧和西侧各有一个疏散楼梯。着火层 7 楼共有 26 个房间，呈"口"字形分布，东面、西面、电梯间三条通道贯通北面与南面两条主通道，呈"皿"字形结构，单层设有 5 个墙式消火栓。建筑物内设有火灾自动报警、自动喷水、消火栓等系统。主楼设有 2 部封闭楼梯间。其中，东侧封闭楼梯间从一层直通十四层，与四层以下商场完全隔绝，西侧封闭楼梯间在四层至五层休息平台设有一道防火门将楼梯间截断，五层及以上人员须通过五层屋面到达室外楼梯进行疏散，四层以下供商场使用。东北侧室外楼梯从五层屋面平台直通一层，与商场完全隔绝。商场内一到四层东南角另设 1 部楼梯，供商场使用。商场内一到四层靠北部设 1 部自动扶梯，扶梯四周设有防火卷帘。

（三）

该单位室外消火栓 3 个，分别位于单位东侧、西南侧和西北侧；有一个 540 立方米的地下消防水池；消火栓接合器有 3 个，喷淋接合器有 3 个分高低区（低区 2 层至 15 层、高区 16 层至 26 层），墙式消火栓标准层为 5 个。单位 200 米范围内消防水源较好，设有 6 个市政消火栓。单位南面约 300 米过天目山路有一天然水源。

当日多云，8~17 摄氏度，东风 4~5 级。

（四）

此次火灾为典型的高层建筑火灾，发生火灾时，楼梯间、电梯井、管道井、电缆井等竖向管井，成为烟火蔓延的主要途径，容易形成"烟囱效应"。同时外墙采用玻璃幕墙，火势易翻卷跳跃蔓延至上层，形成立体火灾。

一是层数多，垂直距离高，大厦内部两个疏散楼梯，人员疏散时间长，疏散困难。二是人员比较集中，当日大厦内共有 400 余人正常上班，发生火灾时人员往往惊慌，疏散时相互拥挤难以疏散，也容易造成踩踏事件。

起火建筑为玻璃幕墙，内部烟气难以排出，当时大厦内部的防排烟系统也未能启动，对灭火救援工作造成了极大的影响。

（五）

14 时 05 分，消防救援一站 3 辆消防车第一时间到达现场。到场后指挥员迅速开展火情侦察，同时组织两组攻坚人员分别从大厦东、西两个疏散楼梯进入楼内内攻。经侦察发现起火楼层内楼道浓烟翻滚难以深入。考虑到该起火建筑为高层建筑，且有大量人员被困，火势情况随时可能恶化，消防救援站立即向指挥中心报告情况，请求增援。

14 时 20 分至 14 时 30 分，增援力量相继到场。

（六）

力量编成：

消防救援一站：消防救援人员 15 人，水罐消防车（5 吨，3 吨）2 辆，抢险救援消防车 1 辆；

消防救援二站：消防救援人员 15 人，水罐消防车 3 辆，抢险救援消防车 1 辆；

消防救援三站：消防救援人员 15 人，水罐消防车 3 辆；

特勤消防救援一站：消防救援人员 24 人，水罐消防车 3 辆，一七式 A 类泡沫消防车 1 辆，举高喷射消防车（54 米）2 辆；

特勤消防救援二站：消防救援人员 24 人，水罐消防车 2 辆，一七式 A 类泡沫消防车 1 辆，登高平台消防车（54 米）1 辆，充气消防车 1 辆；

特勤消防救援三站：消防救援人员 15 人，水罐消防车 2 辆，举高喷射消防车 1 辆（54 米）。

（七）

要求执行事项：

（1）熟悉该单位情况和基本想定内容。

（2）以指挥员身份理解任务，判断火情，定下决心，部署战斗，处置情况。

（八）

现场平面图如图 3-1-6 所示。

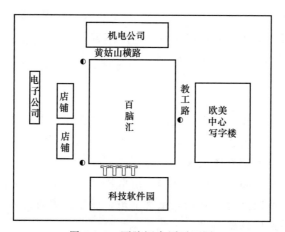

图 3-1-6　百脑汇大厦平面图

二、补充想定

请根据基本想定内容，结合补充想定材料完成相应问题。

（一）

14 时 05 分，消防救援一站 3 辆消防车第一时间到达现场。到场后消防救援站指挥员迅速命令头、二车停靠大厦门口，三车停靠单位东侧消火栓，向南侧水泵接合器供水，并迅速派人到消控室了解情况，开启大楼内部固定消防设施。同时组织两组攻坚人员分别从大厦东、西两个疏散楼梯至 6 楼利用墙式消火栓出 2 支水枪到 7 楼楼梯口准备内攻。经侦察发现起火楼层内楼道浓烟翻滚难以深入。与此同时，着火层以上的数百名被困人员正沿着疏散楼梯间不断向楼下疏散。指挥员随即要求人员加快疏散进程，同时要求消防救援人员引导人流尽快疏散，攻坚组强行内攻。

1. 消防控制室侦察的要点是什么。
2. 水泵接合器的使用应注意哪些事项。
3. 建筑内消防广播在开启过程中应遵循什么顺序和注意事项。
4. 写出辖区消防救援站指挥员的战斗决心。
5. 高层建筑排烟的方法。

（二）

为进一步了解和掌握火灾现场情况，消防救援站指挥员又再次组织人员对火灾现场的六楼进行了火情侦察。在六楼北面平台发现 705、706 房间内的大火已经将玻璃幕墙烧穿，火势沿窗口向上翻卷，有向上蔓延的趋势。指挥员迅速组织人员利用六楼楼道内的墙消在北面平台出 2 支水枪防止向上蔓延。据此，着火位置明确。此时，现场指挥中心和现场人员反映西南面 701 房间内还有多名人员被困，702 房间已有 2 人跳楼至 5 楼平台，14 楼、20 楼等还有人员滞留。消防救援站指挥员迅速将东侧楼梯的攻坚组人员调整到西面强行深入 701 房间实施救援。

6. 外部救人的途径和方法有哪些。
7. 内攻的注意事项是什么。

（三）

14 时 55 分，总队、支队全勤指挥部到场成立火场指挥部，全面负责火场的组织指挥。根据现场情况，确定了"全力搜救被困人员，坚决堵截火势蔓延"的战术措施，并及时调整力量部署。一是搜救小组进一步搜索救人；二是组建攻坚组，强行内攻灭火；三是部署水枪堵截阵地，阻截火势向其他楼层蔓延；四是采取有效措施排烟降毒。此次战斗部署后，在烟雾极大、能见度低的情况下，搜救小组成功疏散楼内被困人员 50 余名。

8. 以全勤指挥部指挥长身份，选定前沿指挥所的位置，并进行下一步作战部署。

（四）

15 时 12 分，火势被基本扑灭。随后根据火场指挥部的命令，搜救小组再一次对大厦七至二十一层开展逐间搜索和排烟，搜寻失踪人员，全面清理火场。16 时 30 分，火场全部清理完毕，作战力量全部返回。

9. 在收残和清理中应注意哪些问题。

第二节　高层酒店餐饮类建筑火灾扑救想定作业

想定一

一、基本想定

认真阅读本材料，熟悉整个救援过程。

（一）

　　某高层酒店位于市区胜利东路，共 29 层，高 98 米，占地面积 1250 平方米，总建筑面积 17000 平方米。该店南面是胜利东路，东面是附属楼，西面是密集民房，北面是昌安河。该酒店为迎接开业进行内部装饰，发生火灾时大楼内有 70 余名职工正在施工，大楼外部用幕墙玻璃加铝合金镶条包固而成。室内的消防自动报警、自动喷淋装置未开通，室内消火栓无水，防烟楼梯没安装防火门。

（二）

　　12 月 16 日 10 时 30 分许，该酒店因焊工在 10 层室内进行装修过程中违章作业发生火灾。上午 10 时 34 分 18 秒，市消防救援支队接到报警，迅速调出消防救援一站、消防救援二站 6 辆消防车、30 余名消防救援人员前往扑救，辖区消防救援二站于 10 时 38 分赶到现场，指挥员迅速带领战斗员进行火情侦察。起火点位于第 10 层，距地面 37 米。火灾发生后，胜利东路即刻被围观群众围得水泄不通，第一出动到达现场时，10 层以上各窗口浓烟滚滚，而且 50 余人被围困在起火层以上的楼层内，有 10 多名男女职工爬出窗外呼救，有的跑上顶层等待救援，并随时有可能冒险跳楼，情况万分紧急。

（三）

　　10 时 40 分支队机关、消防救援一站也相继到场，火势已封锁了仅有的两个楼梯通道，而且该大楼没有竣工，水泵接合器等消防设施没有开通。根据火场情况，成立火场指挥部，调集公安、交警、武警、医院等有关部门到场协助。指挥部决定采取三条措施：一是迅速组成了救人突击队和灭火强攻组，明确职责，协同作战，抢时间，争战机，控制火势蔓延；二是积极设法稳定被困人员的恐惧情绪，通过话筒喊话，劝阻群众不要跳楼，并告知已在全力营救；三是在建筑物周围设置救生气垫和席梦思床垫，以防万一有人跳楼能最大限度减轻其危险程度。指挥部命令消防救援一站负责救人，消防救援二站负责扑救火灾。

（四）

　　为了有效地控制火势，根据指挥部命令，采取强行内攻、近战快攻的战术措施扑灭火点。同时开窗排烟，为抢救被困人员争取了时间，经过 20 余分钟的艰苦奋战火势得到了控制，11 时 3 分火灾基本被扑灭。这次灭火战斗共抢救和营救出 50 余名被困人员，无一人丧生，成功地完成了火灾扑救和营救被困人员的任务。

（五）

力量编成：

消防救援一站：消防救援人员 16 人，登高平台消防车（25 米）1 辆，水罐消防车 2 辆；

消防救援二站（辖区）：消防救援人员 16 人，抢险救援消防车 1 辆，水罐消防车 2 辆；

支队机关：消防救援人员 10 人，消防指挥车 1 辆，照明车 1 辆。

（六）

要求执行事项：

（1）熟悉本想定内容，了解该高层酒店灭火战斗过程。

（2）以指挥员的身份理解任务，判断情况，定下决心，部署战斗，组织保障。

（七）

平面图如图 3-2-1 所示。

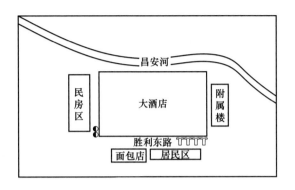

图 3-2-1　某高层酒店平面图

二、补充想定

请根据基本想定内容，结合补充想定材料完成相应问题。

（一）

12 月 16 日上午 10 时 37 分，辖区消防救援二站两辆水罐消防车、一辆抢险救援车到达现场，出动消防救援人员 16 人。

1. 辖区消防救援站指挥员到达现场后，应为他的初步指挥决策做哪些工作。

2. 针对辖区内的火灾重点单位，应熟悉了解哪些内容。

3. 第一出动力量确定的基本要求有哪些。

（二）

第一出动力量消防救援二站到场时，该高层酒店十楼窗口有明火冒出，十楼以上各楼层窗口均有浓烟冒出。酒店内尚有部分工作人员，场面混乱，情况紧急。消防救援二站到场后，命令两辆水罐消防车就近停放占据市政消防水源，副站长、副指导员与 1 名战斗员组成火情侦察小组，佩戴空气呼吸器等防护装备，沿螺旋楼梯上至酒店 8 楼，之后为寻找火源分头行动，一名指挥员继续搜索侦察 9 楼，另两人上 10 楼进行侦察，侦察发现 10 楼西侧房间有火光，确认火源发生在 10 楼，随即侦察小组立刻下楼报告火情。

4. 指挥员在进入内部侦察前，应做好哪些工作，以保障整体行动的顺利进行和侦察小组的生命安全。

5. 火情侦察应包含哪些要素，要素之间的优先级应如何排序。

（三）

增援的消防救援一站、支队机关 5 辆消防车消防救援人员 20 余人到场后，迅速成立火场前沿指挥部，由支队长负责现场组织指挥，副支队长负责后方组织供水和迎接增援力量，支队副支队长进入建筑内部组织内攻。根据到场消防救援站信息汇报，指挥部确认火势有从着火层向上蔓延的趋势，立即调配力量准备内攻救人。

> 6. 随着到场力量的增多，指挥部除组织好前方作战外，还应做好哪些工作。
> 7. 根据此次火灾的特点，消防救援队伍火场救人可选择内攻途径有哪些。

（四）

前沿指挥部根据火势发展状况，经过对火场情况的全面评估，确定了"内外结合、搜救人员、确保重点"的作战方针，由支队副支队长负责组织搜救小组，在确保安全的情况下，深入火场内部搜救被困人员；战训科科长负责部署和协调后方供水车辆，确保向前方不间断供水。

> 8. 作为指挥员，扑救高层建筑火灾时，应如何选择供水方式。
> 9. 作为指挥员，应采取什么措施保证火场不间断供水。

（五）

消防救援一站组成两个救人小组。一组从窗口用挂钩梯逐层向上攀登将悬挂在 10 层楼的一名男子救下，并用安全绳将窗外的另 2 名女工系好沿梯转入安全地带，接着用两部挂钩梯攀登到 11 层将 3 名女工沿楼梯救到安全地带。为了防止被困人员跳楼，指挥部还调来席梦思床垫和救生气垫铺设在大楼下。另一组佩戴空气呼吸器沿楼梯冒着浓烟强行登上 10 层楼将被困的 5 名人员救出。消防救援二站沿楼梯铺设水带至 10 层进行灭火，由于楼层高，消防车供上来的水压低，烟雾大，给火灾扑救带来困难。

> 10. 搜救小组应做好哪些个人防护。
> 11. 搜救小组在进行搜救时应把握好哪几个原则以提高搜救效率。

（六）

11 时 38 分，酒店大楼外部大火已经基本扑灭，部分楼层内部仍然有明火。经前沿指挥部研究，认为应抓住时机发起内攻，进一步确定了"强攻近战，内外夹攻"的战术。命令各区域分指挥官立即组织人员开展内攻，全力扑灭建筑内部明火，同时调集水炮对建筑主体结构实施冷却，防止坍塌。

在建筑内外明火被扑灭后，前沿指挥部及时调整部署，采取了"分割包围、分层包干"的战术，对火场进行全面清理。12 时许，所有残火被彻底扑灭。前沿指挥部决定留下 2 辆水罐消防车、1 辆 25 米登高平台消防车继续监护现场，其余参战力量撤回。

> 12. 指挥部在火场后期处理中，要注意考虑哪些问题。
> 13. 清除残火过程中，应重点清查哪些部位。

想定二

一、基本想定

认真阅读本材料，熟悉整个救援过程。

（一）

5月28日，某饭店因第三层西侧走廊吊顶天花板上安装的筒灯直接接触聚氨酯装饰板聚热自燃引发火灾，死亡6人，受伤18人，烧损建筑面积2243平方米，直接财产损失62万余元。

（二）

该饭店位于上海路6号，有客房107间，床位135张。建于1924年，钢混结构，呈槽型，地上七层，地下一层，高30.5米、长87米，总建筑面积10800平方米。饭店七层为餐厅，六层为写字间，被28个商社租用，二、三、四、五层为客房，火灾发生时饭店内共有旅客和工作人员106人。

饭店于火灾当年2月开始进行重新装修，边营业边施工，主要是装修七层餐厅，更换客房壁纸、地毯、走廊吊顶天花板。饭店设有3部电梯、3部敞开式楼梯，楼后侧外墙设有2部铁制散梯，为了防盗，每层出入门均上锁，楼梯不通。

该饭店附近有地下消火栓5个，100立方米贮水槽口1个，周围道路交通情况良好。

（三）

5月28日9时28分，住在该饭店303房间的客人发现饭店第三层楼梯处、护栏上有浓烟和火光，顶棚上还不时地向下掉落燃烧物。同时，饭店保安也发现火情，当班的值班员立即拨打"119"报警。市消防救援支队接到报警后，迅速调集支队机关、8个消防救援站、5个企业专职消防站共32辆消防车、216名消防救援人员赶赴火灾现场，同时调集公安、交通、医疗、救护、供水、供电、供气等相关部门协助扑救。

（四）

由于起火点在饭店三层，烟囱效应使火沿着敞开式楼梯迅速蔓延至顶层，同时在水平方向向各层走廊、房间蔓延，三层以上各层走廊和多数客房（因吊顶与客房连通的孔洞未封堵）很快充满了浓烟，大多数旅客和工作人员被封锁在房间内，只能扒在窗口呼喊待救。9时34分，辖区消防救援一站到达火场。消防救援站指挥员根据外部观察和知情人提供的情况，成立了救人和灭火小组。救人小组利用三节梯和挂钩梯联挂，从饭店南侧窗口将等待救援的人员系上绳索救下；灭火战斗小组从正门楼梯进入饭店第三层设置水枪阵地，并不断向饭店四层、五层、六层延伸灭火，同时从内部搜救被困人员，有效控制了饭店三至六层火势。

（五）

9时39分，支队指挥车和第一批增援力量相继到场，支队指挥员根据现场情况做出了"集中优势兵力，采取一切方法全力解救被困人员，同时组织力量控制火势"的决策，在饭店东、南两侧确定了 8 条外攻的救人和灭火路线。利用 46 米云梯消防车和 50 米登高平台消防车停靠在被困人员较多的东侧上海路上营救饭店五、六层的被困人员。当南、东、西侧外部被困人员全部救下后，50 米登高平台消防车立即移至北侧，救助饭店北侧第七层窗外的 9 名被困饭店工作人员。另 3 名男员工被救援人员用安全绳系上，沿水管慢慢滑下救出。消防救援四站利用 9 米三节拉梯与 4 部挂钩梯联挂，从饭店三层连续攀登到六层，将饭店四、五、六层被困人员用安全绳沿梯救下，然后在饭店第七层垂直铺设水带，出一支水枪灭火。消防救援二站组成 2 个战斗小组，其中一组利用三节梯、二节梯、挂钩梯联挂在饭店东侧南端从外部营救饭店第三、四、五层窗口的人员；另一组垂直铺设水带出 1 支水枪从饭店四层东部走廊进攻堵截火势，同时在内部寻找被困人员。消防救援三站组成 2 个战斗小组，在饭店东侧中部利用平台架设二节梯和挂钩梯联挂将窗口人员救下，然后分别深入到饭店六层和五层从内部寻找被困人员，利用室内消火栓堵截控制火势。经过消防救援人员 40 多分钟的战斗，先后从楼上共救出被困或熏昏的旅客和饭店工作人员 53 人。

（六）

救人任务基本完成后，火场指挥部及时把作战重点转移到灭火上，同时组成突击小组逐层搜寻被困人员。除在饭店内部每层设置水枪阵地继续进攻外，在外部集中了举高喷射消防车和水罐消防车的高压水枪向饭店七层进攻，云梯消防车和登高平台消防车也出 3 支水枪从外部向饭店七层进攻，并逐渐向内部推进，从窗口进入，形成了内外夹攻的灭火阵势。在火场指挥部的统一指挥下，参战人员经近 3 个小时奋战将火灾扑灭，保住了饭店六层以下的大部分建筑和财物。

（七）

力量编成：

支队机关：消防救援人员 12 人，消防指挥车 1 辆，照明消防车 1 辆；

消防救援一站（辖区）：消防救援人员 18 人，水罐消防车 3 辆，抢险救援消防车 1 辆；

消防救援二站：消防救援人员 14 人，水罐消防车 2 辆，抢险救援消防车 1 辆；

消防救援三站：消防救援人员 32 人，水罐消防车 3 辆，抢险救援消防车 1 辆，云梯消防车 1 辆（22 米）；

消防救援四站：消防救援人员 36 人，水罐消防车 5 辆，举高喷射消防车 1 辆；

消防救援五、六、七、八站：消防救援人员 46 人，水罐消防车 3 辆，云梯消防车 1 辆（46 米）、登高平台消防车 1 辆（50 米），抢险救援消防车 1 辆；

企业专职消防站：消防救援人员 58 人，水罐消防车 5 辆，抢险救援消防车 1 辆。

（八）

要求执行事项：

（1）熟悉该单位情况和基本想定内容。

（2）以指挥员身份理解任务，判断火情，定下决心，部署战斗，处置情况。

二、补充想定

请根据基本想定内容，结合补充想定材料完成相应问题。

（一）

5月28日9时28分46秒，消防救援支队作战指挥中心接到该饭店火灾报警后，立即调集辖区消防救援站赶赴火灾现场，并调集附近3个消防站作为第一批增援力量。

支队支队长、政委闻警后，立即带领支队全勤指挥部人员赶赴火场。

在行驶途中，支队长、政委通过车载电台了解到着火建筑属于建筑年代久远的高层建筑，人员居住混杂、货物堆积量大，周边环境复杂，且正在装修，内部消防设施不完善。根据这种情况，在力量的调集上形成了新的决策。

1. 请写出支队指挥员在第二次力量调集时的决策内容。

2. 力量调集情况报告应该包含哪些内容。

（二）

消防救援支队作战指挥中心在较短时间内再次调集4个消防救援站以及市区5个企业专职消防站共12辆车、100余名消防救援人员赶赴现场，同时调集了社会相关力量。

3. 请问需调集哪些社会相关力量到场，开展哪些方面的工作。

4. 此次火灾救援战斗行动，支队火场指挥部还需要协调哪些社会联动力量保障灭火搜救任务顺利进行。

（三）

9时34分，辖区消防救援一站首先到达现场，通过初步侦察后，站指挥员发现该饭店大楼南面二层、三层浓烟向外翻滚，火焰从二层南侧多个窗台窜出，随即对作战任务进行了部署。

5. 站指挥员在初步侦察后，除对作战任务进行部署外，还应有哪个指挥环节需要进行。

6. 针对这种情况，指挥员应定下怎样的战斗决心。

（四）

9时39分，消防救援二站、消防救援三站、消防救援四站作为第一支增援力量到场。在火场东面2名妇女站在窗边，用绳子系住一顶草帽，挥舞着大声呼救。消防救援站指挥员迅速在起火建筑东面升起22米云梯消防车救人。由于云梯消防车最大伸展平台与四层窗台还相差2米，营救人员采用挂钩梯与云梯消防车联用的方式，将四层2名被困人员救下。随后，4名攻坚组战斗员利用云梯进入四层，出1支水枪，由东向南内攻控制火势向东蔓延。同时，消防救援站搜救小组由起火建筑东面楼梯进入楼内，疏散50余人。

7. 第一增援力量到场后所采取的战术行动是由哪个指挥员指挥部署的。

8. 在使用云梯消防车疏散救人过程中需要注意哪些问题。

（五）

9时46分，支队长、政委、副支队长等领导带领支队全勤指挥部到达现场，成立现场作战指挥部，统一指挥救人灭火战斗。针对火场实际，指挥部命令：一是全力疏散和搜救建筑内被困人员；二是堵截火势，防止大火向上层建筑和邻近建筑蔓延。经过到场消防救援人员的努力，疏散出 17 人，并初步控制住了火势。

10 时 06 分，总队政委、市政府及公安局领导到达现场，成立灭火救援总指挥部，接管火场灭火指挥权，统一指挥灭火救援战斗。总指挥部要求"现场调集精干力量，继续搜救被困人员"。现场作战指挥部迅速组织各增援消防救援站从建筑东、南、北三个方向进入楼内，通过敲门、喊话等方式逐层逐户进行搜寻，共疏散、转移被困群众 40 余人。

10 时 45 分，经过各参战消防救援站的奋力扑救，大火蔓延的趋势已得到有效控制。

11 时 30 分，大火被全部扑灭。

9. 请给出指挥机构的升级情况。

10. 根据起火建筑特点，引导疏散被困人员的方法有哪些，救援人员需要携带哪些器材装备。

想定三

一、基本想定

认真阅读本材料，熟悉整个救援过程。

（一）

7 月 17 日，某高层酒店第二层香天下火锅城因使用电器不慎导致电器故障引发火灾，造成 30 人死亡、13 人受伤，烧损建筑面积 150 平方米，直接财产损失 13.8 万元。

（二）

该酒店位于西藏南路 54 号，东临西藏南路，西为居民住宅区，南、北两侧为店铺。高度 31 米，每层建筑面积 700 平方米，总建筑面积 7103.9 平方米。主楼九层，一层除大堂外设有 2 个快餐店和 2 个商场；二层为酒楼；三至九层为客房，共有客房 140 间，床位 380 个。火灾当日，酒店内共有 243 人。

酒店设置有室内消火栓、手动报警警铃、自然排烟口，一层商场设置有火灾自动喷水灭火系统，大楼南北两边各有 1 座封闭式楼梯。

（三）

7 月 17 日凌晨 1 时 50 分，该酒店东面水产批发市场内人员发现酒店第二层香天下火锅城东北角的房间起火，遂大声呼叫酒店一层大堂值班的保安员。保安员先出门口往上看，然后跑到酒店第二层，看到影碟机房（楼面经理的宿舍）着火，见房间门锁着就下到一层给酒店值班经理打电话，未找到人。再上到第二层想用灭火器灭火，未能奏效，接着打开酒店室内消火栓灭火，但室内消火栓内无水。然后回到酒店第一层大堂给各楼层服务员打电话，最后才想起打"119"电话报警。

（四）

7 月 17 日 2 时 16 分，市 119 指挥中心接到报警后，立即调动辖区消防救援一站 4 辆消防车前往扑救。消防救援一站 2 时 25 分到场后，酒店第二层餐厅包房火势猛烈，浓烟翻滚，楼上住客纷纷爬出窗外，用毛巾、衬衣、被单等向消防员求救。消防站指挥员一边请求指挥中心增援，一边布置救人和灭火工作。37 米云梯车在酒店东面迅速伸到各楼层窗口营救求救人员，全部消防救援人员冒着带有毒性的呛人浓烟，进入酒店各楼层疏散抢救被困人员，抢救出 62 人。2 时 25 分，119 指挥中心根据消防救援一站请求增援的报告和支队领导的命令，迅速调动 4 个消防救援站的 9 辆消防车和全部值班人员前往增援。

（五）

2 时 35 分各消防救援站到达火场后，由支队领导和战训科组成的总指挥部迅速下达救人命令：消防救援一站负责第二层和第三层；消防救援二站负责第四层和第五层；消防救援三站负责第六层和第七层；消防救援四、五站负责八、九、十、十一层。救人行动迅速展开，消防救援一站 37 米云梯车在原来位置营救酒店东面各层被困人员，其余力量继续进入酒店第二层和第三层搜索寻找被困人员，又救出 22 人；消防救援二站 53 米、44 米云梯消防车分别停在酒店西面和东面伸到各楼层救人，其余力量进入酒店第四层和第五层搜索寻找被困人员，共救出 41 人；消防救援五站 30 米云梯消防车停在酒店西面伸到各楼层救人，其余力量进入酒店第八、九、十、十一层抢救被困人员，共救出 10 人；消防救援三站进入酒店第六层和第七层疏散抢救被困人员，共救出 35 人；消防救援四站进入酒店第八、九、十、十一层疏散抢救被困人员，共救出 16 人。

（六）

经过消防救援人员的艰苦奋战，3 时 30 分，被困人员被全部疏散抢救出来。救人同时出水枪灭火，水罐消防车用水炮向火点射水，并按每楼层 2 支水枪沿酒店楼梯进攻灭火，堵截火势蔓延，30 分钟后彻底将火扑灭。

（七）

力量编成：

支队机关：消防救援人员 8 人，消防指挥车 1 辆；

消防救援一站（辖区）：消防救援人员 18 人，水罐消防车 2 辆，抢险救援消防车 1 辆，云梯消防车 1 辆（37 米）；

消防救援二站：消防救援人员 16 人，水罐消防车 1 辆，云梯消防车 2 辆（53 米、44 米）；

消防救援三站：消防救援人员 10 人，水罐消防车 1 辆，抢险救援消防车 1 辆；

消防救援四站：消防救援人员 9 人，水罐消防车 1 辆，排烟消防车 1 辆；

消防救援五站：消防救援人员 9 人，水罐消防车 1 辆，云梯消防车 1 辆（30 米）。

（八）

要求执行事项：

（1）熟悉该单位情况和基本想定内容。

（2）以指挥员身份理解任务，判断火情，定下决心，部署战斗，处置情况。

（九）

平面图如图 3-2-2 所示。

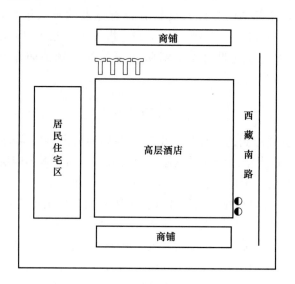

图 3-2-2　高层酒店平面图

二、补充想定

请根据基本想定内容，结合补充想定材料完成相应问题。

（一）

据查，此次火灾直接原因是火锅城楼面经理刘某，于 7 月 16 日下午 5 时多打开电风扇至 17 日凌晨 1 时许离开住室时，没有把电风扇电源关闭就锁门外出。电风扇在运转中，异物进入电风扇罩内，影响电风扇正常转动，加大负荷，引起电机电流增大，使电风扇电源线过热燃烧，引燃周围的可燃物造成火灾。

> 1. 电器火灾时有发生，请思考从日常的监督、宣传入手，如何减少此类火灾发生的频率。
> 2. 此次火灾发生在凌晨，请阐述夜间火灾的特点。

（二）

凌晨 2 时 25 分，辖区消防救援一站到达现场。此时，着火建筑整个东面一至九层已全部燃烧，南、北面大部分正在燃烧。通过火情侦察，大楼内还有大量居民未能及时疏散出，且火势正通过外立面、连廊向毗邻的商铺蔓延，情势十分危急。

> 3. 此次火灾外立面大面积燃烧，这种情况下，第一出动力量的展开应该注意哪些要点。
> 4. 辖区消防救援站指挥员针对这种情况，应定下怎样的战斗决心。

（三）

2 时 35 分，增援力量相继到场，成立了现场作战指挥部，面对整个大楼外立面装饰和外保温材料的立体燃烧，以及大量未及疏散的人员，现场作战指挥部理清了作战思路，及时把作战任务部署了下去。

> 5. 搜救被困人员的顺序是什么。
>
> 6. 请给出现场作战指挥部的整体作战思路。

（四）

2 时 38 分，指挥部发现楼内仍有部分居民被困。火场指挥员迅速调整力量，成立以精干力量为主的 4 个攻坚组，在水枪的掩护下，梯次轮换、强行登楼，抢救被困居民。攻坚队员在强化个人防护措施的基础上，逐层逐户敲门或破拆防盗门，通过引导和背、抱、抬等方式营救出 100 余名被困人员。在大楼外部，火场指挥部还组织相继到场的举高类消防车在西藏南路及南、北两侧消防车道停靠，组织配套供水，利用水炮从外部压制和打击火势，冷却建筑主体结构，防止其局部或整体倒塌造成次生灾害，并营救出 8 名通过建筑外窗逃至设备平台呼救的遇险人员；在着火建筑北侧毗邻商铺顶层设置水枪阵地，射水阻挡辐射热和飞火对毗邻外立面的威胁；在着火建筑南侧部署供水车组，通过沿外墙垂直施放水带进入室内近战灭火，并组织力量在着火建筑下风方向 200 米范围内，设置水枪阵地，有效截断了火势向下风方向毗邻建筑蔓延。现场还集结了附近 4 个消防救援站的力量，通过建筑疏散楼梯间蜿蜒铺设或垂直铺设水带形成 4 路供水线路，重点在二层以上各燃烧层布设分水阵地，纵深打击火势，形成内外夹攻、上下合击之势。3 时 22 分，火势处于受控状态。

> 7. 在现场如此众多的救援力量的情况下，怎样保证指挥信息的通畅。
>
> 8. 请写出此次火灾扑救中战斗组网的过程。

（五）

在火势得到控制后，火场指挥部调整战斗任务，将搜救人员、内攻灭火、破拆排烟、火场供水等任务分配到每个消防救援站，实行一个消防救援站坚守一到两个楼层，并由支队、大队两级指挥员分片包干、各负其责。至 3 时 30 分，整幢建筑物明火被基本扑灭。各战斗段重新部署力量对大楼一至九层的房间、电梯井、管道井等部位进行反复地毯式搜索，确保不留死角，并对室内堆积阴燃的可燃物进行清理，防止复燃，至凌晨 4 时，收残和清理任务基本完成，遇险（难）人员全部救出。

> 9. 在搜救人员、内攻灭火、破拆排烟、火场供水等众多任务分配与执行过程中，为保证指挥的顺畅性，需遵循怎样的指挥原则。
>
> 10. 火灾扑救后期应如何检查火场，收残和清理中应注意哪些问题。

想定四

一、基本想定

认真阅读本材料，熟悉整个救援过程。

（一）

12月1日6时38分，位于市区青年路的某高层大酒店因十三层西餐厅热菜厨房的蒸锅烟囱高温引燃管道外的可燃物发生火灾。此起火灾过火面积520平方米，直接财产损失96711元。

（二）

该大酒店位于青年路18号，集餐饮、购物、住宿、停车、办公、娱乐于一体。大厦为钢混结构，占地面积5700平方米，建筑面积30025平方米。

大厦主楼39层，地上35层，地下4层，高124米，附楼21层为商社集团办公楼，裙楼7层为新世纪百货商场。1层为大厅、2层为商务中心、3层为咖啡厅、4层至6层为新世纪商场、7层至9层为办公室、10层至11层为新世纪库房、12层为中餐厅、13层为西餐厅、14层为办公室、15层至30层为客房（21层为办公室）、31层为桑拿浴、32层至33层为夜总会、34层至35层为设备机房。

该建筑有消防控制中心、火灾自动报警系统、火灾自动喷淋系统、室内消火栓系统、水泵接合器、消防电梯、疏散楼梯、两个300立方米储水池等消防设施。

（三）

12月1日6时38分，总队119指挥中心接到报警后，立即按照高层建筑火灾灭火战斗力量编成，一次性调出一支队5个消防救援站和总队特勤大队，共18辆消防车、90余名消防救援人员赶赴现场。支队119指挥车、辖区消防救援二站于6时45分到场后，支队指挥员立即到负一楼的消防控制中心了解情况，同时迅速组织力量到着火楼层进行火情侦察。查明14楼喷淋系统已经启动，火势已蔓延至15层，且有人员被困。此时，消防救援一站到达现场，支队指挥员立即命令：消防控制中心启动室内消火栓给系统加压；消防救援二站利用室内消火栓，在14、15楼每层楼出2只水枪出水灭火；消防救援一站负责疏散救人。

（四）

支队领导到场后，迅速成立了灭火救援指挥部。此时由于烟囱效应，火势已蔓延至18楼，指挥部当即决定成立灭火强攻组和疏散救人组，按照灭火预案展开行动并命令：特勤大队等组成灭火强攻组，利用室内消火栓出枪灭火；疏散救人组由3个消防站组成，沿各楼层逐个房间搜寻被困人员。

（五）

火灾扑救过程中，由于该酒店的抽油烟管道长时间受烟热炙烤，致使位于21层室外烟道排烟口处的油垢发生燃烧，烈焰强烈地烘烤着毗邻的外窗玻璃，一旦玻璃被烤破，火势必将迅速蔓延至室内。火场指挥部命令特勤大队调整灭火力量，在21层利用室内消火栓出枪扑灭烟道口的明火。

经过全体参战消防救援人员的共同努力，经过近2小时30分的战斗，于9时10分成功扑灭火灾，营救遇险人员300余名，安全疏散群众600余人。

（六）

力量编成：

支队机关：消防救援人员 6 人，消防指挥车 1 辆；

总队特勤大队：消防救援人员 21 人，水罐消防车 2 辆，抢险救援消防车 2 辆；

消防救援一站：消防救援人员 17 人，水罐消防车 2 辆，抢险救援消防车 1 辆；

消防救援二站（辖区）：消防救援人员 20 人，水罐消防车 3 辆，抢险救援消防车 1 辆；

消防救援三站：消防救援人员 10 人，水罐消防车 2 辆；

消防救援四站：消防救援人员 9 人，水罐消防车 1 辆、抢险救援消防车 1 辆；

消防救援五站：消防救援人员 9 人，水罐消防车 2 辆。

（七）

要求执行事项：

（1）熟悉该单位情况和基本想定内容。

（2）以指挥员身份理解任务，判断火情，定下决心，部署战斗，处置情况。

（八）

标准层平面图（图 3-2-3）。

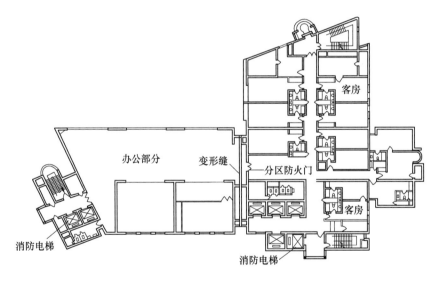

图 3-2-3　标准层平面图

二、补充想定

请根据基本想定内容，结合补充想定材料完成相应问题。

（一）

12 月 1 日 6 时 38 分，辖区消防救援二站接到指挥中心命令，称市区某酒店发生火灾，现场烟雾较大，立即出动 3 辆水罐消防车、1 辆抢险救援车、20 名消防救援人员赶赴现场实施灭火救援。在出动途中，消防救援站指挥员通过联系指挥中心，了解到火灾发生在十三层，现场烟雾很大。根据平时对酒店大楼的了解，定下了初步战斗决心。

> 1. 请以辖区消防救援二站指挥员身份写出初步战斗决心的内容。
> 2. 请写出第一出动力量调配的原则。

（二）

按照消防救援站指挥员的部署，各战斗小组立即展开战斗。侦察小组通过侦察发现，大楼着火层顶部不断有燃烧物坠落，烟雾极大，能见度极低，内部情况十分复杂。指挥员感觉到压力比较大，在积极搜救的同时，指挥员进行了其他的指挥行动。

> 3. 指挥员还应进行哪些指挥行动。
> 4. 现场烟雾较大的情况下，侦察组人员应如何做好个人防护。

（三）

在增援的消防救援一站到场后，成立以消防救援一站人员为主的 3 个搜救小组，各搜救小组充分利用各种有利条件营救被困群众。最终，经过 4 次搜救，营救被困群众 16 人，引导疏散 27 人。

7 时 10 分，支队领导带领支队全勤指挥部人员到达现场，第一时间成立火场指挥部，及时对到场力量进行了部署。此次战斗部署后，在烟雾极大、能见度不足 20 厘米的情况下，搜救小组在大厦十六～十七层处发现 7 名被困群众，并成功救出。

> 5. 在此阶段，指挥者和指挥对象有了什么变化。
> 6. 火场能见度差的情况下，搜救组应采取什么方式提高搜救效率。

（四）

6 时 50 分，总队当日值班领导总队副总队长，接到消防支队火情报告，要求总队全勤指挥部做好赶赴火场的准备。7 时许，总队长、总队政委接报，立即赶到总队指挥中心，命令总队副总队长立即带领总队全勤指挥部人员赶赴现场；调集总队特勤大队等精锐力量赶赴火场增援；要求总队指挥中心迅速向省公安厅和部消防局报告情况；并启动现场 3G 图传，向总队、部局进行音视频传送。

7 时 20 分，市政府领导及其应急救援单位到场，成立现场总指挥部。火场指挥部根据现场情况作出调整。

8 时许，省政府副省长、省公安厅厅长、副厅长先后赶到总队指挥中心，听取汇报，了解火情，立即成立了以公安、消防为主要成员的重大灾害事故应急处置总指挥部，负责协调、调集相关应急力量和救援物资，并通过音视频系统实施远程指挥，全面协调灭火救援工作。

8 时 30 分，大火被有效控制。

9 时 10 分许，大火被扑灭。

> 7. 火场应具有哪些特点时才能视为有效控制。
> 8. 消防救援队伍受重大灾害事故应急处置总指挥部中的哪一级组织领导，主要任务是什么。

想定五

一、基本想定

认真阅读本材料，熟悉整个救援过程。

（一）

4月19日零点左右，省旅游局某高层酒店因旅客吸烟不慎，发生一起特大火灾。死亡10人，伤7人，直接经济损失249858元。

（二）

该酒店位于某市中山路37号，事发两年前投入使用。该建筑为钢筋混凝土框架剪力墙结构，长64米，宽15米，高47米，总面积17814平方米，共14层，四周无毗邻建筑。该酒店有13条管道井贯通全楼，内部装修材料都是可燃、易燃物质，2至11层楼为客房，其它为餐厅、酒吧间、电机房等附属设施。

该建筑无火灾自动报警、自动喷淋等设施，并且该酒店还将消防供水管道改为生活用水管道，致使室内消火栓没有水源。楼内疏散楼梯被杂物堵塞，4部电梯，其中一部消防电梯因设计不合理无法使用。

（三）

0时37分，支队"119"指挥中心接到该酒店发生火灾的报警，立即派出消防救援一站（辖区）、消防救援二站奔赴火灾现场，支队指挥车也随即出动。0时43分，责任区的消防救援一站到达火场，指挥员立即进行了火情侦察，发现11层楼正面北侧的两个窗口和后面北侧的两个窗口、中部的两个窗口向外蹿火。立即用电台向指挥中心报告，请求增援，同时组织救人小组内攻救人，他们发现第8、9、10层楼走廊处的管道井已经向外蹿火，火势随时都有蔓延的可能，9、10层楼的旅客争相逃命，拥挤在走廊和楼梯间，第11层楼的楼梯间和走廊已全部燃烧，烟雾很大，温度很高，使人难以接近。救人小组在组织服务员疏散拥挤的旅客的同时，利用水枪控制8、9、10层楼管道井的火势掩护救人。

（四）

0时44分，增援力量赶到火场，发现第11层楼正面南侧窗口趴着很多旅客摆动床单呼救，北侧窗口外有很多旅客，情况十分危急。指挥员命令云梯消防车迅速升起，抢救11层楼南侧窗口的旅客，然后沿消防梯铺设水带进入11楼。

（五）

0时56分，支队指挥员到达火场，根据当时的情况决定：由一名指挥员负责辖区消防救援一站的阵地，强攻11楼，营救被困旅客；由一名指挥员负责消防救援二站云梯车抢救11楼南侧窗口的被困旅客；组成三个抢救小组，进入楼内疏散旅客。同时利用高音喇叭喊话，稳定被困旅客的情绪。0时58分，消防救援三站到达火场，指挥部命令他们协助辖区消防救援一站强攻11层楼抢救被困群众。1时1分，消防救援四站到达火场，指挥部命令消防救援四站沿内楼梯铺设水带逐层消灭管道井的火势，切断火势向下蔓延的路线。

（六）

1时15分，消防救援一站和消防救援三站相继强行攻入第11层楼，各出1支水枪，消灭了楼梯间的火势、切断了向上蔓延的路线，然后转移水枪阵地冲进走廊、消灭四壁明火，为救人开辟通道。在水枪掩护下，救人小组进入一房间内，将4名双手扒着窗台身体悬挂在楼外的旅客抢救出，然后又从其他两个房间共救出5名旅客。同时，另一个救人小组在搜索中又从两个房间和北侧阳台上救出3人。云梯消防车分别从4个窗口将5名旅客救了下来。在水枪掩护下，又一救人小组在两个房间将3名旅客救出。至此，被火困在第11层楼的旅客全部被救护出来。

经全体消防救援人员英勇奋战，于2时14分将这起大火彻底消灭。

（七）

力量编成：

支队机关：消防救援人员12人，消防指挥车1辆，照明消防车1辆；

消防救援一站（辖区）：消防救援人员19人，水罐消防车3辆，抢险救援消防车1辆；

消防救援二站：消防救援人员15人，水罐消防车2辆，云梯消防车1辆（37米）；

消防救援三站：消防救援人员18人，水罐消防车3辆；

消防救援四站：消防救援人员18人，水罐消防车2辆，抢险救援消防车1辆；

消防救援五站：消防救援人员12人，水罐消防车2辆。

（八）

要求执行事项：

（1）熟悉该单位情况和基本想定内容。

（2）以指挥员身份理解任务，判断火情，定下决心，部署战斗，处置情况。

二、补充想定

请根据基本想定内容，结合补充想定材料完成相应问题。

（一）

4月19日0时37分，消防救援支队作战指挥中心接到报警称某高层酒店发生火灾。作战指挥中心第一时间调集辖区消防救援一站和东市区消防救援二站出警，全勤指挥部随即出动；随后，消防救援支队迅速启动《重大灾害应急救援预案》，一次性调集全市其余3个消防救援站赶赴现场增援，机关各部（处）按照任务分工到场展开。

0时43分，辖区消防救援站首先到达现场。经火情侦察，酒店大楼十一楼正面北侧在建部分发生火灾，火势已经从烟道、外立面穿过楼板，迅速向其他楼层蔓延，燃烧猛烈，浓烟弥漫。酒店八、九、十层有部分旅客未能及时撤离，十一层有10余名人员在窗口呼救，情况危急。

> 1. 针对这种情况，指挥员迅速定下了战斗决心，请写出指挥员的战斗决心。
> 2. 高层酒店餐饮类建筑如果发生火灾，有什么特点。

（二）

0 时 56 分，支队全勤指挥部到达现场后，立即向总队指挥中心汇报，同时，迅速成立现场指挥部。消防救援站指挥员向指挥长汇报了现场情况，并移交了指挥权。随即，现场指挥部迅速形成了战斗决心，现场指挥部下达了作战命令。

> 3. 消防救援站指挥员向指挥长汇报现场情况包括哪些方面的内容。

（三）

针对现场情况，现场指挥部做出相应作战部署为：

（1）辖区消防救援一站 2 个攻坚组沿大楼东北角疏散楼梯进入八层设置 2 个水枪阵地，对走廊处的管道井进行冷却、堵截火势，防止火势向低楼层蔓延，掩护搜救组进行搜救。

（2）消防救援二站利用 37 米云梯车在十一楼南侧开辟空中救援通道，对被困人员进行救助。同时利用车载水炮、移动水炮进行防御，随时打击外围火势，阻止火势通过外立面向其他楼层蔓延；另外派出攻坚组进入大楼搜救旅客。

（3）消防救援三站 2 辆水罐消防车分别停于酒店大楼南侧，派出 2 个攻坚组从大楼西北角疏散楼梯深入十一层协助疏散旅客。1 辆水罐消防车连接水泵接合器向室内管网增压。（由于酒店大楼仓促开业，内部的消防系统无法使用，导致加压无效。）

（4）消防救援四站、消防救援五站各派 2 个攻坚组沿大楼东北角疏散楼梯进入，逐层设置水枪阵地，防止火势向下蔓延。

> 4. 现场指挥部的战斗命令应怎样下达。
> 5. 现场指挥部做出战斗部署的客观因素有哪些。

（四）

随着增援力量和相关部门陆续到场，指挥部做出决定：一是由消防救援支队副支队长负责火灾现场的救人及火灾扑救工作；二是由到场的市政府秘书长统一协调指挥水务、燃气、供电、卫生等部门，做好现场协调配合工作；三是由公安局副局长负责指挥交通、治安，做好现场的警戒和周边群众的疏导工作。

全勤指挥部根据现场事态发展、力量调集和火场作战部署情况，确定了"搜救排查人员、全力堵截火势、减少财产损失、确保自身安全"的指导思想，并制定作战方案：一是派出 4 个搜救组再次进入大楼，全力搜寻各楼层是否还有被困人员。二是派出 3 个侦察小组再次进行火情侦察，重点察看八～十一层结合部火势发展情况。三是派出 4 个攻坚组沿大楼疏散楼梯设置阵地，强力消灭明火，全力阻止火势蔓延。四是主战车任务不变，调整增援消防救援站和环卫洒水车进行供水。同时，在指挥部的协调下，市自来水公司对现场周边市政管网进行局部加压，并由起火建筑东南侧青年巷内市政消火栓处铺设一条长达 600 米、口径为 110 毫米的供水线路，保证火场供水不间断。五是在酒店大楼西北侧疏散楼梯间设置排烟阵地。

1 时 50 分，火场灭火力量充足，总攻时机成熟。指挥部下达了总攻命令。2 时 14 分，明火全部被扑灭。

6. 请分析以上指挥结构中的问题。

7. 总结此次火灾扑救中的供水力量部署。

想定六

一、基本想定

认真阅读本材料，熟悉整个救援过程。

（一）

5月1日凌晨3时24分，支队调度指挥中心接到报警称：某大厦酒店发生火灾，楼上全是浓烟，有大量人员被困。接到报警后，指挥中心立即调集市区的全部执勤力量和邻近市区的县消防救援站以及企业专职消防站的全部执勤力量赶赴现场进行救援，支队值班首长接到报告后，立即带领支队全勤指挥部人员赶赴现场。同时，向市政府总值班室报告火灾事故情况，提请市政府启动《特大灾害事故应急救援预案》，调集社会应急救援力量到场救援。

经过参战消防救援人员的英勇奋战，火势于4时05分被基本扑灭，于4时15分残火被彻底扑灭。此次行动共出动各类消防执勤车辆20余辆、消防救援人员107人，成功营救被困人员36人，疏散160余人，保护了该建筑的coco酒吧、老关东酒店、如家快捷酒店和歌厅。此起火灾过火面积142平方米，共造成10人死亡、3人重伤、23人因熏呛或划伤住院观察。

（二）

该大厦位于胜利路1号，主体地上七层，地下一层（地下部分从南侧看为地下、从北侧看为地上），局部八层为大厦电梯设备间和消防水箱间，高28米，建筑面积为8390平方米。该建筑耐火等级为二级，是集餐饮、娱乐和住宿为一体的综合性建筑，共有四家经营单位，地下一层为coco酒吧，建筑面积390平方米，一层为老关东酒店和如家快捷酒店大堂，建筑面积700平方米，二层为歌厅，建筑面积1100平方米，三层至七层为如家快捷酒店客房，建筑面积6000平方米，八层200平方米，共有116个客房，当日入住200人。大厦共有3部封闭楼梯和1部电梯，1、2号封闭楼梯由地下一层至八层，3号封闭楼梯由一层至四层，电梯由地下一层至七层，共有直通室外的安全出口6个。

该建筑设有自动喷水灭火系统、火灾自动报警系统、高位水箱（15立方米）、消防水池（200立方米）、机械防排烟系统、正压送风系统、防火卷帘、室内消火栓系统、柴油发电机、防火门、灭火器、应急照明和疏散指示标志等消防设施，并且每层配备了1个缓降器。

该建筑东侧7米为胜利路，南侧10米为新站路，西侧2米为滨江东路，北侧10米为妇幼保健院和居民区。

大厦东南400米处有一消防水鹤，流量为48升/秒；南侧30米处消防水池体积为200立方米；西侧35米处为浑江。

天气，小雨；偏西风，2～3级；气温，5～12摄氏度。

（三）

3时24分，支队调度指挥中心接到报警后，考虑到起火单位是人员密集场所，且火灾发生时间为凌晨，立即按照《支队灭火救援调度编成》，一次性调集了辖区消防救援一站及市区消防救援二站、特勤、消防救援三站全部力量赶赴现场。同时向支队值班首长报告，根据首长命令，调集邻近的消防救援四站、企业专职消防站全部力量立即赶赴现场，并向市政府总值班室报告火灾事故情况，调集社会应急救援力量到场协助救援。

3时30分，辖区消防救援一站到达现场。经外部侦察发现：该酒店门厅火势猛烈，楼内已充满浓烟，有大量人员被困。指挥员立即向支队调度指挥中心报告现场情况，请求增援。同时2个救人侦察小组利用建筑西侧1号楼梯深入着火层及上层营救和引导疏散被困人员。经内部侦察发现：火势已蔓延至二层楼梯间。指挥员命令第一灭火组出1支水枪从门厅进入内部实施强攻近战控制火势；第二灭火组出1支水枪从南侧老关东饭店正门进入，沿3号楼梯深入二层堵截火势；救人侦察小组深入六层和八层平台，开启2号楼梯间的门进行排烟；二、三号车为一号车供水，四号车占领新站水鹤为火场供水。

3时32分，大队值班领导和消防救援二站到达现场，大队指挥员立即向辖区消防站了解现场情况，命令消防救援二站成立4个救人小组，其中1个救人小组利用登高平台消防车在南侧老关东酒店门前，从外部营救被困人员；另外3个救人小组协同消防救援一站进入建筑内部疏散营救被困人员，并开启外窗进行自然排烟；成立3个灭火组分别在地下一层和三层中部利用墙壁消火栓设防。

3时35分，支队值班首长和支队全勤指挥部人员到达火灾现场，立即成立火场指挥部，由支队政委担任总指挥，副支队长任副总指挥，下设作战指挥组、通信联络组、政工宣传组、供水组、信息报送组、后勤保障组，同时设立现场安全员。

根据作战指挥组侦察反馈情况，指挥部经研究确定总体作战部署：一是坚持"救人第一、科学施救"的指导思想，集中主要力量利用1号楼梯和登高平台消防车全力营救被困人员，同时利用扩音器喊话稳定被困人员情绪，防止跳楼；二是各水枪阵地要全力堵截控制火势，防止蔓延；三是做好现场警戒，防止已疏散人员返回现场；四是加强火场排烟，开启楼梯间门窗进行自然排烟，为救人创造有利条件；五是做好火场供水，确保供水不间断；六是加强内攻人员作战安全防护，设立安全员对内攻人员检查登记，及时做好轮换；七是通知交警部门立即对现场实施交通管制；八是与120急救部门做好被救人员交接登记。

（四）

3时36分，特勤消防救援站到达现场。与此同时，前方救人小组反馈情况：该酒店五层和七层客房有大量人员被困，部分人员倚靠在客房外窗呼救。现场作战指挥部立即命令特勤消防站2个攻坚组和4个救人小组利用1号楼梯分别深入五层和七层全力开展救援，同时利用直臂云梯消防车在大厦东侧营救被困人员。

3时43分至48分，消防救援三站、消防救援四站、专职消防站相继到达现场。现场作战指挥部决定继续加强现场救援力量：由消防救援三站成立2个救人小组搜救六层的被困人员，成立1个灭火组出1支水枪扑救二层北侧外窗残火；由消防救援四站成立3个救人小组分别搜救三层、四层的被困人员；由专职消防站成立1个救人小组搜救地下一层的被困人员。

3 时 55 分，交警、巡警、120 急救、供水、供电等社会联动力量陆续到达现场协助灭火救援。

4 时 02 分，市长、主管副市长、市政府主管副秘书长，所在区区委书记、区长、主管副区长等相关领导相继到达现场，了解火势发展、人员被困和救援行动进展情况，要求消防部门全力营救被困人员，各联动力量密切配合做好灭火救援、火因调查及善后工作。

火灾于 4 时 05 分被基本扑灭，4 时 15 分残火被彻底扑灭。

（五）

此时火灾已经扑灭，为确保现场搜救不漏一人，现场作战指挥部立即调整力量部署，重新明确各消防救援站作战任务，按楼层将现场划分为 5 个搜救区段，由支队党委成员分别带领到场的 5 个消防救援站逐层、逐房间开展"地毯式"搜救。把搜救的重点部位确定为人员易躲藏的洗手间、床下、走廊、设备间等隐蔽位置，对搜救过的地方逐一做好标记。

4 时 10 分，所有被困人员全部被救出。

4 时 50 分，又经过四次彻底排查，再次确认现场已无人员被困。

在现场作战指挥部的科学决策、正确指挥和参战消防救援人员的共同努力下，现场灭火救援工作取得了决定性胜利，各救人小组共成功营救被困人员 36 人，疏散 160 余人。

5 时 20 分，根据现场作战指挥部命令：辖区消防救援一站留守看护现场，其余消防救援站清点人员器材装备撤离，归队后恢复战备状态。

6 时 35 分，总队长、副总队长带领总队相关人员到达现场，对火因调查和善后工作提出了具体要求。此次火灾定性为纵火案，将现场移交公安机关，消防救援一站撤离归队。

（六）

力量编成：

支队机关：消防救援人员 10 人，消防指挥车 2 辆；

消防救援一站（辖区）：消防救援人员 22 人，水罐消防车 4 辆，抢险救援消防车 1 辆；

消防救援二站：消防救援人员 12 人，水罐消防车 2 辆，登高平台消防车 1 辆；

消防救援三站：消防救援人员 17 人，水罐消防车 3 辆；

消防救援四站：消防救援人员 18 人，水罐消防车 2 辆，抢险救援消防车 1 辆；

特勤消防救援站：消防救援人员 24 人，水罐消防车 4 辆，云梯消防车 1 辆；

企业专职消防站：消防救援人员 4 人，水罐消防车 1 辆。

（七）

要求执行事项：

(1) 熟悉该单位情况和基本想定内容。

(2) 以指挥员身份理解任务，判断火情，定下决心，部署战斗，处置情况。

（八）

平面图如图 3-2-4 所示。

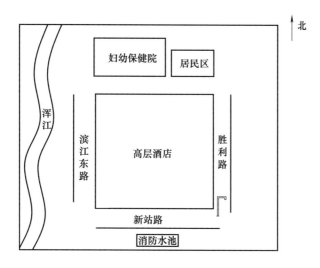

图 3-2-4　高层酒店平面图

二、补充想定

请根据基本想定内容，结合补充想定材料完成相应问题。

（一）

接警后，支队调度指挥中心加强了第一出动，一次性调集了市区的全部执勤力量到场，并调集临近的消防力量增援。现场作战指挥部采取逐层、分组、接力等方式全力营救被困人员；同时正确运用了堵截、夹攻、合击的战术方法控制火势并积极采取排烟措施。参战消防救援人员充分利用未受火势影响的疏散楼梯和举高车辆进行疏散救人，现场紧急救护员对中毒昏迷人员积极开展救治，对受外伤人员进行包扎。辖区消防救援站到场后，科学设置水枪阵地，出 1 支水枪通过老关东 3 号楼梯至二层直击火点，出 1 支水枪在二楼堵截火势向南波万歌厅蔓延。第一增援力量大队值班领导及消防救援二站到场后，出 3 支水枪分别在地下一层和三层设防。同时开启 1 号楼梯间和各楼层门窗进行排烟为营救被困人员创造条件。

> 1. 在有人员被困的灭火救援行动中，如何处理好救人和灭火的关系。
> 2. 此次火灾发生在深夜，在疏散人员时应注意哪些。

（二）

该起纵火案中，犯罪嫌疑人点燃了 4 个矿泉水瓶的汽油在楼梯间实施纵火，起火部位位于东侧二号楼梯的地下一层与一层之间缓台处，燃烧猛烈、蔓延迅速，短时间内产生了大量有毒烟气。据现场监控录像显示，犯罪嫌疑人在凌晨 3 时 27 分（此时间为监控录像电脑系统时间，与北京时间有误差）实施纵火，3 时 29 分该通道内就充满了浓烟。该建筑最大人员聚集量为 500 人，当日住宿人员达 200 余人。由于放火部位所处的楼梯间靠近该酒店电梯和吧台，是人员进出宾馆主通道，纵火产生大量有毒烟气，给人员逃生制造了极大障碍，错过了逃生的最佳时机。在疏散过程中，五层和七层楼梯间前室的防火门被疏散逃生人员打开后没有及时关闭，致使楼梯间内的大量有毒烟气窜入五层和七层的疏散走道。

> 3. 在灭火救援行动中，正确搜救要领有哪些。
> 4. 有毒烟气大量蔓延的情况下，如何做好防排烟。

（三）

此次灭火救援行动需要营救疏散大量被困人员，现场停放 50 余辆作战和战勤车辆，且大厦所处街路为市区主要交通干道，清晨车流、人流逐渐增多，且救援疏散人员缺乏安置措施，一度造成现场混乱。

> 5. 在灭火救援现场，如何实施有效的现场警戒管制。
> 6. 先后到达现场的救援车辆较多，其停靠原则是什么。

（四）

3 时 35 分，支队政委带领全勤指挥部人员到达现场，立即成立了火场指挥部。同时，协调政府调集相关部门力量到场。

> 7. 请结合现场情况，画出现场指挥组织结构图并说明各组的任务分工。

（五）

此次灭火救援作战行动中，由于没有对承担搜救任务的消防救援人员进行合理的编组，没有组织搜救人员适时进行轮换作业，消防救援人员内攻组多次往返各楼层实施救人，导致部分消防救援人员出现了体力不支、昏厥的现象。同时在向外疏散被困人员时，有个别战斗人员在没有佩戴空气呼吸器的情况下进入现场，还有个别战斗人员把自己佩戴的空气呼吸器给被救人员使用，使自身吸入有毒烟气造成轻微中毒。

> 8. 请从日常学习养成角度出发，谈谈如何培养消防救援人员的安全意识。
> 9. 在对搜救组人员进行编组时，应考虑哪些因素。

想定七

一、基本想定

认真阅读本材料，熟悉整个救援过程。

（一）

3 月 31 日下午，某国际酒店发生火灾。15 时 30 分，市消防救援支队 119 指挥中心接到报警后，先后调集市区 7 个消防救援站、17 辆消防车、96 名消防救援人员和支队机关消防救援人员赶赴现场进行扑救。经过参战消防救援人员的奋力扑救，16 时 20 分火势得到控制，17 时 05 分明火全部被扑灭，17 时 40 分整个火场清理完毕，成功营救出被困人员 14 人，疏散内部人员 100 余人，有效保护了酒店上亿元财产和设置在三楼移动公司核心机房的安全。此次火灾燃烧面积 276 平方米，未发生蔓延扩大和造成人员伤亡。

（二）

该酒店位于环城南路 39 号，投入使用 8 年，钢筋混凝土框架结构，铝合金门窗，属一级耐火建筑，总建筑面积 9 万多平方米；地下共 3 层，地下 1 层（地上 1 层）为餐厅，地下 2、3 层为停车场，内停放近 150 辆轿车。主楼 29 层，高 99.8 米，2 层为西餐厅，3 层为中餐厅，4~5 层为娱乐用房，6 层以上为酒店标准客房，其东北侧为移动公司办公大楼；东西两侧各有 1 栋裙楼：东侧裙楼 6 层，西侧裙楼 5 层。

起火部位为酒店主楼地上 1 层餐厅东北侧一间因装修而临时改造的仓库，内堆有大量废旧床垫及装修材料。火灾发生当天，酒店入住 120 人，工作员工 432 人，人员分布在各楼层。

酒店内设有火灾自动报警系统、自动喷水灭火系统、室内消火栓系统、防排烟系统、火灾应急照明和疏散指示标志；消防水箱位于主楼楼顶，容量为 30 立方米；距离酒店 150 米范围内共有室外消火栓 4 个，2 个为市政消火栓（其中一个已损坏），2 个为单位内部消火栓。根据现场调查，火灾发生时酒店内部的消防设施、设备均运行正常。

火灾发生时，气温 18 摄氏度，东北风，风力二级。

（三）

15 时 30 分，市 119 指挥中心接到该国际酒店发生火灾的报警后，首先调集消防救援一站、消防救援二站、消防救援三站 7 辆消防车、39 名消防救援人员赶赴现场，并通知大队值班领导到场进行指挥，同时将火灾情况向带班支队长和副支队长汇报。

15 时 41 分，责任区消防救援二站 2 辆消防车、12 名消防救援人员到达现场。此时，酒店主楼及其东侧裙楼的 1~5 层已被烟雾笼罩，起火楼层（地上 1 层）正不断向外冒出大量浓烟，从外部看不到起火点，情况十分危急。指挥员随即展开火情侦察，深入酒店内部寻找火源，并将现场情况及时反馈给 119 指挥中心。根据现场指挥员反馈的信息，119 指挥中心立即调集特勤消防救援一站、特勤消防救援二站和搜救犬分站 8 辆消防车、45 名消防救援人员、3 条搜救犬前往火场增援，启动一级全勤指挥，通知所有一级全勤指挥人员到场，并调集医疗、交警、治安、煤气公司等单位和部门到场协助灭火救援工作。

通过侦察，消防救援二站指挥员发现起火部位位于该酒店地上 1 层餐厅的东北侧，此处因餐厅正在进行装修而被临时改造为仓库，里面堆放有大量的席梦思海绵床垫，床垫燃烧产生的大量浓烟使得整个火场能见度极低，火势正处于初期发展阶段。站指挥员立即命令战斗展开，利用酒店西侧电信大楼正门前的室外消火栓单干线向消防车供水，出三支水枪对火势进行控制。

（四）

15 时 44 分，消防救援一站 3 辆消防车、15 名消防救援人员和消防救援三站 2 辆消防车、12 名消防救援人员相继到达现场。15 时 48 分，支队和辖区大队领导也到达现场，并成立火场指挥部，由副支队长担任火场总指挥。在全面了解现场情况后，指挥部立即对扑救工作进行部署：一是由消防救援二站继续从火场正面对发现的火点进行强攻近战，同时破拆正面刨花板墙面隔断，出一支直流水枪灭火、排烟，全力控制火势蔓延；二是由辖区大队大队长带领大队参谋进入酒店的消防控制室，密切监视火情变化，并指挥工作人员启动内部消防设施进行机械排烟；三是由消防救援一站组成 2 个战斗小组，一组由站干部带领从酒店左侧消防通道进入火场，从侧面对火势进行堵截，另一组直接进入酒店主楼内部搜救被困人员，同时协助消防救援二站寻找其他火源；四是由消防救援三站部分消防救援人员组成 2 个搜救小组，对酒店东侧群楼内的被困人员进行搜救；五是由作战通信人员组织消防救援三站其余消防救援人员利用酒店东侧环城南路上的市政消火栓，增铺一条干线向消防救援二站进行串联供水，确保整个火场供水不间断。

15 时 50 分，支队战训科科长和前来增援的特勤消防救援二站 4 辆消防车、24 名消防救援人员以及搜救犬分站 1 辆消防车、4 名消防救援人员、3 条搜救犬同时到达现场。指挥部立即命令战训科科长带领特勤消防救援二站和搜救犬分站消防救援人员，利用热成像仪和搜救犬，组成 3 个搜救小组，对酒店主楼展开"拉网式"的搜救。与此同时，指挥部又从消防控制室获知，大量的烟雾正迅速向主楼上部蔓延，5 层以上的烟感探头已开始大面积报警，需进一步加大排烟力度。指挥部随即又命令战训科科长在全力搜救主楼内部被困人员的同时，充分利用排烟竖井、窗口、喷雾水枪等实施自然排烟和人工排烟，并在起火层的上一层设置水枪阵地，阻止火势、烟势向主楼蔓延。

（五）

15 时 56 分，支队长及其他全勤指挥人员到达现场。在听取现场指挥部的汇报后，支队长立即作了"继续巩固战斗成果，力争在最短的时间内扑灭明火，加大酒店内部排烟和人员搜救力度，根据情况实施破拆以加快排烟速度"的安排部署。

15 时 58 分，市人民政府副秘书长及所在区副区长等相关领导也赶到现场参与指挥。

16 时 10 分，特勤消防救援一站 3 辆消防车、17 名消防救援人员到达现场。此时，在战训科科长的带领下，搜救人员已先后打开了主楼 29 层顶部的排烟竖井口、裙楼顶部的排烟口和多个楼层的窗口，酒店内的烟雾浓度逐步下降，火势未出现蔓延扩大。按照指挥部的命令，特勤消防救援一站对主楼一、二楼大厅和停车场进行了火源排查，同时做好为参战力量更换空气呼吸器的准备。

16 时 15 分，根据指挥部的决定，119 指挥中心又调集消防救援四站举高消防车到场增援。在火场指挥部的正确指挥下，经过参战消防救援人员的奋力扑救，16 时 20 分，火势得到控制；17 时 05 分，明火被全部扑灭。在此期间，搜救人员成功从东侧裙楼的 4 楼餐厅和 3 楼移动公司机房内营救出被困人员 14 人，疏散、转移主楼内部人员 100 余人。

17 时 10 分，指挥部再次组织消防救援人员对火场进行了全面的搜索，未发现人员被困和余火存在。17 时 40 分，火场清理完毕。至此，整个火灾扑救工作全部结束，历时 2 小时 10 分，共消耗消防用水 105 吨，正常更换空气呼吸器气瓶 6 具，无人员伤亡。

（六）

力量编成：

支队机关：消防救援人员 10 人，指挥消防车 2 辆；

消防救援一站：消防救援人员 15 人，水罐消防车 2 辆，抢险救援消防车 1 辆；

消防救援二站（辖区）：消防救援人员 12 人，水罐消防车 2 辆；

消防救援三站：消防救援人员 12 人，水罐消防车 2 辆；

消防救援四站：消防救援人员 12 人，水罐消防车 1 辆，举高消防车 1 辆；

特勤救援一站：消防救援人员 17 人，水罐消防车 3 辆；

特勤救援二站：消防救援人员 24 人，水罐消防车 3 辆，抢险救援消防车 1 辆；

搜救犬分站：消防救援人员 4 人，抢险救援消防车 1 辆，搜救犬 3 条。

（七）

要求执行事项：

（1）熟悉该单位情况和基本想定内容。

（2）以指挥员身份理解任务，判断火情，定下决心，部署战斗，处置情况。

（八）

灭火作战力量部署图如图 3-2-5 所示。

二、补充想定

请根据基本想定内容，结合补充想定材料完成相应问题。

（一）

支队 119 指挥中心在接到报警后，根据火灾场所为高层建筑这一情况，按照"五个第一"的要求，加强了第一出动力量的调集，第一时间就调集了三个消防救援站 7 辆消防车赶赴现场处置，随后又相继调动四个消防救援站 10 辆消防车前往增援。

> 1. 面对高层建筑等较大火灾，如何保证第一出动力量。
>
> 2. 请写出"五个第一"的具体内容。

（二）

根据现场灾害情况，启动了支队全勤一级指挥程序，全勤值班、备勤人员按照程序及时赶赴现场，与先期到场力量一起迅速成立了火场指挥部。整个灭火救援行动决策科学，火场指挥有序，各级指挥员各负其责，指挥有序。整个火灾扑救过程中，自始至终贯彻了"救人第一"的指导思想，成功营救出 14 名被困人员，火灾未造成人员伤亡。

> 3. 请写出现场指挥部应承担哪些职责。
>
> 4. 支队全勤指挥部到场后，先到场指挥员应做哪些方面的汇报。

（三）

为防止主楼内人员因吸入浓烟而窒息，指挥部迅速组成 2 个搜救小组，1 个搜救犬小组，先后 5 次深入浓烟弥漫区进行拉网式的搜救。同时，指令酒店安保部门组织全体安保人员，通过报警系统广播、派出人员对大楼内全部人员进行紧急疏散，共转移、疏散 100 余人，确保了广大人民群众的生命安全。由于主楼内部、裙楼 1～5 层弥漫了大量的浓烟，指挥部果断采取机械排烟、门窗自然排烟、破拆排烟、喷雾开花水流排烟等方法，有效地扼制了烟气的扩散蔓延，为人员搜救和火灾扑救创造了有利条件。

> 5. 面对高层建筑火灾，如何利用固定消防设施进行排烟和搜救。
>
> 6. 救援力量到场后，在消防控制室应有哪些操作。

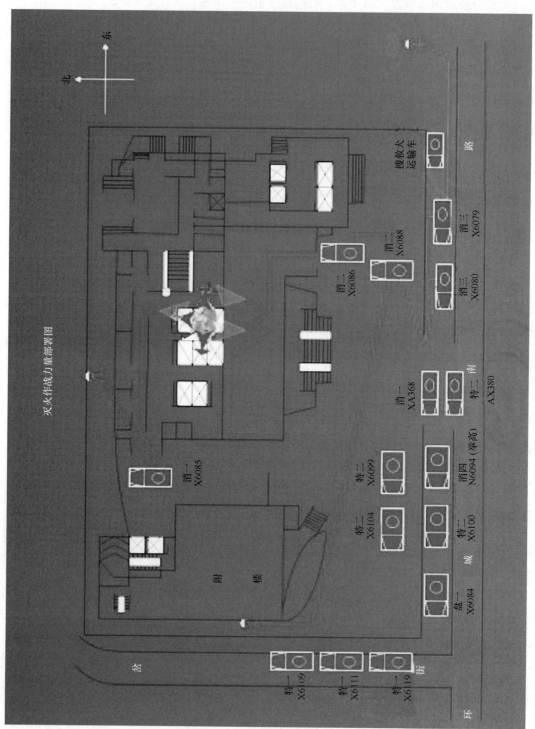

图 3-2-5 灭火作战力量部署图

（四）

15 时 44 分，消防救援一站 3 辆消防车、15 名消防救援人员和消防救援三站 2 辆消防车、12 名消防救援人员相继到达现场。15 时 48 分，支队和辖区大队领导也到达现场。15 时 56 分，支队首长到达现场。

> 7. 请说明上级指挥员到场后应如何进行指挥权的移交（用指令的方式说明）。

（五）

部分消防救援人员因救人心切，在进行人员搜救过程中安全意识不强，未能严格按照作战行动安全要则中的要求展开行动，还有少数消防救援人员未携带个人导向绳和照明灯就直接进入浓烟环境。同时部分参战消防救援人员未按照支队《350 兆无线通信保障方案》的要求，使用内部的战斗网进行指挥。

> 8. 请写出浓烟环境下消防救援人员的个人防护措施。
> 9. 请写出此次火灾扑救中战斗组网的过程。

想定八

一、基本想定

认真阅读本材料，熟悉整个救援过程。

（一）

2 月 23 日 16 时许，绿洲大酒店发生火灾。16 时 10 分，该市消防救援支队 119 指挥中心接到报警后，先后调集市区 5 个消防救援站、21 辆消防战斗车、2 辆战勤保障车、97 名消防救援人员赶赴现场进行扑救。该市人民政府有关领导在接到火灾报告后，也迅速调集治安、交警、医疗、供电、供气、供水等社会联动部门 115 名工作人员到场协助处置。在社会联动力量的密切配合下，经过消防救援人员的奋力扑救，16 时 40 分火势得到控制，16 时 50 分明火全部被扑灭，18 时 10 分整个火场清理完毕，成功疏散出被困人员 136 名，有效保护了起火建筑上亿元财产安全。

（二）

绿洲大酒店位于某市解放路 80 号，建筑高度 100 米，共 30 层（地上 28 层、地下 2 层），总建筑面积 60400 平方米。1～4 层有附属裙楼，层高 5.5 米，5 楼以上为标准层，层高 3.25 米。

各楼层功能分布为：建筑地下 1 层为员工餐厅、库房；地下 2 层为地下停车场、高低压配电室、调机房、水泵房、发电机房等；1 层为大堂吧、前厅接待、商务中心、市保险公司营业厅；2 层为多功能厅、小型会议室等；3 层为国际会议厅、康乐健身设施房间、人寿公司信息技术部办公室、会议室；5～15 层为写字楼，无 13 层编号；16～28 层为酒店。

火灾当日正值节假日，楼内上班人员数量较少，共 136 人（其中包括 19 名中国残联代表、31 名韩国人、2 名印度人、1 名意大利人），当班酒店员工 25 人，义务消防队员 20 人。

主体建筑 16～20 层正在进行封闭装修，现场无施工人员。

建筑物内配置有火灾自动报警系统 1 套，自动喷淋灭火系统 1 套（16～20 层因装修，将喷淋头拆除），消防电梯 1 部，高温排烟风机 3 台，正压离心风机 3 台，排烟阀 86 个，正压通风口 86 个，消防泵 6 台（分高低区，2 用 1 备），喷淋泵 2 台（未分区）。其中，低区消防泵流量为 20 升/秒，压力 1.25 兆帕；高区消防泵流量为 20 升/秒，压力 1.75 兆帕；室内消火栓竖管设计流量 15 升/秒。屋顶有 80 立方米消防生活共用水池 1 个；室外有 500 立方米二次供水水池 1 个，消防水泵接合器和喷淋水泵接合器各 2 个。

（三）

16 时 10 分，支队 119 指挥中心接到报警后，根据火灾场所为高层写字楼这一建筑特点，一次性调集 5 个消防救援站、21 辆消防车（水罐消防车 11 辆、泡沫消防车 2 辆、抢险救援消防车 3 辆、举高类消防车 4 辆、充气消防车 1 辆）、2 辆战勤保障车、97 名消防救援人员前往扑救，同时启动支队全勤一级指挥，并将火灾情况向当日总指挥汇报。

（四）

16 时 16 分，责任区消防救援一站 4 辆消防车、20 名消防救援人员到达现场。由于无法从外部观察到火势情况，指挥员随即通过询问知情人得知起火部位位于 17 楼北侧一个正在装修的电梯前室，火势尚未向上蔓延，但着火层以上至顶层（28 楼）间的各楼层已充满浓烟；同时还了解到除 18、19 两个楼层因装修无人员入驻外，其余楼层均有人员，特别是 20 楼和 21 楼还有中国残联的代表，现场情况十分危急。救援一站指挥员立即带领所属救援人员乘坐消防电梯到达着火层的下一层（16 楼），再通过疏散楼梯上至着火层，从内部开展火情侦察。

（五）

根据火情侦察情况，鉴于当前燃烧面积不大、各楼层内烟雾较浓、被困人员处境危险的情况，消防救援一站指挥员立即决定将初期处置的重点放在加强人员搜救上，并命令所属救援人员分成 2 个小组：第一组 6 人，由指挥员带队，2 人利用 17 楼消防电梯前室的室内消火栓出一支水枪对火势进行控制，其余 4 人对着火层内的被困人员进行搜救；第二组 12 人，由 2 名班长带队，从 18 楼开始逐层向上对被困人员进行搜救，重点是有残联代表被困的 20 楼和 21 楼；同时将火情侦察情况报告 119 指挥中心并告知酒店消防控制中心启动消防水泵和机械排烟系统。

根据现场指挥员反馈的信息，119 指挥中心迅速将火灾情况向市人民政府值班室、消防救援总队值班室汇报，并请求市人民政府、市公安局调集相关社会联动力量到场协助处置。

（六）

16 时 22 分，特勤救援一站 6 辆战斗车、22 名救援人员以及支队当日二级指挥长、三级指挥长、作战参谋到达现场。三级指挥长带领特勤救援一站、特勤救援二站参战救援人员，携带热成像仪和各种照明、破拆器材，通过疏散楼梯上至着火层上部，与先期到场的力量一同全面搜救各楼层被困人员。此外，因起火部位所在楼层高度（64.5 米）已超过到场的 5 辆举高类消防车的最高升举高度（54 米），因而在扑救过程中未展开使用。

随后，经过酒店技术人员的全力抢修，消防水泵和消防电梯均恢复正常运转。各搜救小组也在酒店员工的协助下，利用应急广播和人员引导的方式，通过疏散楼梯和消防电梯先期疏散出 117 名行动正常的被困人员。

<h2 style="text-align:center;">（七）</h2>

16 时 30 分，支队当日全勤总指挥携其他全勤值班人员相继赶到现场，成立火场指挥部。在全面了解现场情况后，现场总指挥立即作出指示：一是由灭火救援指挥部长统一指挥火灾扑救和人员搜救工作；二是指派副支队长负责对当日入住人员进行清查，核实已疏散人员及被困人员情况，并协调到场的治安警力，做好火场警戒工作；三是由副支队长负责联系酒店负责人和相关社会联动部门，做好事故原因调查和信息发布工作。

16 时 40 分，得知火势被控制后，指挥部根据从酒店方获取的当晚酒店登记住宿人员分布信息，针对现场参战力量多、通信不畅、前期搜救工作重点不突出、机械排烟效果不明显等情况，决定将救援重点放在"全面搜救住宿于 20 楼和 21 楼参加中国残联会议的 19 名残疾人代表"和"排烟"上，重新对参战力量进行了部署：一是将现场指挥网的对讲机频点调整为脱网 109，确保通信指挥畅通；二是由消防救援一站灭火组负责集中力量一举歼灭火势，并及时打开着火层房间外窗进行自然排烟；三是重新划定了各参战消防站的搜索范围，由消防救援一站、消防救援二站搜救组重点对 20 楼的 2102～2116 号房间和 21 楼的 2202～2216 号房间进行搜救；特勤救援二站搜救组重点对 22～24 楼的房间进行搜救；特勤救援一站搜救组重点对 25～28 楼的房间进行搜救，并要求各搜救组逐一对各层房间的卫生间、衣柜、床下等重点部位进行地毯式搜查，确保不留任何死角和盲区，同时打开房间外窗进行自然排烟。

在现场指挥部的正确指挥下，经过全体参战救援人员的奋力扑救，16 时 50 分，现场明火全部扑灭；18 时 10 分，整个火场清理完毕。至此，历时 2 个小时的火灾扑救工作全部结束。

<h2 style="text-align:center;">（八）</h2>

力量编成：

消防救援一站：消防救援人员 20 人，水罐消防车 2 辆，抢险救援消防车 1 辆，举高喷射消防车（32 米）1 辆。

消防救援二站：消防救援人员 14 人，水罐消防车 2 辆，抢险救援消防车 1 辆。

消防救援三站：消防救援人员 15 人，水罐消防车 2 辆，抢险救援消防车 1 辆。

特勤救援一站：消防救援人员 22 人，水罐消防车 3 辆，一七式 A 类泡沫消防车 1 辆，云梯消防车（54 米）2 辆。

特勤救援二站：消防救援人员 21 人，水罐消防车 2 辆，一七式 A 类泡沫消防车 1 辆，举高喷射消防车（54 米）1 辆，充气消防车 1 辆。

支队机关：消防救援人员 5 人，指挥消防车 1 辆，战勤保障消防车 2 辆。

<h2 style="text-align:center;">（九）</h2>

要求执行事项：

（1）熟悉该单位情况和基本想定内容。

（2）以指挥员身份理解任务，判断火情，定下决心，部署战斗，处置情况。

（十）

（1）着火建筑地理位置图（图 3-2-6）。

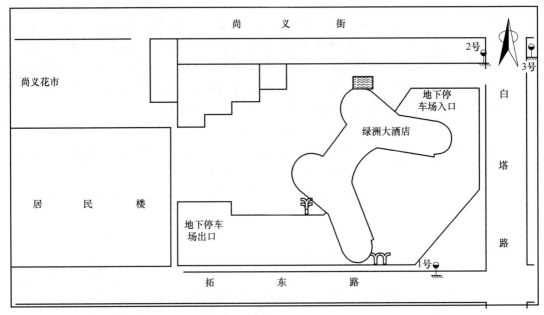

图 3-2-6　着火建筑地理位置图

（2）现场平面图（图 3-2-7）。

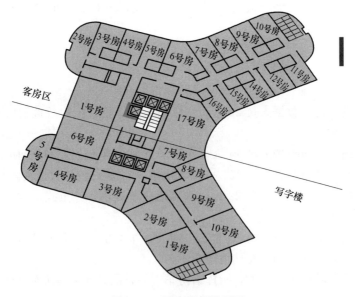

图 3-2-7　酒店现场平面图

二、补充想定

请根据基本想定内容，结合补充想定材料完成相应问题。

（一）

16 时 16 分，责任区消防救援一站抵达现场。由于起火楼层较高，从外部观察仅能看到有浓烟冒出，起火建筑西侧相距约 20 米为一栋 18 层高层居民大楼，起火时西侧居民大楼正在进行外墙粉刷作业，居民大楼外部被脚手架紧紧包裹，形成一个庞大的建筑体。当时天气为多云，气温 9～12℃，风向东北风，风力 4～5 级。现场指挥员在听了工作人员的简要情况介绍后，立即开展了灭火战斗行动。

> 1. 现场如何开展火情侦察，侦察的要点分别是什么。
> 2. 如何判断现场情况，写出判断结论。
> 3. 针对现场情况，说明对调度指挥中心汇报情况的要点。
> 4. 如何防止外部脚手架局部或整体倒塌造成次生灾害。
> 5. 针对这种情况，你如何开展救人和灭火，初战力量应如何部署（文字说明），并将力量部署标在着火建筑地理位置图（图 3-2-6）上。

（二）

通过侦察，初战指挥员发现起火点所在的电梯前室面积大约 12 平方米，火势虽然燃烧猛烈，但由于该楼层正在进行装修改造，加之周边可燃物较少，除毗连过道内的墙面装饰材料和吊顶部分过火外，燃烧范围主要集中在电梯前室里面，尚未出现向上层蔓延的趋势。各楼层内烟雾较浓，但未突破防火门进入疏散楼梯间内。

> 6. 此时水枪阵地设置原则是什么，进攻起点应设置在哪一楼层，并将水枪力量部署标在现场平面图（图 3-2-7）上。
> 7. 针对高层建筑火灾，如何合理有效利用好内部消防设施。
> 8. 针对各楼层烟雾较浓的情况，如何有效开展排烟行动。

（三）

16 时 19 分，消防救援二站 3 辆战斗车、14 名救援人员到达现场。消防救援二站指挥员立即带领所属救援人员乘坐消防电梯上至 18 楼，组成 3 个搜救小组协助消防一站对各楼层被困人员展开搜救。16 时 22 分，特勤救援一站 6 辆消防车、22 名救援人员到达现场。16 时 25 分，特勤救援二站、消防救援三站以及相关社会联动部门 115 名工作人员陆续达现场。此时，房间内被困人员惊恐万状，有的躲卫生间，有的俯地待救，有的欲跳楼逃生，消防救援一站在水枪的掩护下，先后将 17 名被困人员抢救出。

> 9. 应如何正确处理灭火与救人的关系。
> 10. 指挥员决策中是否存在问题，请分析说明。

（四）

由于绿洲大酒店消防控制中心值班人员未能正常启动消防水泵，致使室内消火栓压力不足；同时酒店仅有的 1 部消防电梯也因毗邻起火的电梯前室，在渗入灭火用水后暂时瘫痪不能使用。二级指挥长随即命令特勤救援一站大功率奔驰泡沫消防车占据南侧靠近拓东路的 2 个水泵接合器,做好向室内消火栓管网加压供水的准备。此时室内管网流量满足不了灭火救援需求,由特勤救援一站、特勤救援二站、消防救援三站分别铺设 6 条供水线路至 16、17、18 层。

> 11. 作为后方供水指挥员,如何组织高层建筑火场供水,应注意哪些问题。
>
> 12. 灭火救援过程中,如何对消防电梯采取保护措施。
>
> 13. 需要铺设水带供水线路时,应如何进行。
>
> 14. 结合消防供水相关知识,估算出利用水带干线铺设水带至 17 层出两支水枪时消防车泵出口压力。

(五)

由于搜救彻底,加之自然排烟效果明显,19 名中国残联代表除 1 名因酒后行动受限被救援人员用担架抬出来以外,其余被困人员均在救援人员的搀扶和引导下顺利通过疏散楼梯间安全疏散到一楼。在现场指挥部的正确指挥下,经过全体参战救援人员的奋力扑救,16 时 50 分,现场明火全部扑灭;18 时 10 分,整个火场清理完毕。至此,历时 2 个小时的火灾扑救工作全部结束。

> 15. 火灾扑救后期应如何检查火场,收残和清理中应注意哪些问题。

第三节　高层商业、公共娱乐类建筑火灾扑救想定作业

想定一

一、基本想定

认真阅读本材料,熟悉整个救援过程。

(一)

某家居城位于某市二道区苏州北街 323 号,东面为会展大街;南面为浦东路;西面为苏州北街;北面为自由大路。

该家居城是一栋大型商场,系大市场五大经营区之一(家居城、家具城、板材五金日杂城、精品陶瓷城、精品家具家电城),总建筑面积约为 63000 平方米,主体为 7 层,高 29 米,属于钢筋混凝土结构,附楼为 3 层,其中一、二层为钢筋混凝土结构,三层为钢结构,顶层和外墙为岩棉夹芯彩钢维护结构。其功能布局:一层主要经营家具和地板,外围门市经营橱柜;二层主要经营橱柜、各式门类、吊顶类;三层主要经营窗帘、灯饰等;四层是加工操作区,主要加工窗帘为主;五层、六层为仓库;七层为办公区。

大市场内部有 1 个 1500 吨消防水池、1 个地下消火栓。家居城的固定消防设施主要包括火灾自动报警系统、消火栓系统、水喷淋系统等。

家居城东侧 50 米、10 米分别为中东大市场和某市日报社。南侧 15 米为大市场家具城。西侧 20 米为一汽富晟李尔内饰件有限公司。北侧 400 米为吉刚汽车公司。

大市场周边 1500 米内共有 4 座消防水鹤，分别位于浦东路交东环城路、浦东路交会展大街、自由大路交东环城路、浦东路交兰州街；有 4 个消防水池，分别为一汽富晟李尔内饰件有限公司 1 个 600 吨水池，北侧吉刚汽车公司 1 个 500 吨水池，东北侧某市日报社 1 个 500 吨水池，东侧中东大市场 1 个 1400 吨水池和 3 个单位地下消火栓。

（二）

当日多云，西南风 4～5 级，瞬间风力达 6 级，温度 10～21 摄氏度。

（三）

本次火灾具有如下特点：一是火势蔓延迅速，建筑易坍塌。建筑内部跨度长、空间大，通风条件良好，火势蔓延迅速；火势和强辐射热对建筑主体钢结构持续烘烤，局部钢结构易发生坍塌。二是易成立体燃烧，火灾扑救难。建筑内部空间大、中庭结构多，储存荷载高，火势蔓延快，很短时间内便可形成立体燃烧，进入发展猛烈阶段，内攻作战非常困难。三是建筑结构复杂，火灾荷载大。起火建筑一、二层为钢筋混凝土建筑，三层为钢结构建筑，属于混合体结构；同时每层都存有大量易燃可燃物，而且数量多、堆放密集。四是建筑外墙密闭，排烟灭火难。起火建筑顶部和外墙均采用岩棉夹芯彩钢维护结构封闭，内部聚集大量烟热，无法自然排出，导致内攻作战困难，同时常规消防装备无法破拆外墙，只能利用大型工程机械，在不同程度上还与消防作战车辆和水带线路相互干扰。

（四）

10 时 04 分，本市消防支队接到报警，立即调出 16 个消防救援站、1 个战勤保障大队，共 73 辆消防车辆 386 名消防救援人员以及社会相关联动力量赶赴现场实施救援。省消防总队接到报告后，又调邻市消防救援支队 13 辆消防车、53 名消防救援人员进行跨区域增援。总队、支队两级领导和全勤指挥部在接到通知后第一时间赶赴现场实施指挥。12 时 20 分，火势得到有效控制。16 时许，明火基本扑灭。疏散抢救单位员工和群众 400 余人，无人员伤亡，成功保护了某家居城 55000 平方米建筑及毗邻的某市日报社业务中心的安全。此次火灾，家居城 2 层局部过火，3 层全部过火，过火面积约 5000 平方米。

（五）

力量编成：

支队机关：消防救援人员 10 人，指挥消防车 2 辆；

战勤保障大队：消防救援人员 28 人，水罐消防车 3 辆，水罐消防车 2 辆（20 吨），抢险救援消防车 1 辆；

浦东路消防救援站（辖区）：消防救援人员 32 人，水罐消防车 3 辆，举高喷射消防车 1 辆，云梯消防车 1 辆，抢险救援消防车 1 辆；

岳阳街消防救援站：消防救援人员 27 人，水罐消防车 3 辆，抢险救援消防车 1 辆，云梯消防车 1 辆；

东荣大路消防救援站：消防救援人员 26 人，水罐消防车 3 辆，水罐消防车 1 辆（20吨），举高喷射消防车 1 辆；

东郊消防救援站：消防救援人员 26 人，水罐消防车 3 辆，抢险救援消防车 1 辆，云梯消防车 1 辆；

特勤消防救援一站：消防救援人员 21 人，水罐消防车 3 辆，云梯消防车 1 辆；

特勤消防救援二站：消防救援人员 22 人，水罐消防车 3 辆，举高喷射消防车 1 辆；

繁荣路消防救援站：消防救援人员 25 人，水罐消防车 4 辆，抢险救援消防车 1 辆；

亚泰消防救援站：消防救援人员 28 人，水罐消防车 3 辆，举高喷射消防车 1 辆，云梯消防车 1 辆；

南湖大路消防救援站：消防救援人员 21 人，水罐消防车 3 辆，水罐消防车 1 辆（50吨）；

净月消防救援站：消防救援人员 18 人，水罐消防车 2 辆，云梯消防车 1 辆；

新月消防救援站：消防救援人员 15 人，水罐消防车 3 辆；

客车厂消防救援站：消防救援人员 17 人，水罐消防车 3 辆；

南部都市消防救援站：消防救援人员 16 人，水罐消防车 3 辆；

黄河路消防救援站：消防救援人员 20 人，水罐消防车 3 辆，举高喷射消防车 1 辆；

光华街消防救援站：消防救援人员 18 人，水罐消防车 3 辆，水罐消防车 1 辆（20吨）；

长春大街消防救援站：消防救援人员 16 人，水罐消防车 3 辆，水罐消防车 1 辆（20吨）；

增援一支队：消防救援人员 26 人，水罐消防车 4 辆，举高喷射消防车 1 辆，抢险救援消防车 1 辆；

增援二支队：消防救援人员 27 人，水罐消防车 4 辆，抢险救援消防车 1 辆，举高喷射消防车 1 辆，通信指挥消防车 1 辆。

<h2 style="text-align:center">（六）</h2>

要求执行事项：

（1）熟悉该单位情况和基本想定内容。

（2）以指挥员身份理解任务，判断火情，定下决心，部署战斗，处置情况。

二、补充想定

请根据基本想定内容，结合补充想定材料完成相应问题。

<h2 style="text-align:center">（一）</h2>

10 时 04 分，消防支队作战指挥中心接到报警某家居城发生火灾，10 时 07 分至 10 时 15 分，辖区浦东路消防站以及增援的东郊消防站、亚泰消防站陆续赶到现场。到场后，辖区浦东路消防站侦察组通过外部观察发现起火建筑顶部浓烟滚滚，火势突破北侧三层 5 个窗口，其他窗口有浓烟冒出；通过内部侦察发现起火建筑二层局部和三层全部已被大火吞噬，火势正向一层和东侧蔓延，室内烟雾较大，楼内有大量滞留人员。

> 1. 针对这种情况，辖区消防救援站指挥员迅速定下了战斗决心，请写出辖区消防站指挥员的战斗决心。

2. 指挥员向指挥长汇报现场情况应包括哪些方面的内容。

3. 站在消防支队的角度，调集第一出动力量应考虑哪些因素。

（二）

辖区消防救援站迅速向支队作战指挥中心汇报了现场情况，并请求增援。指挥人员迅速占据消防控制室，在单位技术人员的指导下启动了消防水泵和起火区域的防火卷帘。同时，现场成立了 2 个疏散小组，对楼内被困人员进行引导疏散。辖区消防救援站战斗班从南侧 2 号门进入在 3 层出 2 支直流水枪控制火势向东侧蔓延，从东北侧利用外挂楼梯在 2、3 层各出 1 支水枪堵截火势，消防救援站供水车占据一汽富晟李尔内饰件有限公司单位内部消火栓单干线给主战车供水。

命令增援的东郊消防救援站从主楼 1 号门进入在 3 层南、北两端各出 1 支水枪阻截火势。命令增援的亚泰消防站从主楼 1 号门进入在 3 层出 1 支水枪堵截火势向东侧蔓延。

10 时 18 分，增援的繁荣路消防救援站、东荣大路消防救援站和岳阳街消防救援站相继到达现场。辖区大队长命令繁荣路消防救援站从南侧 1 号门进入在 4 层出 1 支直流水枪阻截火势，岳阳街消防站从北侧中部利用外挂楼梯出 2 支水枪消灭 3 层火灾，东荣大路消防救援站为其他消防站供水。

第一阶段力量部署图如图 3-3-1 所示。

4. 消防控制室可以了解哪些情况。

5. 东郊消防救援站、亚泰消防救援站和岳阳街消防救援站相继到达现场后的现场指挥属于哪种方式，有何实际意义。

6. 高层商业建筑火灾人员疏散存在哪些困难。

（三）

10 时 25 分许，支队全勤指挥部、支队长及支队党委成员到达现场，增援的其他消防救援站陆续到达现场。此时，现场浓烟滚滚，火势燃烧猛烈，水平和垂直蔓延速度进一步加快，严重威胁着未起火区域的安全，情况十分危急，如不果断采取措施，火势将继续蔓延扩大，前期作战成果将前功尽弃。根据现场情况，成立了现场作战指挥部。

7. 为何现场火灾蔓延如此迅速。

8. 面对火势迅速蔓延，现场作战指挥部应该做出怎样的部署。

（四）

10 时 30 分，总队副总队长、副政委、总工及总队全勤指挥部到达现场指挥灭火救援工作。

11 时 30 分，总队政委和支队政委赶到火灾现场。总队政委接替现场指挥权，要求参战消防救援人员必须全力保护主楼，确保作战安全，同时命令：一是大型破拆机械调整至东北侧实施破拆分隔；二是特勤消防救援一站、特勤消防救援二站、南湖大路消防救援站组成 6 个攻坚组全力堵截火势向主楼蔓延；三是其他作战区域充分利用移动装备和水枪阵地实施外控近战；四是加强个人防护，确保消防救援人员安全。

第二阶段力量部署图如图 3-3-2 所示。

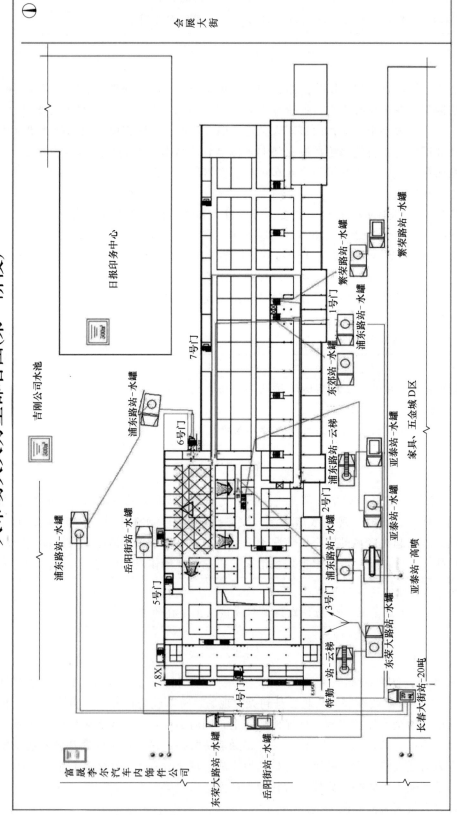

图 3-3-1　第一阶段力量部署图

火灾力量部署图(第二阶段)

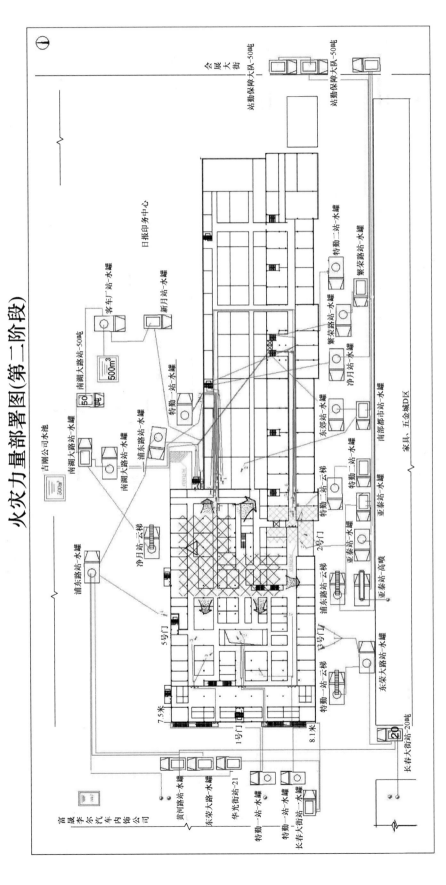

图 3-3-2　第二阶段力量部署图

9. 请给出指挥机构的升级情况。

10. 全勤火场指挥部的主要任务是什么。

11. 火场破拆的主要目的是什么。

（五）

此时，位于东侧和东北侧防御阵地瞬间风力已达 6 级，还具有气旋涡流的特点，担任防御任务的特勤消防救援一站、特勤消防救援二站、南湖大路消防救援站组成的 6 个阵地共12 支直流水枪冒着浓烟、高温烈焰的熏烤，坚守在各自防御阵地长达 2 个多小时，更换气瓶 130 多具，全力堵截火势。同时，辖区支队大型破拆机械经过 40 多分钟的连续工作，顺利打通起火建筑东侧东北角处排烟散热口，改变了火势发展蔓延的方向。

12 时 20 分，主楼与起火区域的隔离带完全打通，火势被完全阻挡在起火区域范围内。

13 时许，按照总队政委的指示要求，支队现场作战指挥下达了"分片消灭、纵深推进"战术措施，4 个作战区段分别采取边破拆边灭火的作战方法，开始内攻推进，逐片消灭。

14 时 30 分，增援支队 13 台消防车辆、53 名消防救援人员到场。按照总队领导的命令，协助辖区支队开展灭火和供水任务。

16 时，明火被基本扑灭。18 时 40 分，残火被彻底扑灭，除留有监护力量外，其他作战消防站陆续撤离现场。

第三阶段力量部署图如图 3-3-3 所示。

12. 火场排烟有哪些方法及注意事项。

13. 请说明明火扑灭后，火场指挥员的主要工作是什么。

想定二

一、基本想定

认真阅读本材料，熟悉整个救援过程。

（一）

某市国际旅游商品批发城位于环城南二路 36 号，东面是瓦窑路，南面是环城南二路，西面是华星商城，北面是大宇汽车有限公司。批发城共有 A、B、C、D 四栋主体建筑，占地面积 42531 平方米，总建筑面积 77976 平方米。有 2 处主要出入口：一处位于南面，直通环城南二路；另一处位于东北角，通过步行街与瓦窑路相连。批发城周围及建筑之间设置有消防车通道，其中建筑四周的消防车通道宽 9 米，A、B、C、D 座建筑之间的消防车通道宽12 米、高 4 米。

着火建筑为批发城 D 座，位于市场东北角，为混凝土框架结构。北面 11 米是沿街临时铺面，东面 12 米为根雕石艺铺面，南面和西面每层楼各有 2 个连廊分别与 A 座和 C 座连接。建筑高度 29.2 米，单层建筑面积 2600 平方米，共 4 层，一层为玉器商铺，二层、三层为工艺品商铺，四层大部分为中转仓库。建筑内部共有 4 个疏散楼梯、3 部电梯、1 部自动扶梯和 4 个直通外部连廊的安全出口。

着火楼层为第四层，内部大部分被业主用铁皮分隔成商品中转库房，主要存储办公用品、

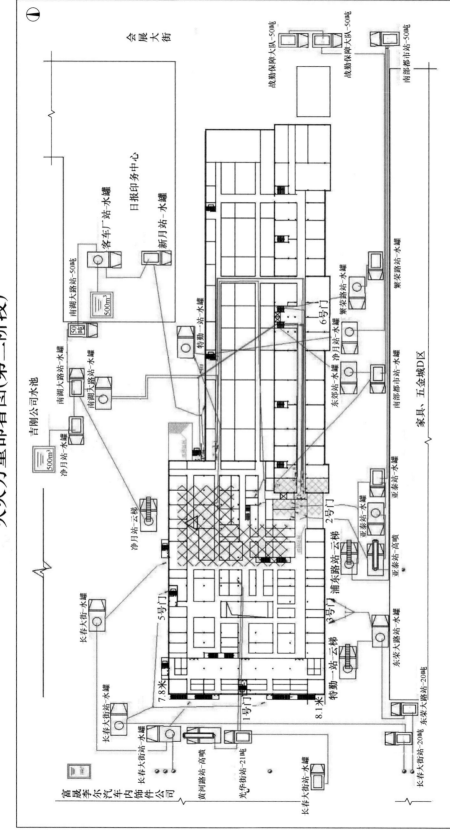

火灾力量部署图(第三阶段)

图 3-3-3　第三阶段力量部署图

家居用品、酒店日用品等塑料、棉质和纸质商品。中部的露天公共区域，被加盖彩钢板顶棚，当成仓库使用。1 号疏散楼梯被卷帘门和货架封堵，2 号疏散楼梯被货架堵塞，无法正常使用，直通连廊的 1 号安全出口被封堵。四层内疏散通道被占用，其中南侧通道被万弘文体店占用，东侧、西侧和北侧通道被加盖的库房部分占用，通道宽度仅有 1 米，且东南、东北、西南角通道上设置有卷帘门，四周临窗面被货架遮挡。

批发城设置有火灾自动报警、自动喷水灭火、水泵接合器、室内外消火栓等固定消防设施，消防控制室和水泵房设置在 B 座地下一层。批发城内共设置有一个 250 立方米的消防水池，市政管网补水，配备 4 台消防泵，其中消火栓泵 2 台，流量 35 升/秒。市场内有 6 个地上消火栓（其中 1 个被圈占，1 个无水，4 个能正常使用），D 座建筑内部每层有 12 个室内消火栓。批发城周边 500 米范围内共有 14 个消火栓（其中 6 个为周边单位消火栓，8 个为市政消火栓），为环状管网，管径为 100 毫米，出水口压力约为 0.12 兆帕。建有微型消防站，共有队员 7 人。

当日天气晴，东北风 4～5 级，最高气温 22 摄氏度，最低气温 16 摄氏度。

（二）

10 月 12 日 16 时 31 分许，某市国际旅游商品批发城 D 座 4 层 6 号仓库因租户私接电线发生火灾，本次火灾具有以下特点：

（1）火灾荷载大，燃烧蔓延快。着火楼层内部堆放了大量海绵坐垫、纸张、塑料等易燃可燃物品，货架和阁楼上堆放的货物有 2 米多高。四层内部分隔材料为铁皮，且不完全封堵，上部相互联通，火灾发生后烟气扩散，迅速蔓延，形成大面积燃烧。

（2）消防通道堵塞，阻碍战斗行动。批发城内物业管理不到位，消防通道设置临时摊位，通道上空乱搭乱建大量遮阳棚，货物乱堆乱放，电动车、机动车随意停放，虽然多次整治，消防车通道被占用问题仍然突出，导致消防车辆抵达现场后，无法靠近着火建筑，举高车无法抵近灭火，供水线路铺设长达 200 多米，阻碍了灭火救援行动开展。

（3）建筑功能布局杂乱，内攻难度大。着火楼层内部分隔复杂，货架多，货物乱堆乱放，通道被占用，安全出口被堵塞。发生火灾后，起火点隐蔽，侦察困难；道路障碍物多，进攻路线狭小，难以直接打击火点；四周临窗面被货架货物封堵，排烟困难，内部烟雾浓、温度高，内攻难度大。

（三）

16 时 48 分，支队指挥中心接到报警后，支队先后调集 15 个消防救援站和战勤保障大队共 39 辆消防车、298 名消防救援人员到场处置，总队调集 2 个支队 16 辆消防车、102 名消防救援人员跨区域增援。经全体参战指战员奋力扑救，大火于 21 时 40 分被成功扑灭，未造成人员伤亡，大火被有效控制在 D 座 4 楼 500 平方米范围内，成功保护了 D 座四楼部分储物间，一至三楼商铺和 A 座、C 座、B 座 3 栋建筑及大量货物，未造成建筑物严重受损，保护财产价值 5000 多万元。

（四）

力量编成：

支队机关：消防救援人员 12 人，指挥消防车 2 辆；

战勤保障大队：消防救援人员 23 人，水罐消防车 2 辆，抢险救援消防车 1 辆；

瓦窑消防救援站（辖区）：消防救援人员 24 人，水罐消防车 2 辆，城市主战消防车 1 辆、抢险救援消防车 1 辆；

象山消防救援站：消防救援人员 18 人，水罐消防车 2 辆，泡沫水罐消防车 1 辆；

东江消防救援站：消防救援人员 12 人，水罐消防车 1 辆，登高平台消防车 1 辆；

特勤消防救援站：消防救援人员 32 人，水罐消防车 2 辆，城市主战消防车 1 辆，泡沫干粉消防车 1 辆，举高喷射消防车 1 辆；

北门消防救援站：消防救援人员 18 人，水罐消防车 1 辆，城市主战消防车 1 辆；

临桂消防救援站：消防救援人员 14 人，水罐消防车 1 辆，举高喷射消防车 1 辆；

雁山消防救援站：消防救援人员 16 人，水罐消防车 2 辆；

灵川消防救援站：消防救援人员 18 人，水罐消防车 1 辆，举高喷射消防车 1 辆；

兴安消防救援站：消防救援人员 18 人，水罐消防车 1 辆，举高喷射消防车 1 辆；

八里街消防救援站：消防救援人员 18 人，水罐消防车 2 辆；

阳朔消防救援站：消防救援人员 20 人，水罐消防车 2 辆；

永福消防救援站：消防救援人员 16 人，水罐消防车 2 辆；

平乐消防救援站：消防救援人员 14 人，水罐消防车 2 辆；

荔浦消防救援站：消防救援人员 18 人，水罐消防车 2 辆；

全州消防救援站：消防救援人员 19 人，水罐消防车 2 辆；

增援一支队：消防救援人员 46 人，消防远程供水系统 6 套，水罐消防车 1 辆，举高喷射消防车 1 辆；

增援二支队：消防救援人员 56 人，水罐消防车 4 辆，抢险救援消防车 1 辆，举高喷射消防车 1 辆，通信指挥消防车 1 辆，登高平台消防车 1 辆；

市政：环卫洒水车 20 辆。

（五）

要求执行事项：

(1) 熟悉该单位情况和基本想定内容。

(2) 以指挥员身份理解任务，判断火情，定下决心，部署战斗，处置情况。

（六）

(1) 国际旅游商品批发城总平面图（图 3-3-4）。

(2) 国际旅游商品批发城 D 座四层平面图（图 3-3-5）。

二、补充想定

请根据基本想定内容，结合补充想定材料完成相应问题。

（一）

16 时 48 分，支队指挥中心接到报警，称国际旅游商品批发城 D 座发生火灾，立即调集瓦窑、象山消防站 7 辆车、42 人到场处置。16 时 57 分，辖区瓦窑消防站到达现场。由于批发城内部消防通道被大量的电动车、机动车、货物和临时设置的路障占用、堵塞，消防车无

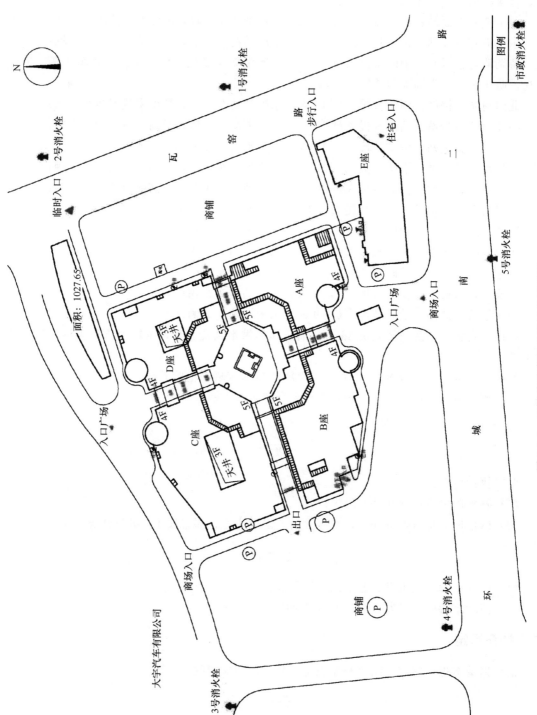

图 3-3-4　国际旅游商品批发城总平面图

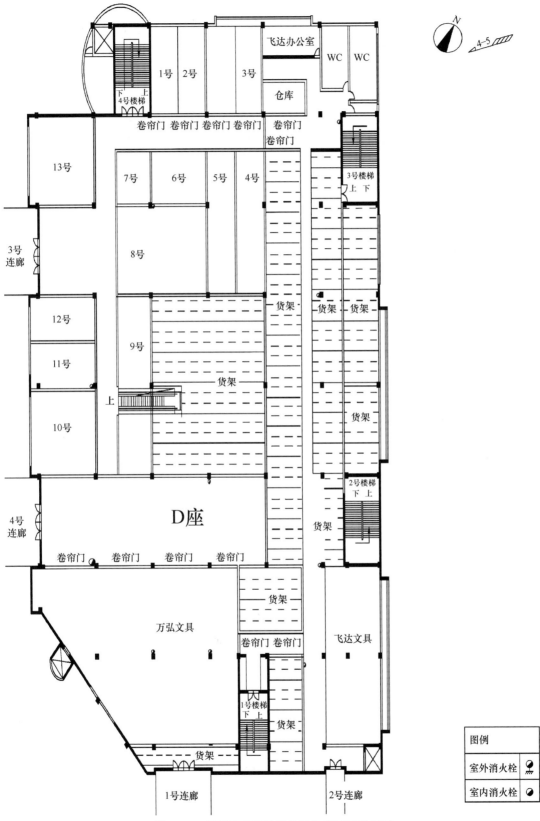

图 3-3-5　国际旅游商品批发城 D 座四层平面图

法第一时间靠近起火建筑，只能停靠在南侧大门入口处。消防站指挥员通过外部侦察发现，D座四层西北角外窗有浓烟冒出。通过4号楼梯进入内部进行侦察发现北侧四层楼梯间安全出口有浓烟冒出，同时询问知情人员，得知起火部位位于四层北侧通道附近，疑似有人员被困着火层。消防站指挥员立即向支队指挥中心报告火场情况，请求增援。

国际旅游商品批发城火灾扑救初战力量部署图如图3-3-6所示。

---

1. 写出辖区消防救援站指挥员的战斗决心和战斗部署的具体内容。

2. 发现消防通道被占用，无法靠近起火建筑，应该采取哪些有效措施。

3. 灭火救援中需要调集增援力量的情况和一般要求有哪些。

（二）

根据侦察情况，指挥员立即组织攻坚力量沿D座4号楼梯进入楼内，在三层设置分水器，出2支水枪。其中1支设置在4号楼梯四层利用喷雾水驱散烟雾，另1支水枪在求助群众的带领下，沿D座三层通道至3号楼梯，在3号楼梯四层设置水枪阵地，利用喷雾水掩护搜救组和侦察组深入到着火楼层，沿北侧通道侦察着火部位和搜索被困人员。搜索的过程中，内攻小组还利用室内消火栓出2支水枪，实施交替掩护。瓦窑消防救援站其余人员负责现场警戒疏散，协调清理疏通消防通道，拆除路障。

17时06分，象山消防救援站到达现场。根据辖区消防救援站指挥员要求，象山消防救援站成立1个搜救组，从3号楼梯进入着火层，协助瓦窑消防救援站开展内攻搜救和开辟灭火进攻通道；同时，瓦窑消防救援站成立2个疏散小组，对1~3楼人员进行疏散。经过2个消防站的反复核实和搜索，楼内无被困人员，共先后疏散出群众30余人。

17时21分，东江消防救援站到达现场。消防救援站指挥员根据部署，组织车辆向瓦窑消防救援站车辆供水，派出攻坚组协助瓦窑消防救援站在4号楼梯间疏散起火仓库门口的货物，开辟灭火进攻通道。

国际旅游商品批发城火灾增援力量部署图如图3-3-7所示。

---

4. 根据侦察情况，辖区消防救援站指挥员采取了哪些有效措施，是否存在不足。

5. 火情侦察的主要内容有哪些。

6. 火场被困人员的搜寻包括哪些方法。

（三）

17时30分，特勤消防救援站和遂行出动的指挥部人员同时到达现场。经过现场侦察后，特勤消防救援站绕行至瓦窑路，从步行街进入批发城，车辆停靠在D座北侧和东侧的消防通道上，灭火组在3号连廊上设置2个水枪阵地，阻止烟气向C座蔓延，掩护灭火组清理2号仓库物资，开辟灭火进攻通道。消防救援站指挥员带领1个侦察组进入建筑搜寻其他进攻堵截路线，其余人员协助东江消防救援站在4号楼梯做好轮换作业，并使用单位内部4号消火栓和瓦窑路1号消火栓向特勤主战车供水。

17时45分，支队全勤指挥部到达现场。指挥员立即组织人员再次进行侦察，并架设图传系统，将现场情况回传支队指挥中心，支队主官在指挥中心远程进行指挥。通过侦察发现，浓烟已突破西北角的外窗和3号连廊，着火层内部有大量高温烟气聚集，能见度极低，在4号楼梯处能看到燃烧发光。根据辖区消防救援站指挥员汇报和侦察情况，支队指挥员立

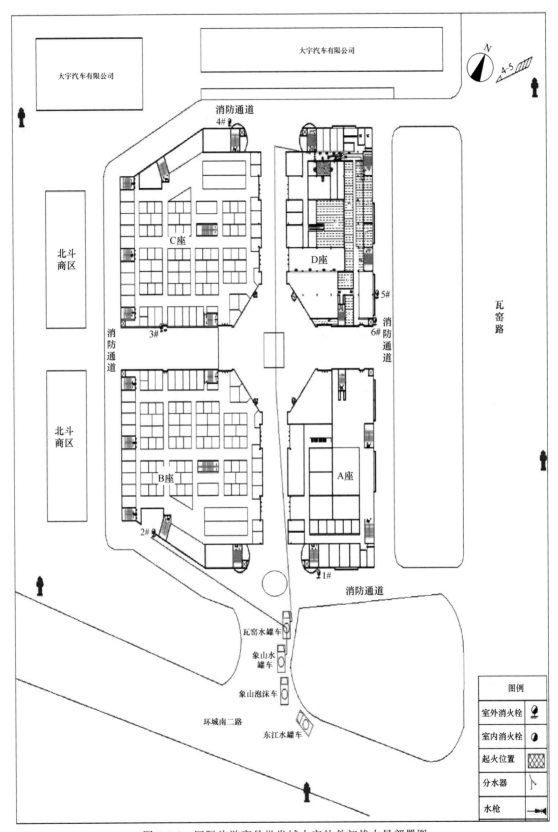

图 3-3-6　国际旅游商品批发城火灾扑救初战力量部署图

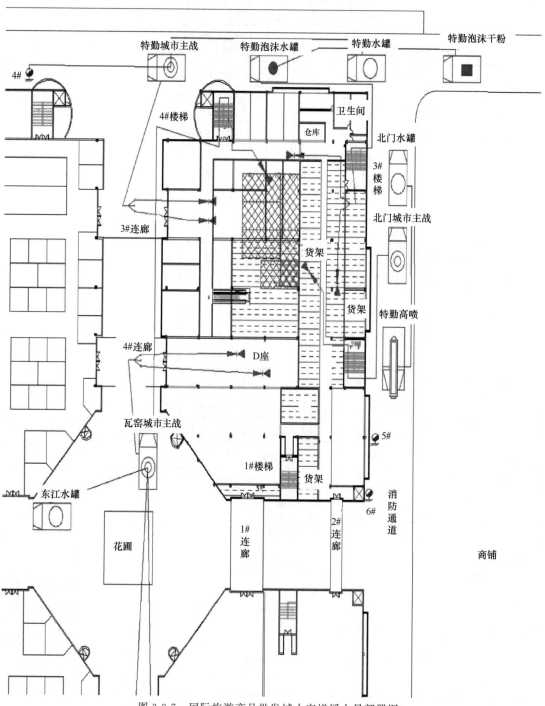

图 3-3-7 国际旅游商品批发城火灾增援力量部署图

即调整现场力量部署。

> 7. 火场供水应符合哪些原则要求。
>
> 8. 反复侦察的目的是什么。
>
> 9. 写出此时现场指挥部调整力量部署的总体思路。

（四）

18 时 30 分，天井上方加盖的彩钢板顶棚突然坍塌，大量新鲜空气涌入，火势迅速蔓延扩大，呈猛烈燃烧状态。指挥部命令各水枪阵地立即做好安全防护，利用水枪交替掩护和灭火，同时部署特勤消防救援站举高喷射消防车到东侧消防通道，实施外部控火。

18 时 50 分，支队长和政委到达火灾现场。现场火势已呈猛烈燃烧阶段，部分楼板和墙体有开裂现象，仓库内存放的大量塑料和棉质物品燃烧产生的烟气影响灭火进攻。支队会同政府相关部门成立了火场总指挥部，调集社会联动单位到场参与处置，统一指挥灭火救援行动。

> 10. 高层商业建筑火灾的发展蔓延及险情有何特点。
>
> 11. 火场组织指挥工作应按怎样的程序实施。
>
> 12. 需调集哪些社会相关力量到场，开展哪些方面的工作。

（五）

根据火场情况，指挥部将现场划分为 4 个战斗段，采取"加强安全防护，全力堵截火势，坚决内攻灭火"的战术措施，全力灭火。东战斗段由支队副支队长负责，组织特勤消防救援站举高喷射消防车和临桂消防救援站举高喷射消防车从外围控火，组织北门消防站从 2 号楼梯内攻灭火；南战斗段由支队副政委负责，组织瓦窑、临桂消防救援站从 1 号、2 号连廊内攻灭火，并利用水罐车车载水炮扫射万弘文具店外窗，控制火势；西战斗段由支队后勤处处长负责，组织东江消防救援站从 4 号连廊内攻灭火；北战斗段由副支队长负责，组织特勤消防救援站从 4 号楼梯和 3 号连廊内攻灭火。为保障火场供水，指挥部又现场调集了 20 辆环卫洒水车分成三个梯队，向东面北门消防救援站、西面东江消防救援站、南面临桂消防救援站运水供水。

国际旅游商品批发城火灾扑救总攻力量部署图如图 3-3-8 所示。

20 时 05 分，第二批增援的八里街、灵川等 8 个消防站 13 辆消防车到达现场。指挥部立即将增援力量加强到火场一线，并适时组织轮换。一是八里街、阳朔消防救援站增援北战斗段特勤消防站内攻灭火；二是兴安和永福消防救援站增援东战斗段，从 2 号连廊深入飞达文具店内攻灭火；三是平乐消防救援站增援西战斗段，轮换瓦窑和临桂消防救援站内攻力量；四是灵川、荔浦和全州消防救援站增援南战斗段，轮换东江和瓦窑消防救援站内攻灭火。

21 时，火势得到有效控制。通过侦察，以及建筑结构专家安全分析评估意见，确定着火建筑无坍塌危险后，现场指挥部组织象山、特勤等 15 个灭火攻坚组分批次从四个方向深入建筑总攻。通过全体参战消防救援人员半个多小时强攻近战，21 时 40 分，大火被成功扑灭，各战斗小组开始清理残火。

23 时，总队长和副总队长到达现场指挥灭火救援行动，命令象山区调派 100 名保安和

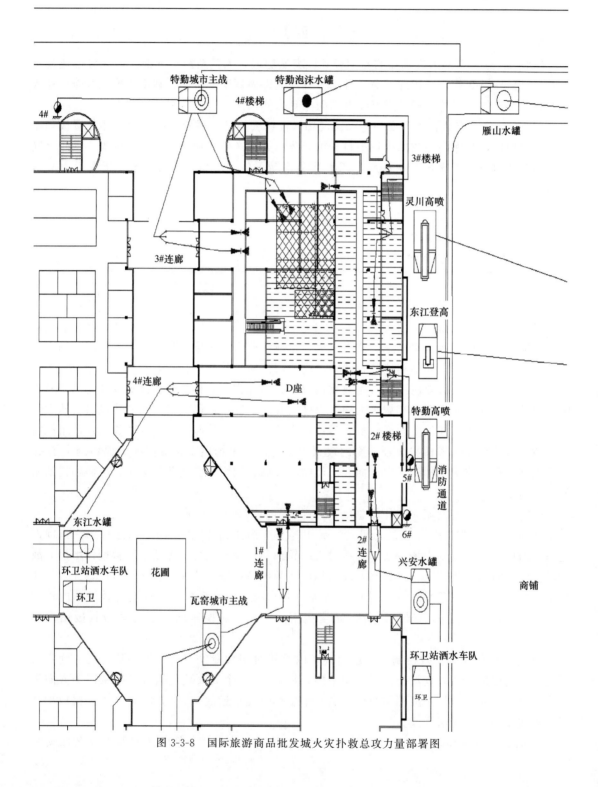

图 3-3-8 国际旅游商品批发城火灾扑救总攻力量部署图

城管联防队员到场配合消防救援人员,加强现场清理。

23 时 30 分,现场清理完毕,指挥部保留 6 辆消防车和 50 名消防救援人员继续驻守监护,命令其他消防力量归队。直至 13 日 5 时,现场指挥部确认再无明火、冒烟情况后,将现场移交给当地公安部门看护,所有消防力量全部返回。

13. 高层商业建筑火灾内攻可选择的途径有哪些。

14. 辖区消防救援站指挥员回到消防救援站对整个扑救过程进行了反思。如果你是消防救援站指挥员,请说明在本次扑救过程中指挥方面存在的不足以及今后如何改进。

想定三

一、基本想定

认真阅读本材料,熟悉整个救援过程。

(一)

纺织品百货大楼位于某市西关大街 46 号,地处市城西区繁华地段,距辖区城西消防救援站 3.1 公里(正常情况下约 6 分钟车程),距最近的增援城中消防救援站 2.2 公里(正常情况下约 4 分钟车程)。西关大街为 4 车道,中间设置有隔离带,起火时为节假日车辆高峰期。

纺织品百货大楼东为佳豪大厦(尚未投入使用)、南临西关大街、西为五层居民楼、北为在建工地(暂无建筑)。该建筑整体为框架结构,建筑主体分为原建、新建、扩建三部分,总面积 55400 平方米。

原建楼:地下 1 层,地上 10 层,建筑高度 41.5 米,一~五层为商铺,使用面积 8000 平方米,六~十层为办公区,使用面积 2400 平方米。

新建楼:位于原建楼西侧,与原建楼毗连,地下 2 层,地上 30 层,建筑高度 99.67 米,使用面积 45000 平方米,地下一层为超市,地下二层为设备层,地上一~七层为商场,八~三十层为 184 户居民住宅。该楼投入使用后,二~五层与原建楼相通,连接部分设有防火卷帘,一层为一个高 3.8 米、宽 3.7 米的门洞,可容 1 辆消防车通过。

扩建区:位于原建楼东侧一~五层边缘,平均宽度 6 米,建筑高度 18 米,建筑面积约 1200 平方米,钢结构。

原建、新建楼内均设有火灾自动报警及联动控制系统、自动喷水灭火系统、室内消火栓给水系统、消防应急广播、防火卷帘门、防火门、疏散指示标志及火灾应急照明等消防设施。新建楼投入使用后,对整个大楼室内消防设施进行了改造,合用消防控制室(一层新、原建楼连接部位)。

建筑周边 500 米范围有市政消火栓 1 个,属环状管网,出口压力约为 0.3 兆帕。新建楼内有室内消火栓 217 个,商场部分每层 9 个,负一层 9 个,负二层 6 个,住户部分每层 6 个。原建楼室内消火栓 30 个,商场部分一、二层每层 4 个,三、四层每层 5 个,五~十层每层 2 个,消防水池 1 个(560 立方米),消防水箱 1 个(18 立方米)。室外消火栓 4 个,水泵接合器 11 个(其中高区 4 个、低区 4 个、喷淋泵 3 个)。

(二)

4 月 9 日,天气晴,气温 4~15 摄氏度,风力为 5~6 级,风向为西风转东南风。

（三）

4月9日，该纺织品百货大楼发生火灾，火灾过火面积约8000平方米，直接经济损失为4683.65万元。本次火灾特点具有以下特点：

（1）火势发展猛烈，救人灭火困难。第一力量到场时，火势已烧穿与商场临时分隔的彩钢板，迅速向西侧商场蔓延，燃烧猛烈，浓烟弥漫。新、原建楼商业区处于假日营业高峰期，内有顾客1000多人、员工300余人，新建楼住宅内共有住户600余人，给救人和火灾扑救造成了极大困难。在后续的搜救工作中，由于商场内存放有大量服装模特，在很大程度上影响了战斗员的判断，延缓了搜救灭火的进度。

（2）火场温度高、荷载大、烟雾浓、毒气重。商场主要经营服装、鞋业、小家电、日用品、装饰品等，火灾荷载大，着火后燃烧猛烈，辐射热强，并产生大量浓烟和有毒气体，极易造成人员伤亡。

（3）建筑结构复杂，外部封闭，外攻困难。该建筑由于多次改建、扩建，同时具有地下建筑、仓库、钢架结构等多种火灾特点，建筑结构极为复杂。商场外部完全封闭，无法从外部进行灭火与救人，并极易造成水渍损失。

（4）室内消防设施未发挥作用，内攻难度大。由于该建筑原建楼进行扩建改造，内部消防设施擅自停用，管网内无水，固定消防设施未发挥作用，贻误了最佳的灭火战机。加之内部建筑结构复杂，原建楼没有直通室外的防烟楼梯间，战斗员必须通过烟火封锁区才能进入着火层及着火层上层，增加了内攻作战的难度。

（四）

15时03分，消防支队作战指挥中心接到报警后，迅速调集7个消防救援站、1个战勤保障大队、32辆消防车、282名消防救援人员赶赴现场，并相继向总队指挥中心、市政府、市公安局汇报相关情况，并请求总队全勤指挥部增援。15时11分，总队指挥中心调集支队4个消防救援站，9辆消防车，80名消防救援人员到场增援，并调集总队机关、医院、仓库、铁军集训队150人到场，同时调集周边3支企业专职消防站2辆水罐消防车、1辆举高喷射消防车、12名队员和16辆市政环卫洒水车、2辆挖掘机到场增援。

（五）

力量编成：

支队机关：消防救援人员15人，指挥消防车2辆；

战勤保障大队：消防救援人员36人，水罐消防车1辆，抢险救援消防车1辆，餐饮保障车1辆、充气消防车1辆；

城中消防救援站：消防救援人员33人，城市主战消防车2辆，供水消防车1辆，抢险救援消防车1辆；

城西消防救援站（辖区）：消防救援人员52人，城市主战消防车2辆，供水消防车2辆，抢险救援消防车1辆，举高喷射消防车1辆；

城北消防救援一站：消防救援人员26人，城市主战消防车1辆，供水消防车1辆，抢险救援消防车1辆；

城北消防救援二站：消防救援人员18人，城市主战消防车1辆，供水消防车1辆；

城东消防救援站：消防救援人员 24 人，城市主战消防车 1 辆，供水消防车 2 辆；

湟中消防救援站：消防救援人员 18 人，城市主战消防车 1 辆，供水消防车 1 辆；

特勤消防救援一站：消防救援人员 60 人，城市主战消防车 1 辆，供水消防车 1 辆，举高喷射消防车 3 辆，云梯消防车 1 辆，移动照明消防车 1 辆；

增援四站：

东川消防救援站：消防救援人员 20 人，供水消防车 2 辆；

湟源消防救援站：消防救援人员 16 人，城市主战消防车 1 辆，供水消防车 1 辆；

大通消防救援站：消防救援人员 8 人，城市主战消防车 1 辆；

海东消防救援站：消防救援人员 36 人，城市主战消防车 1 辆，供水消防车 2 辆，举高喷射消防车 1 辆；

增援 3 个企业消防救援站：消防救援人员 12 人，水罐消防车 2 辆，举高喷射消防车 1 辆；

市政：环卫洒水车 16 辆，挖掘机 2 辆。

（六）

要求执行事项：

（1）熟悉该单位情况和基本想定内容。

（2）以指挥员身份理解任务，判断火情，定下决心，部署战斗，处置情况。

（七）

纺织品百货大楼立面图（图 3-3-9）。

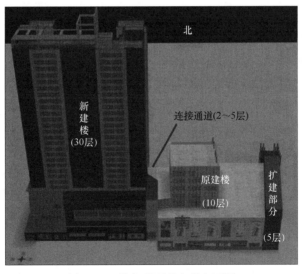

图 3-3-9　纺织品百货大楼立面图

二、补充想定

请根据基本想定内容，结合补充想定材料完成相应问题。

（一）

4 月 9 日 15 时 03 分，消防支队作战指挥中心接到报警称纺织品百货大楼发生火灾。作战指挥中心第一时间调集城中消防救援站和辖区城西消防救援站出警，全勤指挥部随即出动；随后，消防支队迅速启动《支队重大灾害应急救援预案》，一次性调集全市其余 8 个执勤消防救援站赶赴现场增援，机关各部（处）按照任务分工到场展开。

15 时 09 分，城中消防救援站首先到达现场。经火情侦察，纺织品大楼原建楼东侧扩建部分二层发生火灾，火势已烧穿与商场临时分隔的彩钢板，迅速向西侧商场蔓延，燃烧猛烈，浓烟弥漫。新建楼一～七层、原建楼一～六层商业区有多数顾客、员工，新建楼住宅部分住户未能及时撤离，原建主体楼八～九层办公区有 10 余名人员被困。

---

1. 灭火力量部署应遵循哪些原则。

2. 灭火预案制订的程序有哪些。

3. 针对这种情况，城中消防救援站指挥员迅速定下了战斗决心，请写出城中消防救援站指挥员的战斗决心。

（二）

15 时 10 分，支队全勤指挥部到达现场后，立即向总队指挥中心汇报，同时，迅速成立现场指挥部。消防救援站指挥员向指挥长汇报了现场情况，并移交了指挥权。随即，现场指挥部迅速形成了战斗决心，现场指挥部下达了作战命令。

---

4. 火场指挥部的位置如何设置。

5. 消防救援站指挥员向指挥长汇报现场情况包括哪些方面的内容。

（三）

针对现场情况，现场指挥部做出相应作战部署为：

一是城中消防救援站 2 个攻坚组沿新建楼东北角疏散楼梯进入新建楼二层设置 2 个水枪阵地，对二层新、原建楼连廊处防火卷帘进行冷却，防止火势烧穿卷帘向新建楼蔓延。

二是特勤消防救援一站利用 37 米云梯消防车在原建楼北侧开辟空中救援通道，对八、九层及天台被困人员进行救助。16 米举高喷射消防车在原建楼南侧从外部打击三层火势。53 米举高车在原建楼南侧利用车载水炮在原建、新建楼结合部进行防御，随时打击外围火势，阻止火势向新建楼蔓延；另外派出攻坚组从新建楼东北角疏散楼梯进入新建楼五层设置 2 个水枪阵地，阻止火势向新建楼蔓延。

三是城西消防救援站 2 辆水罐消防车分别停于原建楼南侧，派出 2 个攻坚组从原建楼西北角疏散楼梯深入三、四层设置水枪阵地实施内攻，阻止火势向新建楼蔓延。1 辆水罐车连接水泵接合器向室内管网增压。（由于原建楼扩建改造，原建楼内部的消防系统停用，导致加压无效。）

四是城北消防救援一、二站各派 2 个攻坚组沿新建楼东北角疏散楼梯进入新建楼三、四层各设置 2 个水枪阵地，防止火势向新建楼蔓延。

纺织品百货大楼二～五层起火点、火灾蔓延及内攻力量部署平面图如图 3-3-10～图 3-3-13 所示。

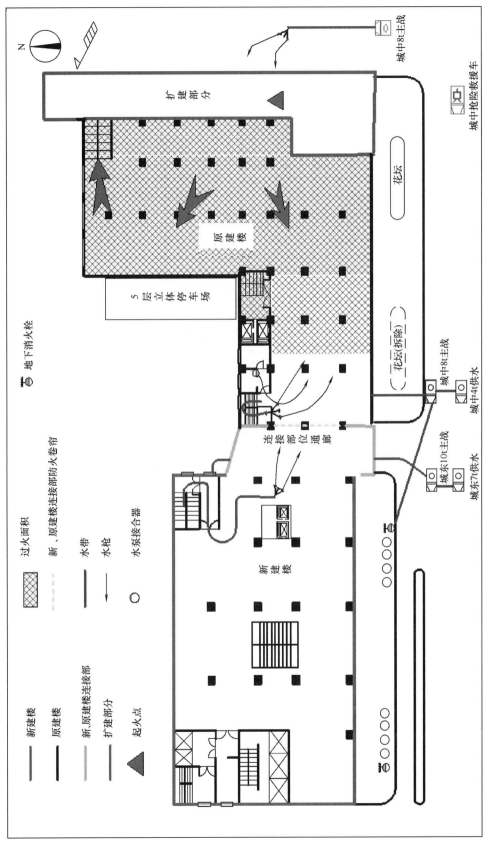

图 3-3-10 纺织品百货大楼二层起火点、火灾蔓延及内攻力量部署平面图

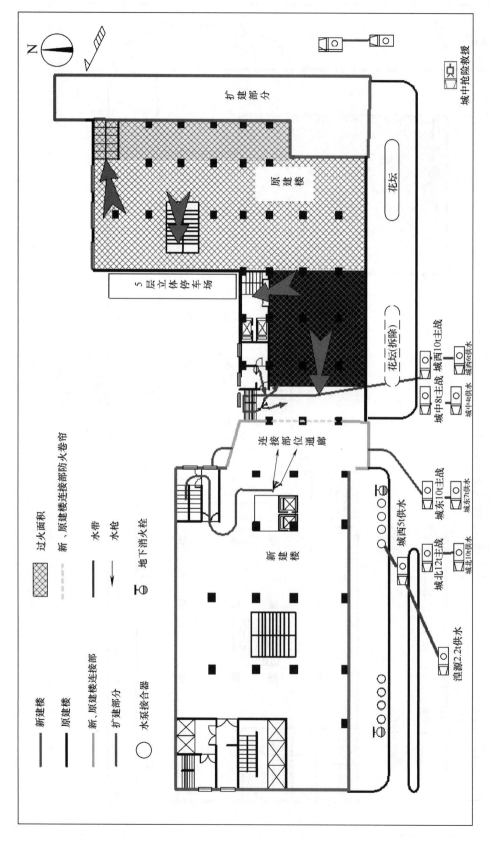

图 3-3-11 纺织品百货大楼三层起火点、火灾蔓延及内攻力量部署平面图

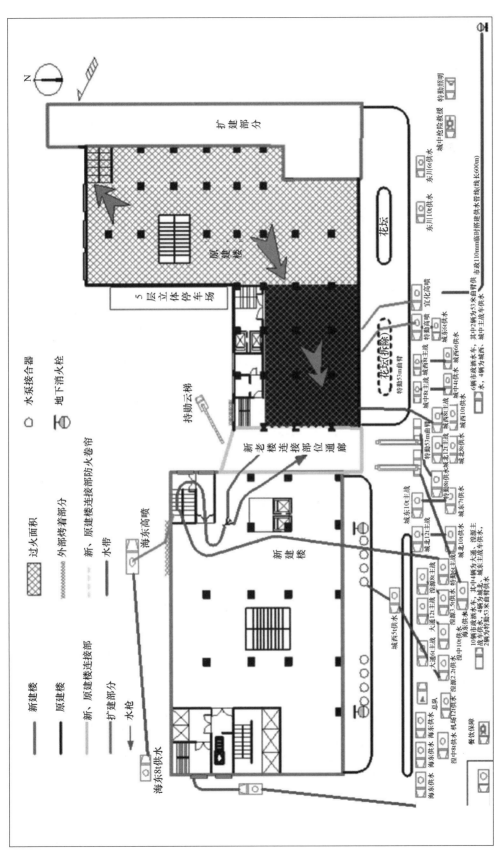

图 3-3-12　纺织品百货大楼四层起火点、火灾蔓延及攻力量部署平面图

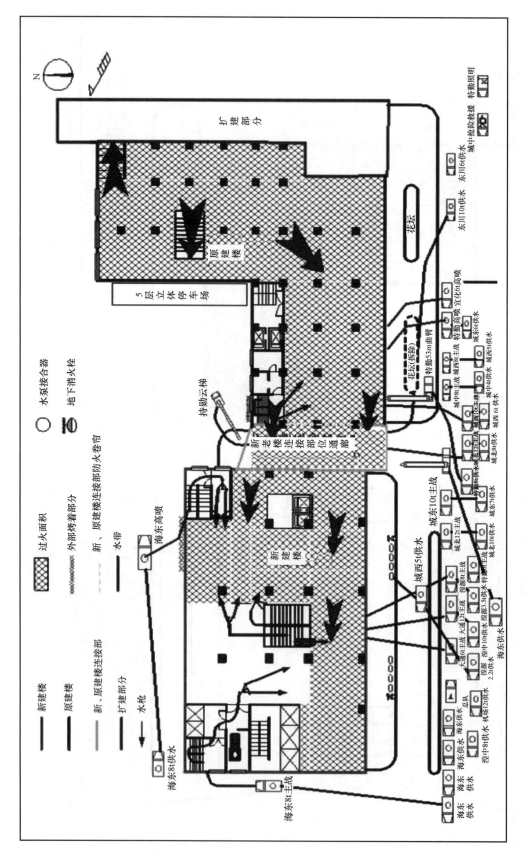

图 3-3-13 纺织品百货大楼五层起火点、火灾蔓延及内攻力量部署平面图

6. 控火与灭火行动中应如何选择内攻路线及其灭火阵地。

7. 阻止火势蔓延扩大的主要方向上的水枪阵地有哪些。

8. 现场指挥部的战斗命令怎样下达。

（四）

15 时 11 分，总队指挥中心启动《处置重特大灾害事故跨区域救援预案》，调动增援消防站 9 辆消防车以及机场、中铝、宜化 3 支企业专职消防救援站 2 辆水罐消防车、1 辆举高喷射消防车到场增援。

15 时 38 分，东川消防救援站（2 辆供水消防车），中铝青海分公司保卫部（1 辆水罐消防车）、宜化专职消防救援站到场（1 辆举高喷射消防车），加强火场灭火力量。

15 时 40 分左右，迅速成立了以省长为总指挥，市委书记和省委常委、省政法委书记为副总指挥，公安、消防、安检、水务、燃气、供电、卫生、预备役等主要单位为成员的火场总指挥部。

火场总指挥部迅速做出决定：一是由消防救援总队政委负责火灾现场的救人及火灾扑救工作。二是由市委书记统一协调指挥水务、燃气、供电、卫生等部门，做好现场协调配合工作。三是由省政法委书记负责指挥交通、治安，做好现场的警戒和周边群众的疏导工作。

总队全勤指挥部根据现场事态发展、力量调集和火场总指挥部作战部署情况，确定了"搜救排查人员、全力堵截火势、减少财产损失、确保自身安全"的指导思想，并制定作战方案：一是派出 4 个攻坚组再次进入新建楼，全力搜寻各楼层是否再有被困人员。二是派出 3 个侦察小组再次进行火情侦察，重点查看新、原建楼三～五层结合部火势发展情况。三是派宜化专职消防站举高喷射消防车从原建楼南侧压制窗口外部火势，加强外攻力量。四是派出 4 个攻坚组沿新建楼电动扶梯上四层设置阵地，强力消灭四层明火，全力阻止火势通过电动扶梯向上层商场蔓延。五是主战车任务不变，调整部分车辆，企业专职消防站和环卫洒水车进行供水。同时，在指挥部的协调下，市自来水公司对现场周边市政管网进行局部加压，并由起火建筑东南侧青年巷内市政消火栓处铺设一条长达 600 米、口径为 110 毫米的供水线路，保证火场供水不间断。六是在新建楼西北侧四～六层疏散楼梯间设置排烟阵地。七是调用市政挖掘机对新、原建楼结合部进行强制破拆、打通外攻通道。

21 时 50 分，火场灭火力量充足，总攻时机成熟。指挥部下达了总攻命令。22 时 32 分，明火全部被扑灭。

9. 消防力量调度有哪些方式和方法。

10. 火场总指挥员及下设工作组的具体职责是怎样划分的。

11. 请分析以上指挥结构中的问题。

想定四

一、基本想定

认真阅读本材料，熟悉整个救援过程。

（一）

某家电大楼位于某市环翠区海滨北路 40 号，该楼于 1989 年 9 月建成并投入使用，建筑主体 4 层，东侧和南侧局部 6 层，高 30 米，建筑面积 3800 平方米，为砖混结构。该大楼北与商业大厦相距 30 米，南与农业银行储蓄所大楼相距 8 米，东面为海滨北路，西面为居民楼，相距不足 1 米。

该大楼原为综合家电商场，改制后开始进行多种经营。起火时楼内共有五家独立经营单位，分别是：一层为诺伯名家（韩国餐馆），营业面积 604 平方米；二层为家电商场，营业面积 650 平方米；三层南面为东方芭蕾歌舞厅，营业面积 270 平方米，东面和北面分别为办公区，建筑面积 380 平方米；四层南面部分为金莹宾馆，营业面积 420 平方米（设有 17 间客房，28 个床位），北面为东方芭蕾歌舞厅业主擅自增加的五个包间（每个包间 30 平方米，总面积 150 平方米）；五、六层为市行政执法局办公用房，使用面积 1050 平方米。

该大楼共有两个疏散出口，分别位于大楼的东部（正面，直通 1～6 层）和西北面（直通 1～4 层）。

（二）

发生火灾的西部楼梯南北净长 7.6 米，东西净宽 3.8 米，净高 4.34 米，每段楼梯 15 个踏步，踏步为浅绿色花岗岩，楼梯扶手高 85 厘米，铁架支撑，楼梯间吊顶材料均为三合板外贴矿棉板，内为木质龙骨架。第一层楼梯间东与诺伯名家的厨房、洗衣房相通，南与卫生间门相对，西有门洞与财务室、液化气钢瓶间门相通，穿过该房间到达室外。一层向上有卷帘门与楼梯段相隔（卷帘门开启），楼梯段西侧放置两个货架，存放有塑料筐、泡沫保温箱、塑料桶及蔬菜等；一层至二层休息平台有一写字台，上面放有烤鸭包装箱、淀粉塑料桶等杂物；第二层楼梯间与商场有铝合金自由门和铁栅栏门相隔；第三层歌厅通向楼梯间的走廊尽端有一木质双扇防火门，二层到三层间的休息平台上堆有凳子、塑料筐等杂物；四层楼梯口直通包房的走廊，穿过走廊可达金莹宾馆。四层北侧歌厅走廊西端楼梯间上搭设一配料间和仓库，地面、墙面均用角钢和木板搭建。配料间内设有操作台、排油烟机、液化气灶。仓库内存放有啤酒、饮料和各种干果等。

火灾发生时，三层、四层金莹宾馆、东方芭蕾歌舞厅属正常营业期间；二层商场停业；一层诺伯明家餐馆正准备歇业，当职的厨师及服务人员正在一层餐厅开会。据初步统计，当时大楼内共有各类人员 80 余人（其中一层诺伯名家餐馆 17 人；三、四层歌厅、客房有服务生 39 人，客人 24 人；六层 3 人）。

（三）

10 月 10 日 21 时 40 分许，某市环翠区家电大楼发生火灾，支队调度指挥中心于 21 时 46 分 22 秒接到报警后，先后调集市区 5 个消防救援站 18 辆消防车、4 辆 120 急救车、140 余名消防救援人员到场扑救。市指挥中心先后调集交巡警、治安支队、经侦支队等部门的 50 余名公安干警到场维持秩序并连夜展开事故调查。

经过 1 个多小时的紧张战斗，大火于 22 时 50 分被彻底扑灭，成功营救出 27 名被困人员，保住了整个大楼及毗邻居民楼的安全，将火灾损失减少到最低限度。此次火灾过火面积120平方米，共造成10人死亡，直接经济损失21830元。

<h2 style="text-align:center">（四）</h2>

力量编成：

消防救援一站（辖区）：消防救援人员20人，水罐消防车3辆；

消防救援二站：消防救援人员24人，水罐消防车2辆，抢险救援消防车1辆；

消防救援三站：消防救援人员23人，水罐消防车2辆，登高平台消防车1辆；

消防救援四站：消防救援人员32人，水罐消防车3辆，抢险救援消防车1辆；

特勤消防救援站：消防救援人员42人，水罐消防车3辆，抢险救援消防车1辆，器材运输车1辆。

<h2 style="text-align:center">（五）</h2>

要求执行事项：

（1）熟悉该单位情况和基本想定内容。

（2）以指挥员身份理解任务，判断火情，定下决心，部署战斗，处置情况。

<h2 style="text-align:center">（六）</h2>

（1）家电大楼总平面图（图3-3-14）。

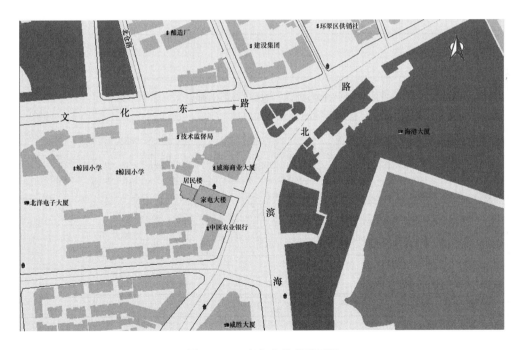

图3-3-14　家电大楼总平面图

（2）家电大楼二楼平面图（图3-3-15）。

（3）家电大楼四楼平面图（图3-3-16）。

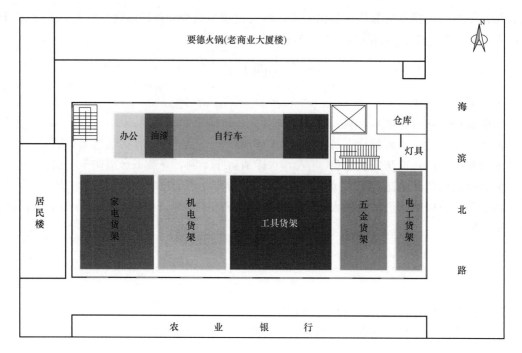

图 3-3-15　家电大楼二楼平面图

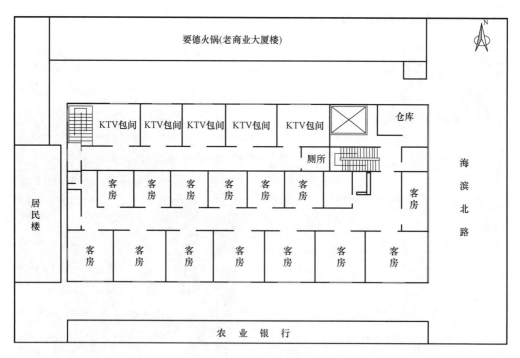

图 3-3-16　家电大楼四楼平面图

二、补充想定

请根据基本想定内容，结合补充想定材料完成相应问题。

（一）

10月10日21时46分22秒，支队指挥中心接到报警，称海滨北路三角花园旁家电大楼（该楼距辖区消防救援一站0.8公里）起火，立即命令辖区消防救援一站3辆消防车、20名消防救援人员前往扑救。

21时49分，辖区消防救援一站到达现场，经外部观察发现，该楼西侧一至四层窗口浓烟滚滚，火焰已突破窗口，特别是四层楼梯口的火焰向外呈喷射状，已逼近距该楼不足一米的居民楼，情况十分危急。

1. 高层商业建筑火灾灭火力量调集的原则是什么。
2. 现场侦察中外部观察的主要方面有哪些。
3. 请说明辖区消防救援一站指挥员的判断结论和所定战斗决心内容。

（二）

辖区消防救援一站指挥员立即向支队指挥中心报告火情、请求增援。同时，组织展开火情侦察，寻找现场知情人。经侦察，着火部位是西侧疏散楼梯，一至四层整个楼梯间就像一条火龙，呈立体燃烧，且火势正由楼梯向各楼层蔓延。据现场群众称：一楼有火，灶间有6个50千克液化气罐；四楼可能有被困人员，但说不清具体位置和人数。

4. 火灾发展有哪几个阶段？通过初步侦察此时属于哪个阶段。
5. 根据现场情况，辖区消防救援一站指挥员应立即采取什么措施。

（三）

指挥中心接到辖区消防救援一站报告后，迅速调集特勤消防救援站、消防救援二、三、四站15辆消防车、100余名消防救援人员前往增援，并向支队值班首长、支队主要领导及市有关领导报告火情。

21时55分，支队政委赶到现场，特勤消防救援站、机关值班人员、消防救援三站相继到场。现场成立了火场指挥部，由支队政委任总指挥。

支队政委在听取了辖区消防救援一站站长汇报后，了解到楼内仍有人员被困的情况后，立即做出如下安排：一是特勤消防救援站组织两个救人小组，出一支水枪到四楼搜救并堵截火势蔓延；二是消防救援二站组织两个救人小组出一支水枪到三楼搜救并堵截火势；三是由副支队长负责指挥救人，由战训科科长负责组织后方供水；四是消防救援一站的两支水枪内攻，控制火势向居民楼蔓延，组织人员搬运液化气罐；五是命令指挥中心请求市局调派警力对火场周边道路实行交通管制。

6. 火灾扑救中，如何正确处理救人与灭火的关系。
7. 在搜救人员、内攻灭火、火场供水等众多任务分配与执行过程中，为保证指挥的顺畅性，需遵循怎样的指挥原则。
8. 请简述当前力量部署应总体把握的要点有哪些。

（四）

特勤消防救援站各搜救小组深入大楼内部全面展开搜救。此时，大楼内一片漆黑，二至三层到处弥漫着刺鼻的浓烟，能见度越来越低。特勤消防救援站一组沿东楼梯进入四层金莹宾馆客房逐个房间搜救，疏散出 3 名被困人员；二组到四层搜救，发现四楼电梯入口处一疏散通道门被封闭，特勤消防救援站消防员遂进行破拆，门被打开后，一股热浪猛地袭来，险些将消防员击倒。消防员摸进房间，就像进了蒸笼，能见度在强光手电的照射下不足两米，只好用手、脚去触摸，终于在 1 号包房内发现 2 名已昏迷的被困人员，并立即将其救出并送往医院急救。与此同时，特勤消防救援站 15 吨水罐车从大楼东楼梯出一支水枪，经四楼破拆处进入四楼，通过内走廊到达 5 号包房处，堵截楼梯间内的火势向四楼蔓延。消防救援二站 14 吨水罐车出一支水枪从大楼东楼梯进入三楼，阻截火势向歌厅蔓延。

9. 高层商业建筑火灾中如何营救被困人员。

10. 通过以上资料进行分析搜救小组在救援过程中存在什么失误。

11. 火灾现场扑救行动中应注意哪些安全事项。

（五）

22 时，支队长、副支队长等机关全体干部，市公安局领导和市政府一些领导相继赶到现场。副市长在听取现场情况汇报后，立即做出四点指示：一是要不惜一切代价，全力搜救被困人员；二是参加搜救的消防救援人员一定要做好个人防护，搞好协同配合，确保自身安全；三是公安交警、治安人员要维护好交通秩序和现场秩序；四是医疗卫生等部门要全力抢救和妥善安置好受伤人员。随后，市长赶到现场，现场成立了由市长任总指挥，副市长为副总指挥，其他人员为成员的灭火救援总指挥部。市长在听取了情况汇报后指示，各方面力量要积极配合，采取一切措施，不惜一切代价抢救被困人员。

12. 写出此时指挥部的作战部署内容。

13. 火场指挥部如何协调社会救援力量。

（六）

搜救组继续摸索向前搜救时，从 2 号包房内又发现了已全部昏迷的 6 名被困人员，并向指挥部报告。指挥部得知此情况后，立即命令所有搜救小组到四楼增援，共同协力将 6 名重度昏迷的被困人员救出。此时，指挥部接到现场群众报告，称朋友仍被困在六楼，于是立即命令特勤消防站二组到五、六层行政执法局办公用房内搜救，将被困在六楼的 3 人成功救出。

22 时 04 分，消防救援三、四站相继到场，指挥部再次指示，要对四、五、六层进行彻底搜救，且重点要放在四层。根据总指挥部的命令，支队组织到场的消防救援三、四站组成两个搜救组，分别进入四、五层进行搜救，在 5 号包房又发现了 2 人，并成功施救。

内攻灭火的四支水枪上下合击，奋力阻击，大火被有效控制在楼梯间内，并于 22 时 50 分将火彻底扑灭，整个过火面积 120 平方米。此时，有七八名消防员累得瘫坐在地上，有的出现呕吐脱水反应。为确保被困人员无遗漏，指挥部立即对现场力量进行调整，安排由支队领导和部门领导带队，对所有楼层展开地毯式搜查。至 23 时 40 分，搜救人员已将整个大楼反复搜寻了四遍，在反复确认无人后，指挥部决定停止搜救。

14. 简述火场救人的要求有哪些。

15. 指挥部在火场后期处理中，要注意考虑哪些问题。

想定五

一、基本想定

认真阅读本材料，熟悉整个救援过程。

（一）

2012 年 1 月 22 日（农历除夕），上午 7 时 15 分许，某文体用品批发市场突发火灾。8 时 16 分，消防支队作战指挥中心接到报警，立即启动重大节日灭火应急救援预案，迅速调集 8 个消防救援站和训保大队，39 辆消防车，150 余名消防救援人员，公安民警、医疗人员 150 余人，经过近 10 个小时的扑救，成功抢救出 1 名被困人员，疏散群众 2000 余人，保护了文体用品批发市场大楼主体结构及一楼 58 家商铺、南侧楼顶库房和毗邻的 3 栋住宅楼（共 400 余户）。11 时 20 分火势得到有效控制，18 时 10 分明火全部熄灭。此次火灾过火面积约 8000 多平方米，未造成人员伤亡。

（二）

该文体用品批发市场东临东站路，西邻家属院，北邻石棉厂家属院，南邻住宅小区。为商储一体综合性建筑，楼内主要经营文化体育用品，共有商户 87 家，其中一～二层为商铺，三层为库房和少量商铺，四～六层均为库房。

（三）

起火建筑坐西向东，共 5 层，框架结构，中庭式建筑，长 65 米，宽 42 米，高 27.5 米，总建筑面积 13650 平方米。该楼分南北两期建设：1997 年北楼建成，2003 年南楼建成，后将南北楼之间连接，一、二层连接处建为商铺，三至五层连接处为天井，五层顶部加盖活动板房，加盖后高度为 31 米（左边部分为南楼，右边部分为北楼）。

（四）

燃烧情况：楼内商铺和库房数量多，设置紧密，其内储存大量书本、乒乓球、塑料泡沫、包装纸箱、橡胶制品、油彩油墨、复写纸和木质家具等易燃可燃材料，整栋建筑内部火灾荷载密度大，燃烧以后热值高，烟雾大且燃烧多为阴燃，很难予以施救。起火建筑跨度大、商户多，易燃可燃物储量多，且堆放密集，火灾荷载密度高，起火后燃烧猛烈，发热、发烟量大。大楼本身又是由南楼、北楼两栋相对封闭的建筑连接改造而成的中庭式建筑，每层商户密集、分隔复杂、通风排烟设施瘫痪，楼内各区域空间均较为狭小，火场升温迅速，易形成轰燃。另外，中庭周围没有设置防火分隔，火灾可以迅速向上蔓延，形成整栋大楼立体燃烧。

（五）

大楼共设有 7 处安全出口（其中大楼西北角设有 3 处，大楼西侧中部、西南角、东北角和东南角各设 1 处），5 处楼梯（室外楼梯 2 处，封闭楼梯 3 处，除东南角室内楼梯到五层以外，其余 4 处楼梯均可直通楼顶平台），3 部电梯（西北角 1 部直通楼顶平台，西南角 2 部直通五楼）。

（六）

楼内所有消防设施均处于瘫痪状态，无法正常使用（无自动喷水灭火系统，室内消火栓系统未设水泵接合器），且楼内无任何防火分隔。大楼南面 100 米处和北面 150 米处分别有 2 个室外消火栓，完整好用。

（七）

当日风向多变，风力 5 级，白天气温零下 16 摄氏度，夜间气温零下 19 摄氏度，湿度 35％，大雪初霁。

（八）

力量编成：

华清东路消防救援站：消防救援人员 18 人，水罐消防车 2 辆，压缩空气泡沫消防车 1 辆；

金花北路消防救援站：消防救援人员 18 人，水罐消防车 2 辆，压缩空气泡沫消防车 1 辆；

自强西路消防救援站：消防救援人员 18 人，水罐消防车 3 辆，压缩空气泡沫消防车 1 辆，云梯消防车 1 辆（32 米）；

浐灞消防救援站：消防救援人员 18 人，水罐消防车 2 辆，压缩空气泡沫消防车 1 辆，云梯消防车 1 辆（32 米）；

未央路消防救援站：消防救援人员 18 人，水罐消防车 2 辆，压缩空气泡沫消防车 1 辆，云梯消防车 1 辆（32 米）；

东大街消防救援站：消防救援人员 6 人，水罐消防车 1 辆；

特勤消防救援一站：消防救援人员 18 人，水罐消防车 1 辆，压缩空气泡沫消防车 1 辆，云梯消防车 1 辆（32 米），举高喷射消防车 1 辆（16 米）；

特勤消防救援二站：消防救援人员 18 人，压缩空气泡沫消防车 1 辆，举高喷射消防车 1 辆（16 米）；

训保大队：消防救援人员 26 人，水罐消防车 13 辆。

（九）

要求执行事项：

（1）熟悉该单位情况和基本想定内容。

（2）以指挥员身份理解任务，判断火情，定下决心，部署战斗，处置情况。

（十）

（1）文体用品批发市场总平面图（图 3-3-17）。

（2）文体用品批发市场俯视图（图 3-3-18）。

（3）文体用品批发市场一层平面图（图 3-3-19）。

（4）二层战斗力量部署图（图 3-3-20）。

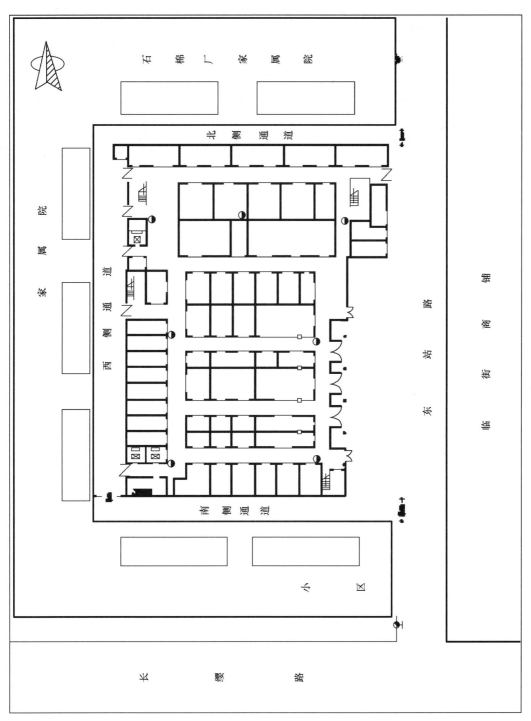

图 3-3-17 文体用品批发市场总平面图

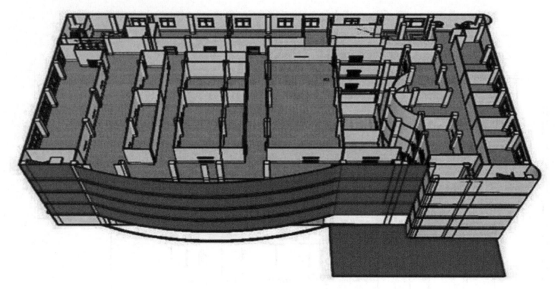

图 3-3-18　文体用品批发市场俯视图

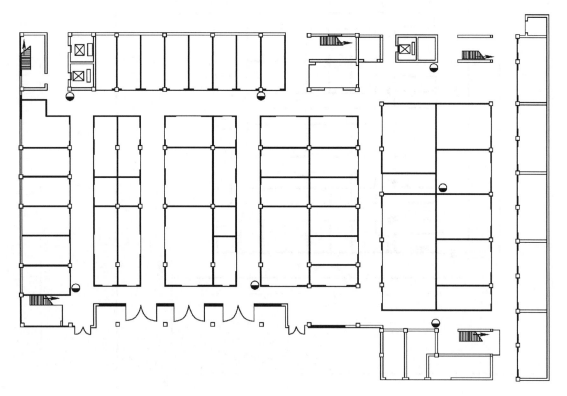

图 3-3-19　文体用品批发市场一层平面图

（5）三层战斗力量部署图（图 3-3-21）。

（6）四层战斗力量部署图（图 3-3-22）。

（7）五层战斗力量部署图（图 3-3-23）。

（8）屋顶战斗力量部署图（图 3-3-24）。

（9）外围力量部署图（图 3-3-25）。

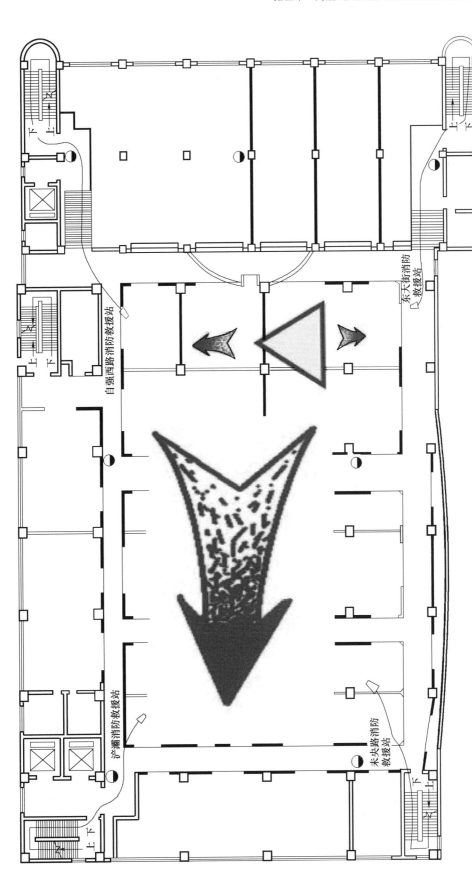

图 3-3-20 二层战斗力量部署图

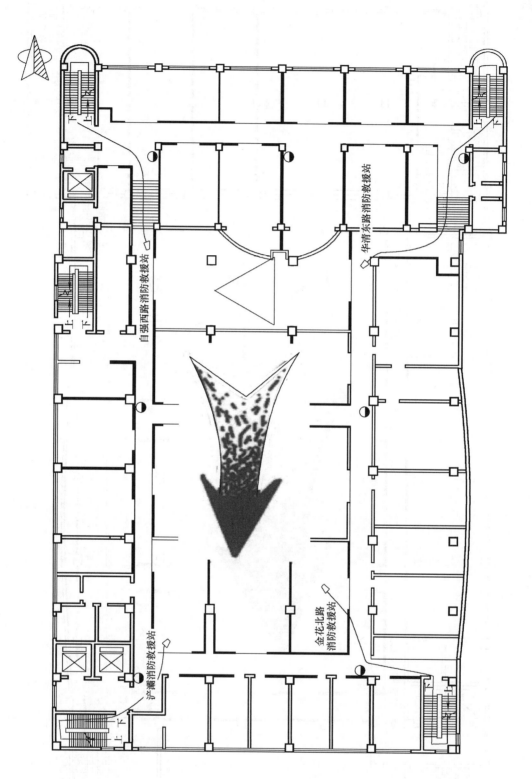

图 3-3-21　三层战斗力量部署图

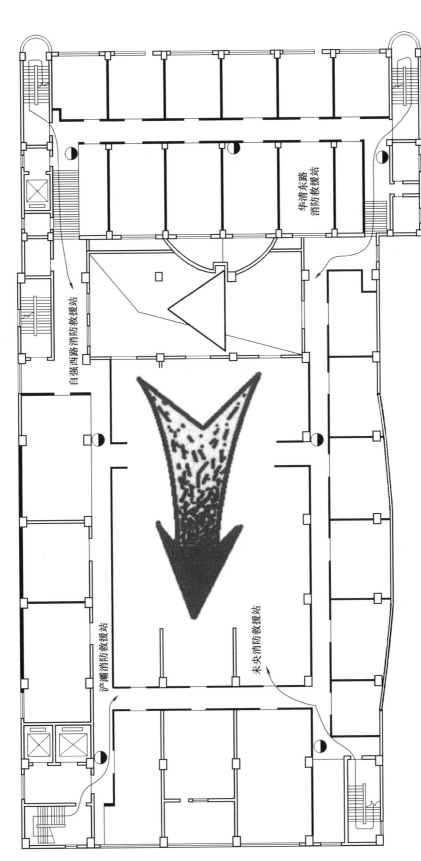

图 3-3-22　四层战斗力量部署图

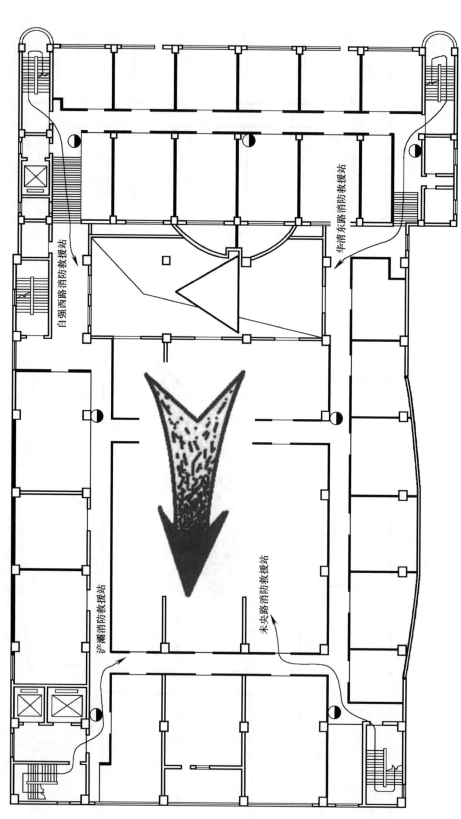

图 3-3-23　五层战斗力量部署图

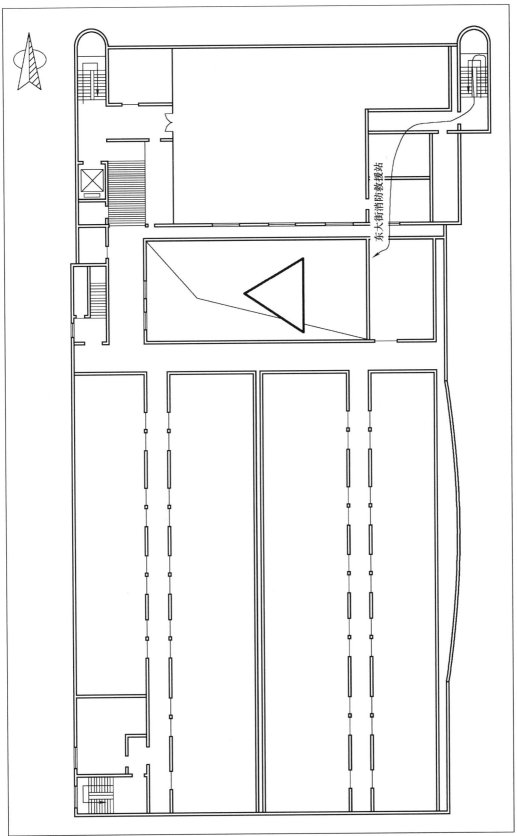

东大街消防救援站

图 3-3-24 屋顶战斗力量部署图

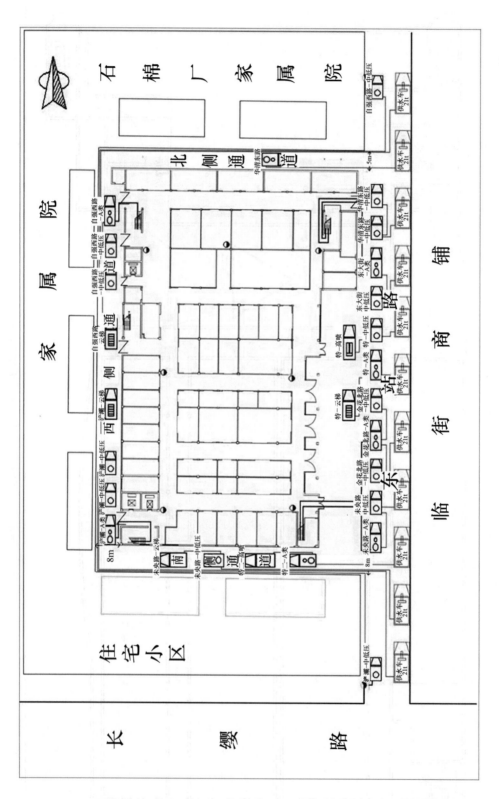

图 3-3-25　外围力量部署图

二、补充想定

请根据基本想定内容，结合补充想定材料完成相应问题。

（一）

1月22日8时16分，市消防救援支队作战指挥中心接到报警，立即启动重特大火灾灭火应急救援预案，一次性调集责任区消防站华清东路消防救援站和金花北路消防救援站、自强西路消防救援站共3个消防救援站，11辆消防车，54名消防救援人员紧急赶往现场。

8时29分，第一到场力量华清东路消防救援站到场后，迅速实施警戒，设置安全岗，组织火情侦察，发现二层全部和三层北部已被大火吞噬，火势已进入中庭并通过中庭四处蔓延，火势已经发展到猛烈阶段。同时，经单位保安口述，得知六楼库房内有1名值班人员被困，华清东路消防救援站立刻向支队指挥中心汇报火情、请求增援，并组织攻坚组进楼救人。攻坚组人员冒着浓烟烈火，从东北角室外楼梯攻入屋顶，在屋顶西北角发现被困女性，经搜索确定再无人员被困后，攻坚组沿西北角室外楼梯将人员成功救出。同时，华清东路消防救援站在大楼四个角的楼梯处建立4处火情观察哨，并于三至五层东北角各出1支水枪堵截火势，金花北路消防救援站在三层、四层东南角各出1支水枪堵截火势，阻止火势向三楼南部和四楼蔓延。

> 1. 请说明第一到场消防救援站指挥员的判断结论和所定战斗决心内容。
>
> 2. 内攻组在进入内部救人前，应做好哪些工作，以保障整体行动的顺利进行和自身的安全。

（二）

接到增援请求后，支队作战指挥中心立即调集5个消防救援站和训保大队，28辆消防车，104名消防救援人员赶赴增援。同时向总队指挥中心汇报。8时40分支队全勤指挥部和自强西路消防救援站到场，支队全勤指挥部立即成立火场指挥部，并向总队全勤指挥部报告火情，同时命令自强西路消防救援站迅速占领大楼南北两侧的市政消火栓，并在二至五层西北角各出1只水枪建立阵地，阻止火势蔓延。

> 3. 水枪阵地应选择设置在哪些部位。

（三）

8时50分，浐灞消防救援站、未央路消防救援站、东大街消防救援站和训保大队到场。此时，二层全部、三层全部、四层部分楼体已猛烈燃烧，五层天井周围库房也开始起火。浐灞消防救援站迅速在二至五层西南角各出1支水枪，并替换自强西路消防救援站，占领大楼南侧的市政消火栓，未央路消防救援站在二至五层东南角各出1支水枪，东大街消防救援站在二层东北角和6层屋顶平台各出1支水枪。到场灭火力量有限而火势猛烈，用水量大，附近的2个市政消火栓不能满足用水需求，火场指挥部迅速下令"沿东站路建立供水阵地，采取大吨位消防车运水的供水方式"，但当天道路积雪，交通拥堵，供水车行驶速度较慢，导致在一段时间内供水不足，现场呈现火强我弱的态势。

4. 重特大火灾事故现场保证供水的措施有哪些。

5. 东大街消防救援站在 6 层屋顶平台（28 米）出一支 QZG19 水枪堵截火势，流量 6.5 升/秒，D65 水带沿楼梯铺设，此时消防车的泵压应该是多少。

（四）

8 时 55 分，支队长带领火场指挥车到达现场，立即将火场视频上传总队指挥中心、省应急指挥中心和部局指挥中心。9 时 10 分，总队长带领总队全勤指挥部到达现场，指挥战斗并向省委省政府及应急管理部消防救援局报告火情。

6. 此时支队全勤指挥部应如何调整战斗部署。

（五）

9 时 10 分许，总队长率领总队全勤指挥部到达现场。总队长到场后，立即了解火灾规模、现有救援力量和增援力量等情况，并果断制定"先堵截，后分割，先夹攻，后围歼"的战术，要求集中优势兵力全力堵截火势。

7. 写出消防救援总队指挥员听取了辖区消防支队的汇报后下达的作战命令。

（六）

9 时 15 分许，特勤消防救援二站到达现场，补充救援力量至已有阵地，展开部分外攻并承担供水任务。

由于当天气温低下，每楼层地面、墙体、排水管道等部位结冰现象严重，楼内排水受阻，积水又会快速结冰，导致楼层内积水多，因此大楼主体结构除了要承受长时间高温灼烧、热辐射的损害因素外，还要承受楼层负重增加的影响。在灭火过程中，楼体多处墙体出现裂缝，大楼存在坍塌可能。

8. 极端天气下灭火救援的难点是什么。

9. 针对此时建筑物出现的情况，应采取什么措施保证内攻灭火救援人员安全。

（七）

9 时 20 分，所有增援力量到达现场。9 时 20 分许，特勤消防救援一站到达现场，承担运水任务。由于前期火强我弱，辐射热高，烟气浓度大，同时由于风向不断变化，火势蔓延方向多变，且火势进入猛烈燃烧阶段，进攻灭火阵地不断变化，控制火势困难。此时，二至五层大部分均已过火，但火势传播速度明显减缓，其中中庭周围和三层、四层东侧燃烧最为猛烈，火焰烧穿中庭上方天窗和东侧玻璃幕墙，玻璃碎片纷纷掉落，使得部分灭火阵地被迫转移。同时，大量空气从中庭上方及建筑四周补入，楼内形成猛烈燃烧，大楼四面均有大量火焰冒出窗口，给毗邻建筑带来威胁，尤其是对大楼南侧的高层商住楼的威胁性最大。总队长立刻下令：在大楼四面能看到明火的地方设置外攻阵地，实施夹攻，防止火势向毗邻建筑蔓延，并组织疏散毗邻建筑内的群众。东面由特勤消防救援一站 1 辆 16 米举高喷射消防车和 1 辆 32 米云梯消防车升起从玻璃幕墙破损处出水灭火；南面由未央路消防救援站 1 辆 32

米云梯消防车和特勤消防救援二站 1 辆 16 米举高喷射消防车升起出水灭火；西面由浐灞消防救援站、自强西路消防救援站 2 辆 32 米云梯消防车出水灭火；北面由于道路狭窄，举高喷射消防车无法展开，由华清东路消防救援站压缩空气泡沫车出车顶车载水炮灭火。这种积极主动的战术措施，有效压制了火势蔓延，冷却了楼内的温度，避免了大楼主体因温度过高而变形坍塌的危险。

10. 此时指挥部救援力量部署的基本思路是什么。

11. 作为现场指挥员，如何组织现场供水。

（八）

该文体用品批发市场东面为双车道的东站路，西面、南面为 8 米宽环形车道，北面为 5 米宽环形车道，且环形车道内还建有车棚，堆放有杂物，可用面积小，加之大楼四周不断有玻璃碎片、外墙瓷砖等坠物，使得车辆、人员无法靠近，灭火阵地展开困难。楼内烟气浓、视线差、战斗展开面积狭小、灭火障碍物多、难以形成直击火点的有效进攻，且可燃物堆垛阴燃严重，复燃频繁，加之气温低下，更易使水带、水炮、各类破拆器材被冰冻在地面或墙体上，移动困难，内攻灭火困难。此外，楼层内温度高、热辐射强、易燃可燃物数量多、堆放密集且彼此相连，当中庭上方天窗及东侧玻璃幕墙破损后，大量空气涌入，轰燃可能性高，且道路迂回、毒气含量高、消防设施瘫痪，楼体还存在坍塌可能，内攻危险性大。

12. 火场安全员的主要任务是什么。

（九）

经过近三个小时的拉锯战，11 时 50 分，火势被控制在二至五层之内。总队长侦察了大楼火灾情况后，做出了强行内攻的指示。调整了部署，进行了明确的分工：支队长组织指挥特勤消防救援一站攻坚组，从二楼东侧玻璃幕墙处进入二层灭火；副总队长带领华清东路消防救援站、自强西路消防救援站和东大街消防救援站从大楼北侧出 4 支水枪深入二层、三层灭火；副支队长带领金花北路消防救援站、浐灞消防救援站和未央路消防救援站从大楼南侧出 4 支水枪深入二层、三层灭火；指挥长带领华清东路消防救援站和自强西路消防救援站的另一部分力量从大楼北侧出 4 支水枪深入四层、五层，内攻灭火；指挥助理带领金花北路消防救援站、浐灞消防救援站和未央路消防救援站的另一部分力量从大楼南侧出 4 支水枪深入四层、五层灭火；东大街消防救援站另一部分力量继续在屋顶平台出 1 支水枪扑灭五层火灾；其余消防救援站和战勤保障大队部分人员负责调整水枪阵地的移动，打通冰冻的排水渠道和火场供水。1 月 22 日 18 时 10 分，整幢大楼的明火全部熄灭。

13. 在现场如此众多的救援力量的情况下，怎样保证指挥信息的畅通。

（十）

明火熄灭后，阴燃还在继续，火场不时还冒出零星的火苗，随时都有复燃的危险。在监护清理的过程中，由于建筑内部各类建筑构件倒塌多，楼内积水已结成了厚厚的冰层，天寒地冻，滴水成冰，现场清理十分困难。消防救援人员需要逐个刨着冒烟的堆垛，逐层清除着厚厚的冰层，经过 5 个昼夜的艰苦作战，于 1 月 27 日 12 时，整个现场清理完毕。

14. 火场清理工作的重点是什么。

15. 战斗结束后进行清理工作，在收残和清理中应注意哪些问题。

第四节 高层医院火灾扑救想定作业

想定一

一、基本想定

认真阅读本材料，熟悉整个救援过程。

（一）

12 月 15 日 16 时 30 分许，某市中心医院发生火灾。16 时 57 分 55 秒，市消防救援支队调度指挥中心接到火灾报警，立即调派全市消防救援力量共 34 辆消防车、158 名消防救援人员赶赴现场。总队接到报告后，及时调集邻近消防救援支队增援力量共 20 辆消防车、100 名消防救援人员赶赴现场增援。市委、市政府、市安全生产监督管理局的主要领导在第一时间到达现场，指挥灭火救援工作。

此次火灾，消防救援队伍共出动 54 辆消防车、258 名消防救援人员，公安、卫生、环保、武警、驻军部队等相关力量千余人到场协助开展灭火救援工作。经过 6 个小时的扑救，火灾被彻底扑灭。火灾共造成 37 人死亡，28 人重伤，2 名消防救援人员受轻伤，烧毁建筑面积 5714 平方米，火灾直接损失 821 余万元。在火灾扑救中，消防救援人员共抢救、疏散遇险人员 179 人（其中生还 164 人，送医院救治无效死亡 15 人），保护了医院综合楼及手术室、C 型臂 X 光机设备室、透析室、CT 和核磁共振治疗室共计 5000 余万元进口医疗设备的安全。

（二）

市中心医院位于市区大路 150 号，始建于 1947 年 6 月，为省二级甲等综合性医院，占地面积 62000 平方米，建筑总面积 43000 平方米。该单位建筑布局从北至南，由 1 区、2 区、3 区、4 区 4 个区域，环廊园林门诊楼和一座综合楼组成。1 区至 3 区均为 3 层砖木、闷顶结构的三级建筑，始建于 1962 年，建筑面积 10323 平方米。其中 1 区 1 层为急诊、CT 室（发生火灾时有医护人员 11 人），2 层为 ICU（重危抢救科）和肾病疗区（发生火灾时有医护人员 4 人、患者 11 人），3 层为病理、预防、康复科；2 区 1 层为手外科疗区（发生火灾时有医护人员 2 人、患者 11 人），2 层为妇科疗区（发生火灾时有医护人员 3 人、患者和新生儿 16 人、陪护人员 6 人），3 层为耳鼻喉科疗区（发生火灾时有医护人员 2 人、患者 17 人）；3 区 1 层为普外科疗区（发生火灾时有医护人员 5 人、患者 26 人），2 层为儿科疗区、手术室（发生火灾时有医护人员 11 人、患者 5 人），3 层为神经外科疗区（发生火灾时有医护人员 4 人、患者 24 人）；4 区为 4 层砖混结构的二级建筑，始建于 1987 年，建筑面积 3600 平方米，1 层为骨科疗区（发生火灾时有医护人员 6 人、患者 25 人），2 层为循环内科疗区和血液、肿瘤疗区（发生火灾时有医护人员 5 人、患者 28 人），3 层为神经内科疗区

（发生火灾时有医护人员 4 人、患者 25 人），4 层为眼科、介入科疗区（发生火灾时有医护人员 4 人、患者 19 人）。环廊园林门诊楼建于 2002 年，为 3 层天井式建筑，拱形透明屋顶，建筑面积 5340 平方米，南北纵向于 1 区和 3 区之间。综合楼为 9 层砖混结构的二级建筑，建于 2001 年，建筑面积 6800 平方米，高 30 米。1 区、2 区、3 区、4 区建筑之间由"通廊"（"通廊"的总建筑面积为 846 平方米，1 区至 3 区之间"通廊"的 3 层为"人字"架结构，3 区至 4 区之间"通廊"的 3 层为钢混结构）连接贯通。

医院共有职工 735 人，床位 686 张。火灾当日登记入住病人 235 人（其中重患及行动不便患者 71 人），医院在班职工 80 人，另有陪护、探视人员 260 人，总计 575 人。

（三）

该单位有室内消火栓 89 个，并有深水井、地下储水池等其他消防设施，3 区与 4 区之间"通廊"的 2、3 层均设有防火卷帘，环廊园林门诊楼与 2 层"通廊"接合部设有喷淋水幕。火灾前因发生电路故障，导致供电中断，使单位内部消防设施无法正常启动使用。单位北侧东吉大路距该单位 5 米有地下消火栓 1 处；距该单位南侧 45 米为市净水厂，有 2 个储量为 5000 立方米的水池；距该单位 700 米、1400 米各有 1 处消防水鹤（连接地下 400 毫米的环状供水管线，出水口径 200 毫米，流量 48 升/秒）。

（四）

该医院东邻医院住宅小区，南邻明珠花园小区，西邻滨河住宅小区，北邻东吉大路，路北侧为市第一实验中学。

（五）

火灾当时气象情况：晴，西南风 2～3 级，风速 3 米/秒，最高气温零下 7.4 摄氏度，最低气温零下 18 摄氏度。

（六）

此起火灾系由于市中心医院一至二区之间二层通廊东侧的配电室电缆沟内主电源供电电缆短路引发。

（七）

力量编成：

辖区消防救援站：消防救援人员 22 人，水罐消防车 4 辆，云梯消防车 1 辆；

特勤消防救援站：消防救援人员 32 人，水罐消防车 5 辆，云梯消防车 1 辆；

龙山消防救援站：消防救援人员 24 人，水罐消防车 4 辆，抢险救援消防车 1 辆，器材消防车 1 辆；

支队机关：消防救援人员 4 人，通信指挥消防车 1 辆；

电厂消防救援站：消防救援人员 18 人，水罐消防车 3 辆，举高喷射消防车 1 辆；

北京路消防救援站：消防救援人员 17 人，水罐消防车 3 辆，举高喷射消防车 1 辆；

矿务局专职消防队：消防救援人员 6 人，水罐消防车 1 辆；

远东消防救援站：消防救援人员 20 人，水罐消防车 3 辆，登高平台消防车 1 辆；

东丰消防救援站：消防救援人员 15 人，水罐消防车 2 辆，登高平台消防车 1 辆；

新城消防救援支队：消防救援人员 12 人，水罐消防车 2 辆；

龙头消防救援支队：消防救援人员 28 人，水罐消防车 8 辆；

明珠消防救援支队：消防救援人员 60 人，水罐消防车 10 辆。

（八）

要求执行事项：

（1）熟悉该单位情况和基本想定内容。

（2）以指挥员身份理解任务，判断火情，定下决心，部署战斗，处置情况。

（九）

市中心医院内部图（图 3-4-1）。

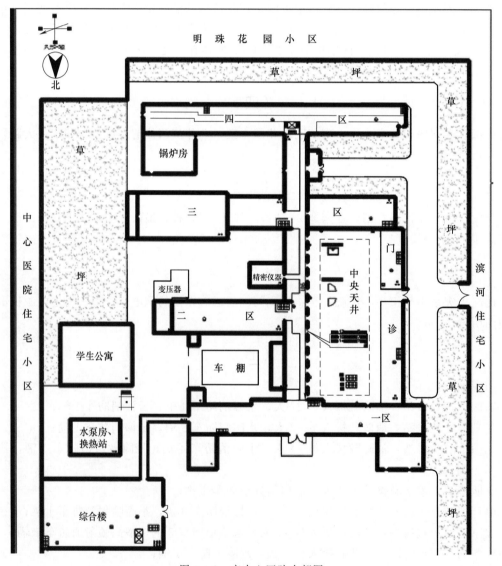

图 3-4-1　市中心医院内部图

二、补充想定

请根据基本想定内容，结合补充想定材料完成相应问题。

（一）

12月15日16时57分55秒，市消防救援支队调度指挥中心接到市中心医院发生火灾的报警后，立即调派市区消防救援站及支队机关执勤力量，共18辆消防车（其中13辆水罐消防车、2辆云梯消防车、1辆器材消防车、1辆抢险救援消防车、1辆通信指挥消防车）、82名消防救援人员赶赴现场，同时向支队指挥员报告。支队指挥员在赶赴现场途中，命令指挥中心立即调派两县消防救援站全部力量共8辆消防车（其中2辆举高喷射消防车、6辆水罐消防车）、35名消防救援人员和市区矿务局专职消防救援站1辆水罐消防车、6名消防救援人员赶赴现场增援；同时向市公安局、市政府和省消防救援总队报告，提请市政府立即启动《市重大火灾、灾害事故应急救援处置预案》，调集公安、医疗救护、武警和驻军部队到场参加救援。

17时25分，总队接到报告，立即调动邻近三市消防救援支队共20辆消防车、100名消防救援人员赶赴现场增援。

> 1. 针对消防安全重点单位火灾接警后，可根据哪些方面的特征判断火势大小，从而判定是否启动预案。

（二）

17时02分，辖区消防救援站到达现场，经侦察发现3区顶层火势已突破屋顶，2区、3区之间的"通廊"和4区3层、4层火势燃烧猛烈，大部分房间窗口向外喷火，中部房间窗口内已有火光，窗口玻璃爆裂，浓烟滚滚；1区、2区的3层冒出浓烟，东侧综合楼也有大量浓烟，1区北侧出口有大量人员向外逃生；4区西侧3层、4层多个窗口和3区3层与"通廊"的连接处北侧窗口以及3区与4区之间3层"通廊"的顶部平台有数十人呼喊"救命"，有人已从4区3层、4层窗口跳楼，4区2层有人利用床单向下逃生，情况万分危急。

> 2. 辖区力量到场后，消防救援站指挥员根据现场情况应立即采取哪些灭火战术措施，战斗决心是什么。

（三）

17时08分，特勤消防救援站全部力量和支队全勤指挥部到达现场。此时，整个医院已被浓烟笼罩，1区中部房间起火、2区火势已突破屋顶，猛烈燃烧，贯通各区域的"通廊"及3区、4区的火势已连为一体，并迅速向其他方向蔓延。支队立即成立了火场指挥部，由支队长任总指挥员，将"救人第一，全力抢救、疏散被困人员"作为火场的主要方面，并将现场划分为6个作战区域，由支队指挥员靠前指挥作战，全面展开救人行动，同时组织后方供水，并派出侦察组对现场情况实施进一步侦察。

> 3. 支队全勤指挥部到达现场后，请绘制现场指挥部的编制构成图。
> 4. 火灾现场在救人过程中，使用了多种手段与方法，比如运用了大量的举高类消防车进行疏散救人，请问举高类消防车救人的要求有哪些，应注意哪些问题。

（四）

随后，有关领导赶到现场，立即组织人员对现场实施警戒、维护秩序，并组织公安、武警和卫生部门协助消防救援人员展开疏散救人工作。

市委、市政府领导到场后，及时对抢救工作做出安排部署。一是首先全力救人，尽最大可能减少人员伤亡。二是加强组织协调。启动应急预案，紧急成立了市领导任总指挥的灭火救援总指挥部，立即组建了灭火指挥组、伤员救治组、善后工作组、综合协调组、后勤保障组、媒体协调组等工作小组。市级领导、军分区和驻军首长、市直属部门和县区负责同志近200名，赶到现场，协助抢险救灾。

> 5. 灭火指挥机构的职责和任务有哪些。

（五）

17时12分，支队火场指挥部命令到场的龙山消防救援站、特勤消防救援站迅速成立7个救人小组，在水枪掩护下，全力实施救人。龙山消防救援站3个救人小组，分别在3区东侧北部与"通廊"夹角处、4区中部与"通廊"夹角处、2区南部与"通廊"夹角处利用9米拉梯进入室内实施救人，先后抢救出41名遇险人员，同时分别在4区中部与"通廊"夹角处、3区东侧北部与"通廊"夹角处、2区南部与"通廊"夹角出水枪，掩护救人行动；在实施救人的过程中，2号车驾驶员听到2区东侧1层平台上有大量人员呼救，便竖起拉梯将自行疏散到平台上的25名人员疏散出（其中包括妇科治疗区患者、医护人员和陪护人员）。特勤消防救援站4个救人小组分别在1区西侧2层和3层、4区南侧中部3层和4层、4区和3区之间的西侧部位利用6米拉梯、9米拉梯和云梯消防车等装备器材实施救人，先后抢救出28名遇险人员。

> 6. 除了以上用到的疏散救人方法以外，在利用消防应急照明、广播等固定消防设施方面有哪些有效措施，保证人员疏散通道的畅通和高效。

（六）

17时20分，电厂消防救援站3辆水罐消防车、1辆举高喷射消防车、8名消防救援人员和北京路消防救援站3辆水罐消防车、1辆举高喷射消防车、17名消防救援人员到达现场。指挥部命令两个消防救援站分别成立2个救人小组，各出1支水枪掩护救人。北京路消防救援站2个救人小组在1区东侧3层、1区中部2层利用6米拉梯、9米拉梯等器材进入室内实施救人，先后抢救出39名遇险人员。并在1区东侧出1支水枪掩护救人；电厂消防救援站2个救人小组在3区西侧3层、4区西侧3层、4区东侧3层、4层利用拉梯与挂钩梯连挂、室内疏散楼梯救人，先后抢救、疏散出36名遇险人员。并在3区、4区之间"通廊"的西侧出1支水枪掩护救人。

17时25分，3区和附近"通廊"顶部屋架坍塌。17时30分，2区和附近"通廊"顶部屋架坍塌，1区3层闷顶火势猛烈。

> 7. 作为现场安全员，如何预判建筑发生"回火"的征兆。简述发生"回火"的危害后果。

（七）

17 时 32 分，远东消防救援站 3 辆水罐消防车、1 辆登高平台消防车、20 名消防救援人员到达现场。迅速按照火场指挥部的命令，出 1 支水枪在 1 区东侧通向综合楼"通廊"顶部堵截火势发展蔓延。成立 3 个救人小组，利用 6 米拉梯、举高消防车、室内疏散楼梯分别在 1 区东侧 1 层平台、1 区西侧 1 层、4 区西侧 4 层先后抢救、疏散出 10 名遇险人员。

在救人和控制火势的过程中，火场指挥部通过医务人员了解到，位于 3 区东侧 1 层氧气充装间及仓库内有 67 个氧气瓶和 1 台氧气充气机，受火势威胁。火场指挥部立即组织武警和消防救援人员实施搬运疏散。在搬运出全部氧气瓶后不到 5 分钟，大火便迅速蔓延过来，由于疏散及时，消除了氧气瓶受热爆炸的危险。

18 时 33 分，东丰消防救援站 2 辆水罐消防车、1 辆登高平台消防车、15 名消防救援人员到达现场。火场指挥部命令东丰消防救援站迅速利用登高平台消防车在 1 区东侧出 1 支水枪堵截 2 层、3 层火势向综合楼蔓延；在 1 区 2 层西侧北部利用 6 米拉梯出 1 支水枪控制火势向透析室蔓延。

18 时 40 分，1 区和附近"通廊"顶部屋架坍塌。

火灾发生时，市中心医院的医务人员积极疏散各疗区的患者和陪护、探视人员。消防救援队伍到场后，市中心医院的医务人员积极协助消防救援人员营救疏散被困人员，避免了更大人员伤亡。

8. 对于设有连廊的建筑其中一栋起火时，对于灭火救援行动有哪些有利方面，有哪些不利方面。

（八）

19 时 02 分，总队指挥部到达现场。在简要听取情况汇报后，立即接替指挥权。命令各阵地继续全力抢救疏散被困人员，控制火势发展。随后，深入现场进行全面侦察，了解情况。通过询问医务人员得知：建筑内部可能还有人员被困；3 区东侧 2 层手术间有价值 1000 多万元的进口手术设备和 2 区、3 区之间一个与"通廊"连通的 3 层建筑内 1 层存放有 C 型臂 X 光机等 2000 多万的进口精密仪器受到火势威胁；1 区东侧 1 层门诊部内有 16 层螺旋 CT 机，1 台核磁共振治疗仪和 1 台普通螺旋 CT 机（价值约 2000 多万元），1 区 2 层西侧透析室内大量透析设备，受到火势威胁。

9. 对于医院建筑火灾重点部位设防时，应主要考虑哪些方面，采取哪些重点措施。

（九）

19 时 10 分，新城消防救援支队 2 辆水罐消防车、12 名消防救援人员到达现场，火场指挥部命令为前方阵地供水。

19 时 38 分，龙头消防救援支队 8 辆水罐消防车、28 名消防救援人员到达现场，火场指挥部命令为前方阵地供水。

在对火场情况进行详细侦察基础上，火场指挥部研究决定：各救人小组在水枪掩护下，继续深入内部实施救人。同时，调整力量控制火势蔓延，保护 1 区东侧综合楼和 1 层门诊室、1 区 2 层西侧透析室、3 区东侧手术间、2 区和 3 区之间建筑内的精密仪器设备。

火场指挥部命令由副支队长负责组织东丰消防救援站和特勤消防救援站各出 1 支水枪在 3 区东侧堵截火势，保护手术室内贵重仪器和设备的安全；远东消防救援站在 1 区西侧利用登高平台消防车出 1 支水枪堵截火势向 2 层西侧透析室蔓延；龙头消防救援支队副支队长组织本支队力量，利用 6 米拉梯出 2 支水枪深入建筑内部控制火势，保护 C 型臂 X 光机等进口精密仪器；新城消防救援支队出 1 支水枪在 1 区东侧设置阵地，近战阻截火势向综合楼方向蔓延，同时阻止火势向 1 层门诊室蔓延。战训处长、后勤处长负责协调相关力量协同作战，确定利用距该单位 5 米的北侧大路地下消火栓铺设水带直接向现场供水，同时使用距现场 45 米的净水厂和距单位 700 米、1400 米的消防水鹤运水供水，保障供水不间断。经过消防救援人员英勇奋战，各重点部位和贵重设备、精密仪器都得到了有效保护。

20 时 25 分，火场指挥部又及时对现场作战力量进行调整："实施强攻近战，迅速控制火势发展，为消防救援人员深入内部搜救人员扫清障碍，创造条件。"

21 时许，火势基本得到控制。

21 时，明珠消防救援支队 10 辆水罐消防车、60 名消防救援人员赶到现场。火场指挥部命令所有车辆为前方水枪阵地供水，同时组成搜救小组，准备进入现场搜救被困人员。

10. 计算现场用水大约需要多少吨。

（十）

21 时 30 分，火场指挥部命令所有力量，对医院所有房间进行搜救，扑救残火。

22 时 20 分，第一次搜救工作结束，搜救出 22 具遇难者尸体。

23 时许，大火被彻底扑灭。

23 时 05 分至 16 日 2 时 25 分，火场指挥部又组织参战力量连续进行了 3 次"拉网式"搜救工作，又搜救出部分尸体残骸。

16 日凌晨 4 时，火场指挥部根据现场废墟可能埋压遇难者尸体的情况，组织消防、武警和卫生部门对现场进行了再次清理，又搜救出少量已经严重烧损的遇难者肢体。

在 5 次拉网式搜救的基础上，16 日中午火场指挥部再次组织 300 多名消防救援人员，对现场进行最后清理，未发现遇难者尸体。至此，现场搜救工作全部结束，先后共搜出 22 具遇难者尸体。

11. 对于人员密度大、房间数量多等特征建筑发生火灾人员被困时，可以采取哪些措施，提高人员搜救的效率。

想定二

一、基本想定

认真阅读本材料，熟悉整个救援过程。

（一）

3 月 16 日 4 时 21 分 57 秒，某市消防救援支队接到市第二医院综合楼发生火灾的报警后，先后调集 6 个消防救援站、24 辆车、120 名消防救援人员参与处置，坚决贯彻"救人第

一、科学施救"指导思想，采取"科学调度、集中兵力、多点施救、排烟降毒、快速控火、外部堵截、内部强攻、上下合击"战术措施，有效控制火势蔓延，成功抢救、疏散、转移患者、陪护及医护人员 508 人，避免了一起群死群伤恶性事故的发生，最大限度地减少了人员伤亡和财产损失。

地理位置：第二医院位于某市公园路青山桥 102 号，距辖区消防救援站 3 公里。

毗邻情况：起火建筑东面为医院 3 号楼，南面为师范学院山林，西面为医院 2 号楼，北面为广场。

周边水源及天气情况：周边有市政消火栓 2 个，分别位于综合楼西侧和综合楼东侧，为环状管网。当晚气温 9～10 摄氏度，东风 2 级。

消防设施情况：该大楼有室内消火栓 64 个，疏散楼梯 3 部、电梯 4 部，设有火灾自动报警系统和自动喷淋系统。

火灾原因及伤亡损失情况：经公安机关勘察，认定为放火。火灾过火面积约 400 平方米，导致 1 名医生死亡、1 名病人跳楼死亡、2 名病人转院后死亡，烧毁车辆 18 辆。

（二）

多点放火，发现晚、报警迟，贻误火灾扑救和人员逃生有利时机。凌晨 4 时 11 分，犯罪嫌疑人在综合楼大厅外分别点燃 2 辆电动车，由于楼内人员未能及时发现，导致火势迅速蔓延至一楼大厅。综合楼对面居民发现火灾报警时，已燃烧 10 多分钟，火势呈猛烈燃烧状态，正向大楼正面中上部、两侧蔓延，楼前停放车辆大部分起火燃烧，楼内充满大量浓烟。

燃爆品多，荷载大，燃烧快，导致火势迅速蔓延和施救艰难。综合楼大厅内外部采用铝塑板、木质等材料装修；楼前停有摩托车、电动车、轿车、大客车等 18 辆；楼内有病床、桌椅、被褥、办公设施、酒精、氧气瓶等易燃易爆物品，氧气管线敷设各病房；着火后，氧气管线破裂，加速火势蔓延；每层走廊式布局，楼道上下连通，形成"烟囱、风洞"效应，致使高温烟雾迅速扩散到各楼层，给人员疏散和灭火救援带来严重不利，灭火作战艰难。

被困者多，情况急，现场乱，极易造成群死群伤恶性事故。火灾情况下，被困人员心理极度紧张恐惧，惊慌失措争相逃命，现场一片混乱。救人疏散过程中，组织稍有不慎，极易发生拥挤、踩踏等现象，造成更多人员伤亡和二次伤害。

（三）

4 时 21 分 57 秒，支队指挥中心接警后，针对夜间医院火灾可能导致群死群伤的危害性，加强第一出动力量调度，命令黄石港、华新、特勤 3 个消防救援站 12 车 62 名消防救援人员出动，辖区大队全勤指挥部遂行出动；根据火场情况指挥中心随即调集新闻路、西塞山、王家墩 3 个消防救援站 12 车 58 名指战员立即赶赴现场增援。闻警后，支队领导、全勤指挥部相继赶到现场实施指挥，并命令首批参战消防救援站多种途径全力营救人员、全力控制火势蔓延；迅速向市政府报告灾情，请求调集应急、医疗、公安、交警、供水等联动力量参与处置。

医院病人多，自我逃生能力差，一旦发生火灾易造成众多病人伤亡。在医院火灾扑救中，受到现场条件、救助对象和内功环境等因素的影响，灭火战斗行动具有艰巨性和困难性。

（四）

力量编成：

黄石港消防救援站：消防救援人员 20 人，水罐消防车 2 辆，抢险救援消防车 1 辆；

华新消防救援站：消防救援人员 22 人，水罐消防车 2 辆，抢险救援消防车 1 辆，举高喷射消防车 2 辆；

特勤消防救援站：消防救援人员 20 人，水罐消防车 2 辆，照明消防车 1 辆，云梯消防车 1 辆；

新闻路消防救援站：消防救援人员 21 人，水罐消防车 2 辆，照明消防车 1 辆，登高平台消防车 1 辆；

西塞山消防救援站：消防救援人员 19 人，水罐消防车 2 辆，照明消防车 1 辆，举高喷射消防车 1 辆；

王家墩消防救援站：消防救援人员 18 人，水罐消防车 2 辆，照明消防车 1 辆，抢险救援消防车 1 辆。

（五）

要求执行事项：

(1) 熟悉该单位情况和基本想定内容。

(2) 以指挥员身份理解任务，判断火情，定下决心，部署战斗，处置情况。

二、补充想定

请根据基本想定内容，结合补充想定材料完成相应问题。

（一）

4 时 30 分辖区黄石港消防救援站到达现场，此时火势已处于猛烈燃烧阶段，有大量人员被困。消防救援人员立即展开战斗行动：侦察组深入消防控制室和大楼内部进行侦察；灭火组分别从一楼正面东西两侧各出 2 支水枪控制火势蔓延，打通救生通道；排烟组在电梯前室利用排烟机排烟降毒；救人攻坚组快速开启外窗排烟，利用 1 部挂钩梯、2 部 6 米拉梯、1 部 15 米金属拉梯在大楼南面开辟 4 条救生通道，营救出被困人员 10 人，疏散人员 15 人。

> 1. 从医院的人员和功能两方面，医院火灾有哪些特点。
> 2. 该医院火灾的火势发展蔓延速度快、烟雾扩散能力强，请结合实际谈谈火势蔓延有哪些途径，烟雾对人员疏散和灭火救援有哪些危害。
> 3. 针对现场情况，火情侦察的任务是什么，火情侦察的方法有哪些。

（二）

4 时 32 分华新消防救援站赶到现场，供水组利用 1 号室外消防栓进行供水；灭火组出 2 支水枪分别在大楼西侧楼梯间和南侧，堵截火势蔓延，掩护内攻疏散；利用举高喷射消防车出水在大楼正面直击火点，控制火势向上蔓延；救人攻坚组在大楼西侧采取架设金属拉梯、破拆防盗窗、拉挂联用、内攻搜救等方法在大楼西侧开辟了 4 条救人通道，营救出被困人员 4 人，疏散人员 15 人。

> 4. 医院火灾如果不能有效控制，钢筋混凝土结构建筑在火焰和高温的作用下，容易发生局部或者整体塌落，试问，应着重预判观察哪些容易发生坍塌的部位。

（三）

4 时 36 分支队全勤指挥部和特勤消防救援站赶到现场。迅速成立了以支队主官为总指挥的现场作战指挥部，进一步明确"救人第一、分区搜救、分类施救"的作战原则，将现场划分为 4 个作战区域，并迅速调整作战部署：对能独立行走的患者、医务及陪护人员，从楼梯间引导疏散至室外安全地点；黄石港消防救援站 3 个救人攻坚组负责营救疏散 1～3 层被困人员，利用简易担架、多功能担架、防毒面具等，在医生配合指导下，营救重（危）症和行动不便患者至室外安全地点，共营救 23 人，引导疏散 90 人；华新消防救援站成立 3 个救人攻坚组负责营救疏散 4～6 层的被困人员，利用婴儿呼吸袋、防毒面具、简易担架、多功能担架等，营救孕（产）妇和婴儿至室外安全地点，共营救 26 人，引导疏散 67 人；特勤消防救援站成立 6 个攻坚救人组负责疏散 7～10 层的被困人员，在 7 层和 10 层设置安全区域并设水枪重点设防，在医务人员配合下，利用躯（肢）体固定气囊、简易担架、多功能担架、简易呼吸器等将危重、骨折、手术后患者等分批转移至安全区域，并做好交接，共营救 81 人，引导疏散 146 人；特勤消防救援站云梯消防车在大楼东侧停车场展开救人，共营救 28 人；特勤消防救援站出 2 支水枪至大厅深入内攻，控制消灭火势；特勤消防救援站照明车实施外部照明。

> 5. 火场救人的方法有哪些，火场破拆的目的和方法是什么。

（四）

4 时 45 分，火势被控制。

4 时 50 分，明火基本被扑灭。

灭火组对火场进行全面清理，消灭残火，防止复燃。

4 时 52 分，新闻路消防救援站到达现场，指挥员命令成立 4 支攻坚组，在大楼背面协助黄石港消防救援站采取拉挂联用的方法营救二楼、三楼被困人员，同时将 2～6 层楼道、房间、楼梯间前室窗户打开加速排烟，供水班负责向黄石港消防救援站供水。

5 时 05 分，西塞山消防救援站到场，指挥员命令成立 4 支攻坚组，协助特勤消防救援站对 4 楼、5 楼对被困人员进行营救。

5 时 15 分，王家墩消防救援站到场，指挥员命令成立 4 支攻坚组，协助特勤消防救援站对 6 楼、7 楼被困人员进行营救。

5 时 30 分，第一次全面搜救结束。为确保万无一失，火场指挥部命令各救人攻坚组再次对大楼进行逐层逐房"地毯式"搜索。

6 时 05 分，第二次搜寻完毕，未发现遗漏人员。

6 时 30 分，现场清理完毕，移交相关部门。

> 6. 在医院火灾扑救中如何确保重点。

第四章
高层工厂仓库火灾扑救想定作业

第一节　高层工厂火灾扑救想定作业

想定一

一、基本想定

认真阅读本材料，熟悉整个救援过程。

（一）

9月10日20时53分，某支队指挥中心接到报警称某文具公司起火。指挥中心先后调集43车226人赶赴现场处置，以及公安、医疗、环卫等联动单位共同行动。支队全勤指挥部遂行出动。该事故过火面积8000余平方米，造成车间内存放的机器设备、包装材料、原材料及成品（环氧树脂、美缝剂、油漆、稀释剂、颜料等）以及红酒等物品烧损。现场灭火救援共持续46小时，保护了周边9万余平方米毗邻厂房，成功疏散200余人，营救2名被困人员。

（二）

起火文具用品有限公司成立于2004年3月15日，一层西侧为原料仓库及周转区，东侧局部为办公区；二层为树脂包装区及发货周转区；第三层、四层为真空镀膜车间；第五层、六层及十一层为树脂钻成型车间；第七层、八层及九层为填缝剂灌装车间；第十层为仓库和废弃物品存放车间；第十二层东侧为员工食堂，西侧为设备制作车间。员工宿舍位于整个一号厂房的东面二层至十二层，每一层均采用实体墙与生产车间进行分隔。厂房顶楼中间有1台真空泵尾气处理器、2台颗粒烤箱烟雾处理器、2台喷漆尾气环保处理器。

（三）

该文具用品有限公司拆除重建过，原厂房共有1#、2#、6#厂房，其中1#厂房地上一层，建筑高度8.55米，建筑面积2836.1平方米，二级耐火等级，生产类别为丙类；2#厂房地上一层，建筑高度8.55米，建筑面积2713.2平方米，二级耐火等级，生产类别为丙类；6#厂房地上四层，建筑高度19.7米，占地面积784.62平方米，建筑面积3257.7平方米，二级耐火等级，为丙类仓库；库房地上六层，建筑高度23.3米，建筑面积5849平方米，二级耐火等级，功能为宿舍，原厂房于2007年11月20日消防审批合格。2013年原建筑被拆除并在原址新建厂房一、厂房二。厂房共地下一层、地上十二层，其中地下部分建筑面积805.66平方米，地上部分建筑面积 36823.97 平方米，高度 33 米。厂房一、厂房二审批时的使用功能为丁类厂房，消防设施主要有室内消火栓、室外消火栓、消防水池等。设计和竣工备案均无自动喷水灭火系统；该建筑（除第 12 层）设置了自动喷水灭火系统和火灾自动报警系统。

（四）

该文具用品有限公司厂房主要生产饰品、填缝剂、胶黏剂等，生产原材料主要为树脂，存放部分苯甲醇、聚醚胺稀释剂、喷漆上色使用的油漆、双酚 A、少量用于清洗机器设备的乙醇及用于包装的纸箱。其中树脂存放约 100 吨、聚醚胺 20 吨、苯甲醇 50 吨，使用 1 吨一桶的塑料桶进行灌装。双酚 A 约 80 吨，使用编织袋袋装，存在一楼厂房东侧室外铁棚内，油漆约 600 千克，使用 200 千克一桶的塑料桶灌装，存放于四楼西侧用实体墙分隔的仓库内。聚醚胺稀释剂：闪点＞230 摄氏度，易燃液体，用于环氧树脂固化剂。甲醇：闪点＞12.22 摄氏度，火灾危险性为甲类；油漆：闪点＜28 摄氏度，火灾危险性为甲类；乙醇：无水乙醇闪点＜28 摄氏度，火灾危险性为甲类。乙二醇丁醚、乙酸甲酯、乙酸仲丁酯三种溶剂成分的部分理化性质见表 4-1-1。

表 4-1-1　乙二醇丁醚、乙酸甲酯、乙酸仲丁酯三种溶剂成分的部分理化性质

名称	闪点	自燃点	爆炸极限
乙酸甲酯	−10℃	454℃	3.1%～16.0%
乙酸仲丁酯	19℃	—	1.5%～15.0%
乙二醇丁醚	70℃	244℃	1.1%～10.6%

（五）

厂区内有 3 个消火栓，200 米范围内市政消火栓 2 个，西南侧 1.5 公里处有 2 处天然水源约 1.5 万立方米；南侧 0.8 公里处有 1 处天然水源约 1500 立方米。

（六）

20 时 52 分 17 秒三楼喷漆间最右侧电机的下部传输皮带盒内出现亮光，风管向内变形，出现爆炸火光；20 时 52 分 52 秒第三层南侧出现爆炸火光；20 时 53 分 15 秒厂房南侧中间的窗户外出现爆炸火光；20 时 54 分 21 秒一楼南面通道发生爆炸并出现火球倒映在厂房围墙上，伴有玻璃及铝合金窗框碎片掉落；20 时 55 分 29 秒开始出现起火物掉落，掉落物落在建筑的南侧车道上，并存在一定间隔；20 时 57 分 23 秒三楼中间部位喷漆车间处出现爆炸火光。20 时 58 分 55 秒，三层以上再次出现爆炸火光；屋顶 20 时 59 分 18 秒废气处理装置的管道发生剧烈排气现象，随后爆炸并出现火光。

（七）

当日天气情况，晴，气温 21～34 摄氏度，风向：东风 2 级。

（八）

力量编成：

孝顺消防救援站：消防救援人员 18 人，水罐消防车 1 辆，举高喷射消防车 1 辆，压缩空气泡沫消防车 1 辆；

金东消防救援站：消防救援人员 18 人，水罐消防车 1 辆，抢险救援消防车 1 辆，举高

喷射消防车 1 辆；

特勤消防救援一站：消防救援人员 18 人，压缩空气泡沫消防车 1 辆，水罐消防车 1 辆，照明消防车 1 辆；

江南消防救援站：消防救援人员 15 人，水罐消防车 2 辆，登高平台消防车 1 辆；

金磐路消防救援站：消防救援人员 15 人，水罐消防车 1 辆，抢险救援消防车 1 辆，举高喷射消防车 1 辆，压缩空气泡沫消防车 1 辆；

武义消防救援站：消防救援人员 14 人，水罐消防车 2 辆，举高喷射消防车 1 辆；

永康消防救援站：消防救援人员 15 人，水罐消防车 1 辆，泡沫消防车 1 辆，云梯消防车 1 辆；

浦江消防救援站：消防救援人员 9 人，水罐消防车 1 辆，举高喷射消防车 1 辆；

佛堂消防救援站：消防救援人员 9 人，举高喷射消防车 1 辆；

训保大队：消防救援人员 10 人，器材消防车 2 辆，饮食保障车 2 辆，宿营车 1 辆；

增援一支队：消防救援人员 40 人，消防远程供水系统 6 套，水罐消防车 1 辆，举高喷射消防车 1 辆；

增援二支队：消防救援人员 24 人，水罐消防车 3 辆，抢险救援消防车 1 辆，举高喷射消防车 1 辆，通信指挥消防车 1 辆，供气消防车 1 辆，登高平台消防车 1 辆；

增援三支队：消防救援人员 14 人，器材消防车 1 辆，通信指挥消防车 1 辆；

镇专职队：消防救援人员 7 人，水罐消防车 1 辆；

市政：洒水车 8 辆。

（九）

要求执行事项：

（1）熟悉该单位情况和基本想定内容。

（2）以指挥员身份理解任务，判断火情，定下决心，部署战斗，处置情况。

（十）

文具用品有限公司平面图（图 4-1-1）。

二、补充想定

请根据基本想定内容，结合补充想定材料完成相应问题。

（一）

10 日 21 时 09 分，孝顺消防救援站、镇专职队到达火场。到场后，消防救援站指挥员迅速组织人员进行侦察，发现 4 层和楼顶有明火从窗口冒出，火势处于猛烈发展阶段，询问知情人之后，明确有人员被困，1 名被困人员在厂区 3 楼，1 名在宿舍区 8 楼。现场单位负责人向指挥员说明情况，4 楼喷漆车间和楼顶两个水塔着火，喷漆车间有较多油漆，具体数量不明，单位自救时使用过室内消火栓，厂区电源已经切断。根据火场情况消防一站指挥员进行了情况判断，并定下了战斗决心。根据指挥员命令，现场成立 1 个搜救组和 1 个攻坚组，搜救小组在做好个人防护的同时，攻坚组出两支水枪掩护，进入厂区 3 楼搜救被困人员，同时安全员时刻观察火势发展情况，在确保安全的前提下快速搜救出厂区 3 楼 1 名较为危险的被困人员。

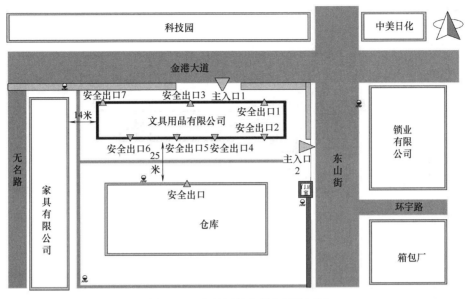

图 4-1-1　文具用品有限公司平面图

> 1. 请说明第一到场消防救援站指挥员的判断结论和所定战斗决心内容。
>
> 2. 内攻组应做好哪些准备工作，以保障整体行动的顺利进行和自身的安全。

（二）

10 日 21 时 20 分，金东消防救援站到达现场。由于厂房 1 至 12 层每层均存放大量易燃易爆物品，爆炸起火点部位于第三层喷漆车间内，此时厂房南侧外立面竖向废气处理管道炸裂，厂房喷漆车间原连接第三、四层南侧的竖向排气管道在第三、四层交接处损坏严重，部分管段掉落于一层的罩棚上及立管下部地面，火势有延竖向排气管蔓延趋势，仍有 1 名被困人员在 8 层宿舍内未救出。指挥员立即请求增援，同时成立 1 个搜救组和 2 个攻坚组，由于燃烧的物质是油漆，攻坚组携带 2 支水枪，2 支泡沫枪，配合搜救组进入厂区内部搜救宿舍区 8 楼的被困人员，因宿舍区有单独防火分区和疏散通道，当时宿舍区未充烟，能见度较好，金东消防救援站攻坚组和搜救组在做好防护的情况下，直接到达 8 层宿舍救出 1 名被困人员。

楼层基本情况示意图如图 4-1-2 所示。

图 4-1-2　楼层基本情况示意图

3. 请分析第一到场孝顺消防救援站指挥员向金东消防站下达作战命令的内容。

（三）

由于火势不断扩大，现场指挥员命令全体人员撤离，起火建筑北侧违规搭建的钢棚下有大量桶装危险化学品，利用两辆举高喷射消防车在北侧堵截火势，利用移动遥控炮在西北侧堵截火势。此时厂区内 3 个消火栓，200 米范围内 2 个市政消火栓，供水压力均不足，导致前方供水时断时续。指挥中心立即增派临近 5 个消防救援站 14 车 68 人和训保大队 5 车 10 人前往增援。西南侧 1.5 公里处有 2 处天然水源约 1.5 万立方米；南侧 0.8 公里处有 1 处天然水源约 1500 立方米。

10 日 21 时 30 分，支队全勤指挥部、特勤消防救援一站到场。立即向总队汇报现场情况，请求跨区域增援。此时现场调集 8 辆 5.5 吨洒水车实施运水供水，但是火场供水仍然时断时续，分析原因主要是道路不顺畅、市政管网供水压力不足（0.1～0.12 兆帕），其余 3 处天然水源都距离火场较远。

4. 面对猛烈燃烧的火势，现场指挥员此时兵力部署的要点是什么。

5. 举高喷射消防车额定流量为 48 升/秒，移动炮额定流量为 40 升/秒，指挥员应采取何种供水方法保证现场持续不间断供水。

6. 面对后方供水困难的情况，指挥中心应如何调集供水力量才能保证供水工作。

（四）

总队指挥中心根据现场情况调派增援一支队、增援二支队、增援三支队共 12 车 78 人前往增援。安排 2 台手抬机动泵到南侧 0.8 公里处天然水源吸水供水，保证危化品仓库不间断供水。

此时，南侧仓库受火势威胁严重，现场指挥部命令特勤消防救援一站做好现场供水、照明保障，在南侧设置两辆举高喷射消防车和 1 门移动遥控炮堵截火势；成立攻坚组坚守南侧阵地，先后三次进攻扑灭南侧仓库门口堆垛火势；成立紧急救助小组，时刻准备应对突发状况。

7. 请说明此时火场的主要方面是什么。

（五）

10 日 22 时至 23 时，其他增援力量相继到场。在起火建筑四周设置 5 台举高喷射消防车堵截火势，在南侧设置一门移动遥控炮堵截火势，成立攻坚组先后 3 次进入厂区内攻，扑灭已蔓延至南侧厂房门口的堆垛物火势。同时，明确 2 名指挥员分别担任南北两个面的安全员，负责监测、评估、监督现场行动。

第一阶段力量部署图如图 4-1-3 所示。

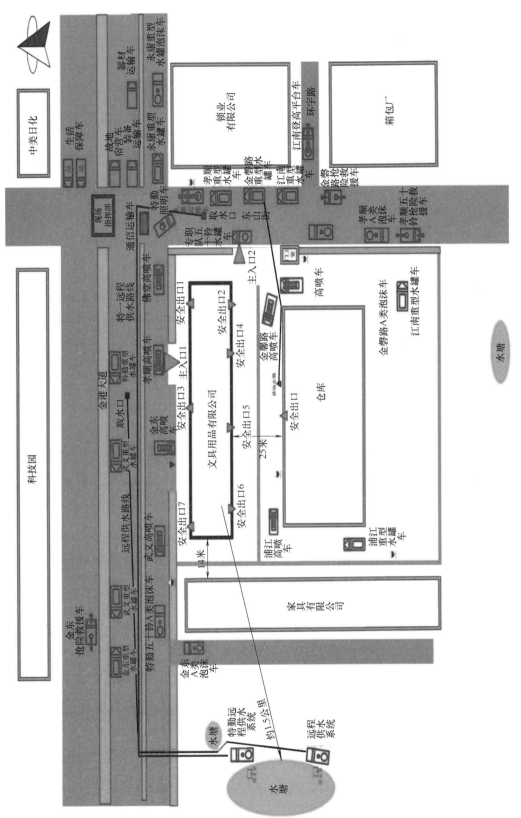

图 4-1-3 第一阶段力量部署图

8. 全勤指挥部现场应成立哪些作战小组，请说明每组任务分工。

9. 请结合现场情况，说明安全员在火场上的具体职责。

（六）

10 日 23 时 30 分，增援二支队到场，利用距离火场 1.5 公里的天然水源铺设远程供水系统向火场供水，极大地缓解了火场供水不足的现状。10 日 23 时 37 分，突然出现供水中断的情况，虽然派驻交警部门在交叉路口协助警戒，但缺乏各路段上的监控引导，排查供水中断原因花费时间较长。经侦察发现远程供水系统水带被坚硬物体划破，水带上有明显划痕，随即组织更换供水水带。后因水带伸缩性的原因，更换 100 米水管时出现 2～3 米的误差。后续经加装分水器、调派抢险救援车拉拽方才接通管道。11 日 0 时 07 分，水带顺利更换完毕后并继续向前方供水。

第二阶段力量部署图如图 4-1-4 所示。

10. 在远程供水系统更换水带时，怎么保证持续向前方危化品仓库阵地供水。

（七）

11 日 0 时 28 分，副总队长率总队全勤指挥部到场。11 日 0 时 40 分增援三支队到场。此时火势已经被基本控制，燃烧时间超过三小时，建筑专家进入建筑内部评估，侦察发现，部分承重柱混凝土保护层脱落，但钢筋无屈服向外凸出、未扭曲变形；少数楼板混凝土保护层脱落，未发生挠曲、弯曲塌陷，未出现呈"锅底"形状下沉。根据火灾发生时间长、随时可能发生倒塌、不适宜内攻的情况，火场指挥部对现场力量重新进行了调整部署。

11. 请说明总队指挥员到场后支队长所要做的工作是什么。

12. 针对此时建筑物出现的情况，应采取什么措施保证内攻灭火救援人员安全。

13. 请说明此时指挥部兵力部署的基本思路是什么。

（八）

11 日 5 时 28 分，明火被基本扑灭。11 日 7 时许，现场指挥部对整个火场进行巡查，灭火救援行动进入清理火场、留守监护、阻止火灾复燃阶段。11 日 12 时，建筑专家到场对建筑内部进行全面侦察评估。12 日 8 时许，现场指挥部组织人员逐层清理火场。

清理火场阶段力量部署图如图 4-1-5 所示。

14. 请说明火势被消灭后，指挥部的任务是什么（用命令的形式说明）。

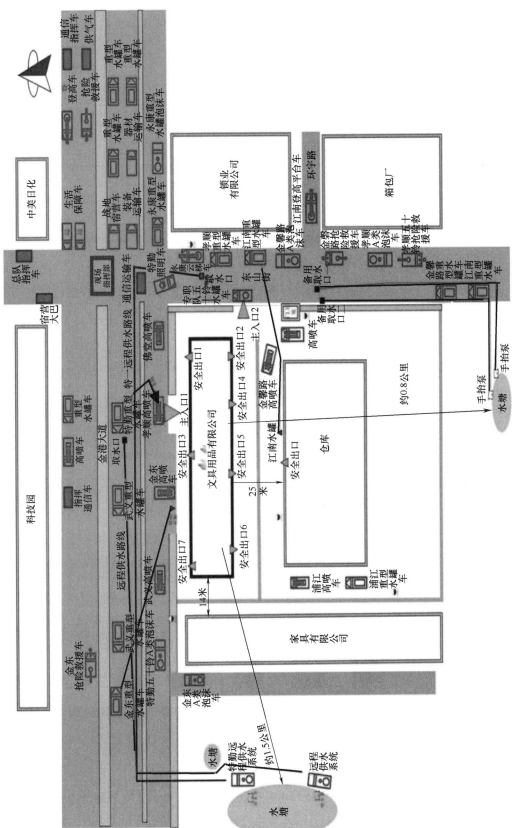

图 4-1-4 第二阶段力量部署图

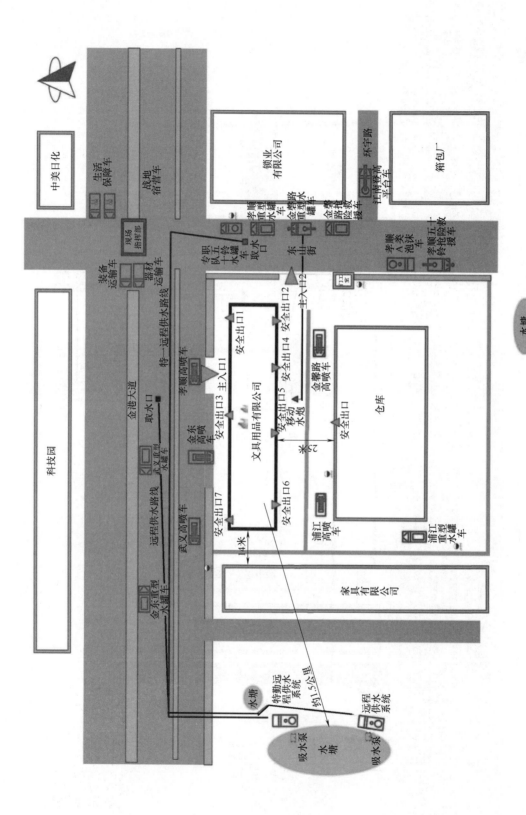

图 4-1-5　清理火场阶段力量部署图

想定二

一、基本想定

认真阅读本材料，熟悉整个救援过程。

（一）

5 月 31 日 17 时 57 分，市消防大队 119 指挥中心接到报警，称某电源有限公司一厂房 3 楼内冒烟，立即调派消防救援一站 4 辆消防车、20 名消防救援人员前往处置，大队值班领导随警出动。期间，共从厂房内疏散企业员工 60 余人，避免了一起恶性灾害事故的发生。在组织侦察和人员疏散过程中，位于 3 层的 8 号锂电池仓库突发爆炸，造成大队 8 名消防救援人员受伤，其中副大队长经抢救无效牺牲，其他 7 名消防救援人员受轻伤；同时还造成单位 1 名员工死亡，11 名员工受伤。

（二）

该电源有限公司主要从事锂电池制造，公司占地面积 31 万平方米，建有现代化厂房 8 万平方米，拥有中高级科技人员 400 余人，产品广泛应用于电动汽车、城市轨交、储能电站等领域。事故单位距离消防一站约 2 公里。

（三）

发生爆炸的建筑为该公司 10 号锂电大楼，共 5 层，其中 1 层层高 6 米，为锂电极板车间；2 层层高 6 米，为锂电装配车间；3 层层高 5 米，为锂电检测车间和电池搁置库（面积为 4000 平方米）；4 层层高 5 米，为工程中心；5 层层高 5 米，为检测中心。发生爆炸的 3 层电池搁置区，共划分为 4 个区域，有 20 个搁置库。爆炸具体位置为 8 号搁置库，面积 42.46 平方米，事故当日共存放 7.6 万节锂电池，其中 1500 毫安的锂电池 6.8 万节，2500 毫安的锂电池 8000 节，发生爆炸的均为 2500 毫安锂电池。

（四）

该公司原生产的圆柱形电池型号主要为 1800 毫安、2000 毫安、2200 毫安，2015 年开始根据市场需求开始研发新型号，电池扩容为 2500 毫安，正处于测试阶段。锂电池制造主要有制浆、涂膜、装配、测试四个工序，此次发生爆炸的电池处于测试工序的满电搁置阶段。通过充电方式将其内部正负极物质激活，然后满电状态常温搁置 7 天，经检测合格后待出厂。

（五）

当日天气小雨转大雨，温度 18～27 摄氏度，东南风 3～4 级。

（六）

力量编成：
消防救援一站：消防救援人员 20 人，泡沫消防车 3 辆，抢险救援消防车 1 辆；
市消防大队：消防救援人员 3 人，消防指挥车 1 辆。

（七）

要求执行事项：

（1）熟悉该单位情况和基本想定内容。

（2）以指挥员身份理解任务，判断火情，定下决心，部署战斗，处置情况。

（八）

（1）某电源有限公司平面图（图 4-1-6）。

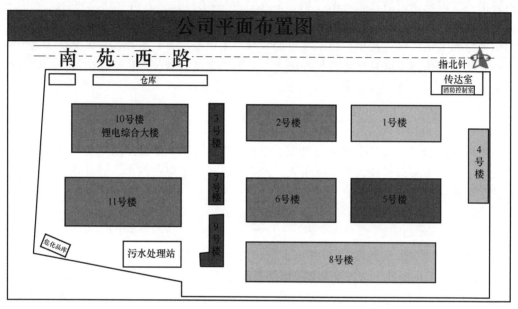

图 4-1-6　某电源有限公司平面图

（2）三层平面布置图（图 4-1-7）。

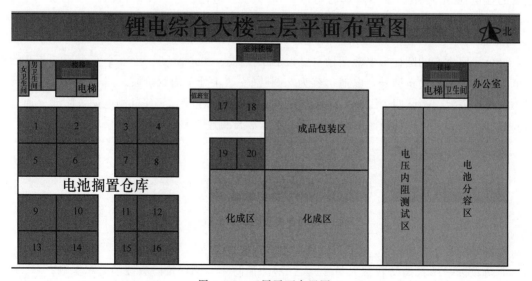

图 4-1-7　三层平面布置图

二、补充想定

请根据基本想定内容，结合补充想定材料完成相应问题。

（一）

5月31日17时57分，市消防大队接到报警：某电源有限公司一厂房三层内冒烟。消防救援一站立即出动4辆消防车、20名消防救援人员赶赴现场处置，大队教导员、副大队长随警出动，18时05分，大队指挥员率消防站到达现场。到达现场后，消防站城市主战车停靠10号楼北侧中部室外楼梯，豪沃泡沫水罐车停靠10号楼东南侧消火栓，斯太尔王泡沫水罐车停靠2号楼西北侧消火栓，抢险救援车停靠2号楼东北侧。作战车辆停靠到位后，各车迅速做好战斗准备，指挥员经外部观察和询问厂区负责人了解，10号楼三楼北侧中部窗口有少量淡黑色烟雾冒出，1楼、2楼、4楼有大量员工正常上班。

> 1. 第一到场救援力量火情侦察的主要内容是什么。
> 2. 请写出指挥员的战斗决心。
> 3. 分别分析此时三辆消防车的水枪阵地部署的位置以及目的。

（二）

根据现场情况，大队教导员立即责令企业负责人疏散1、2、4楼员工，同时消防救援站迅速组织3个小组：第1组，副大队长带领3名消防员从中部室外楼梯进入三楼负责侦察疏散；第2组，消防站长带领3名消防员从西侧内楼梯进入负责侦察疏散；第3组，副站长带领2名消防员到消控室了解情况。

爆炸发生前救援人员位置图如图4-1-8所示。

> 4. 进入内部侦察疏散应该注意哪些安全事项。
> 5. 高层建筑救人都有哪些方法，开辟救人通道需要注意哪些问题。
> 6. 指挥员在消防控制室主要了解哪些情况。

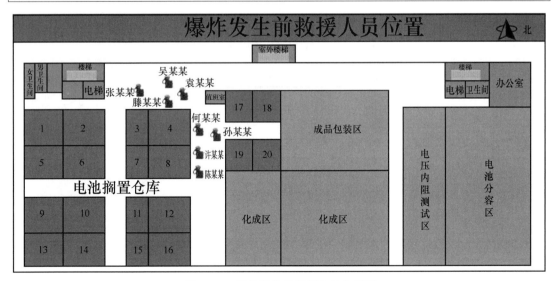

图 4-1-8　爆炸发生前救援人员位置图

（三）

　　大队、消防站消防救援人员到达现场后，发现现场没有明火，8号仓库外有淡淡的黑烟，副大队长带领战斗小组抵达三层后发现，车间西侧8号锂电池仓库内有少量黑烟，员工利用二氧化碳灭火器处置，现场仍有20余名员工疏散电池，随即要求员工撤离。同时，消防救援一站站长带领战斗小组到达三层，立即疏散了现场10余名员工。单位董事长正组织工程技术人员进行处置，技术人员告知："现场问题不大，有几个电池出现问题，正在冒烟。"由于现场没有明火，部分指战员将手套、空呼面罩摘下。

　　7. 如何落实灾害现场指战员防护装备的规范性佩戴和使用问题。

（四）

　　18时13分，副大队长正与单位董事长及技术人员在8号锂电池仓库门口过道内研究处置方案，消防救援一站站长正在西侧楼梯口组织人员疏散，在毫无征兆的情况下，8号锂电池仓库突然发生猛烈爆炸，库内多面隔墙被冲击波推倒，爆炸点周边约200米范围楼层区域遭受严重破坏，正在现场侦察疏散的8名消防救援人员和12名员工受伤。

　　爆炸前后现场救援人员位置对比图一如图4-1-9所示。

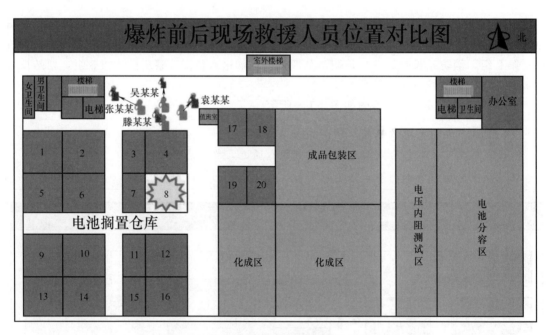

图4-1-9　爆炸前后现场救援人员位置对比图一

　　8. 锂电池火灾的特点以及扑救难点是什么。
　　9. 分析此次爆炸的原因并提出针对性处置对策。

（五）

　　消防救援一站站长以及三名消防员被冲击波推到北侧通道墙角。副大队长以及另外三名消防员被冲击波推到东侧通道墙角。爆炸发生造成现场人员不同程度的面部和手部灼伤、爆震伤、骨折、内脏受损。现场消防救援人员迅速开展自救互救，及时将受伤员工疏散至室外，并向支队指挥中心报告。

爆炸前后现场救援人员位置对比图二如图 4-1-10 所示。

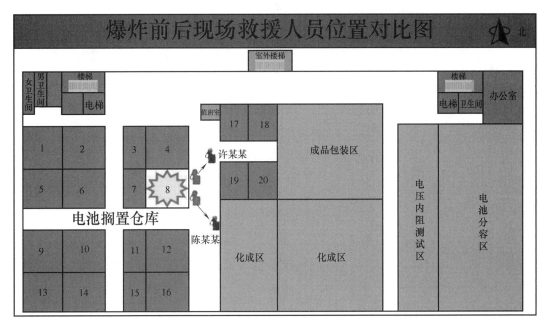

图 4-1-10　爆炸前后现场救援人员位置对比图二

10. 内攻人员在自救互救时应重点注意什么。

11. 如果你是辖区消防救援站指挥员，请说明在本次扑救过程中指挥方面有哪些方面存在不足。

（六）

该公司试制生产的 2500 毫安电池在满电态搁置过程中，因内部缺陷产生短路，使电池内部温度升高，并释放大量热，电池内压急剧升高，在防爆膜打开后电解液外泄遇空气剧烈燃烧，瞬间产生的高温经热辐射传导给相邻的电池，在高温的作用下，使相邻电池产生连锁热效应，压力上升太快，防爆膜来不及动作，直接将压盖顶出；稍远的电池，在受热内压增大时，防爆膜动作，两种状况均使电解液冲出，在搁置库内形成混合气体爆炸。正在进行侦察和人员疏散的消防救援人员无法躲避，突发爆炸产生高温和强烈的冲击波，爆炸现场坍塌的隔墙由发泡混凝土砖砌成，规格为 0.6 米×0.2 米×0.3 米，按照常用密度等级 B06（600千克/立方米）来计算，一块砌砖重量约为 22 千克。坍塌的墙体在爆炸冲击波作用下，对现场人员造成较大伤害。该次事故中损失 2500 毫安的电池 5760 只，有 1624 只电池顶盖炸开，3648 只电池防爆膜破坏，均已成空壳。每只电池装有 5.4 克电解液，其中 30％的碳酸二甲酯，其闪点为 19 摄氏度；20％的乙酸甲酯，其蒸气与空气混合物爆炸极限范围为 3.1％～16％；其余 35％可燃液体。电解液整体闪点为 30～32 摄氏度。

圆柱型锂离子电池制造工艺流程如图 4-1-11 所示。

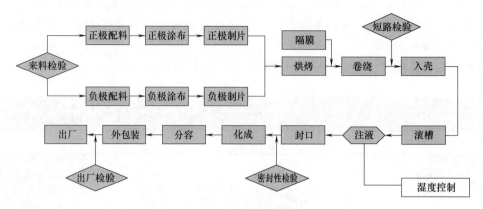

图 4-1-11　圆柱型锂离子电池制造工艺流程

12. 试说明生产锂电池的工艺流程和爆炸危害。

（七）

在处置类似密闭仓库锂电池火灾时，内攻人员必须携带可燃气体探测仪、测温仪等设备进行检测，防止空气中存在可燃气体，并根据侦察结果划定重危区、轻危区、安全区等区域。

13. 根据此次事故情况，制订一个此类锂电池火灾事故初步处置方案。

（八）

经计算，此次爆炸相当于 4.1 吨 TNT 炸药的威力（还不包括正、负极分解的能量，其余 35% 可燃液体的能量），其爆炸形成的死亡半径为 1.8 米，重伤半径为 6.1 米，轻伤半径为 11 米。后经在场消防救援人员证实，爆炸后牺牲的副大队长和受重伤的战斗员距离 8 号仓库门仅 1 米左右；受伤较重的两个战斗员距离库门 6～7 米；受伤较轻的消防救援人员距离库门 15 米左右。

14. 针对锂电池火灾事故的特点，指挥员现场应重点注意什么。
15. 内攻人员需要进行哪些安全防护。

想定三

一、基本想定

认真阅读本材料，熟悉整个救援过程。

（一）

4 月 1 日 13 时 50 分，某市一运动器材有限公司生产厂房发生火灾。该运动器材有限公司位于工业区，主要生产和销售运动器材、玩具、鞋类，共有员工 2003 名。该公司东南面是居民区，西北面是制鞋厂，东北面是电子科技有限公司，西南面是有机玻璃有限公司。

（二）

　　该运动器材有限公司主要由一栋生产厂房、一栋办公楼和一栋员工宿舍组成，总建筑面积为 37402.58 平方米，均为钢筋混凝土结构。生产厂房为四层，建筑高度 28.5 米，占地面积 5514 平方米，建筑总面积 22056 平方米（该厂在每层的生产车间私自搭建了钢结构的夹层，约 10642 平方米）。办公楼为六层（地下一层）建筑，建筑高度 23.5 米，占地面积 416 平方米，建筑总面积 2689 平方米。员工宿舍为六层建筑，高度 22.6 米，建筑占地面积 2520 平方米，建筑总面积 12657.58 平方米。4 月 1 日 13 时 50 分，该厂员工使用电焊机拆除厂房正南角物料仓一楼夹层的印刷铁架时，高温焊渣掉入一楼仓库的半成品泡沫头盔中引发火灾。

（三）

　　市 119 指挥中心接警后，先后调集 17 个消防救援站［12 个消防救援站（大队）、4 个专职消防队和 1 个兼职消防队］、41 辆消防车参加扑救。总队接报后，又调集总队直属特勤大队、支队共 7 辆消防车到场增援。整个火场共调动 19 个消防救援队伍、48 辆消防车参加战斗，同时还根据需要调集了公安、供电、供水、城管、环保等社会联动单位协同作战。经过近 12 个小时的扑救，于 4 月 2 日凌晨 2 时扑灭大火，过火面积约 3000 平方米，先后疏散出 1990 多名员工，火灾未造成人员伤亡。

（四）

　　起火位置为生产厂房，是一栋"U"结构的连体建筑，一共四层。一楼为仓库；二楼部分是仓库，部分是生产车间；三楼、四楼为生产车间（存放有硫酸等危险物品）。为增加使用面积，该单位擅自用铁架和混凝土在每一层加装夹层，使原来的四层建筑实际变为七层半建筑。楼内仓库均用铁网隔开并上锁，仓库和生产车间均堆满了成品和半成品。厂房东面、西面和南面各有一疏散楼梯。

（五）

　　该厂主要生产滑冰鞋、滑板，原料主要有塑料、泡沫、海绵、聚氨酯、布等可燃、易燃物品，加上在仓库内密集堆放，发生火灾后，蔓延迅速，燃烧猛烈，着火后一分钟内开始猛烈燃烧，很快形成较大面积的燃烧。起火部位为一层的物料仓，主要存放纸皮、泡沫、布料等鞋材货物。着火时正值上班时间，有 2000 多名员工在作业。

（六）

　　该公司内部有 2 个地上消火栓，公司 800 米范围内有 6 个市政消火栓，环状管网管径 300 毫米，距着火厂房东南面约 410 米处有 2 个鱼塘，约有 12000 立方米。着火厂房每层有 5 个室内消火栓。

（七）

4 月 1 日：多云转阵雨或雷阵雨，21～28 摄氏度，西南风 2～3 级。

4 月 2 日：阴天，有小雨，17～20 摄氏度，偏北风 2～3 级。

（八）

力量编成：

虎门消防救援大队：消防救援人员 24 人，举高喷射消防车 1 辆，抢险救援消防车 1 辆，水罐车消防 1 辆，泡沫消防车 2 辆；

寮步消防救援站：消防救援人员 24 人，水罐消防车 2 辆，泡沫消防车 1 辆，举高喷射消防车 1 辆；

长安消防救援站：消防救援人员 24 人，水罐消防车 2 辆，泡沫消防车 1 辆，举高喷射消防车 1 辆；

厚街消防救援站：消防救援人员 26 人，水罐消防车 1 辆，泡沫消防车 1 辆，举高喷射消防车 1 辆；

特勤消防救援一站：消防救援人员 36 人，水罐消防车 2 辆，泡沫消防车 1 辆，器材运输车 1 辆，举高喷射消防车 1 辆，化学洗消消防车 1 辆；

松山湖消防救援站：消防救援人员 6 人，水罐消防车 1 辆；

城区消防救援站：消防救援人员 26 人，水罐消防车 2 辆，泡沫消防车 1 辆，供气消防车 1 辆；

南城消防救援站：消防救援人员 26 人，水罐消防车 1 辆，泡沫消防车 1 辆，照明消防车 1 辆；

大朗消防救援站：消防救援人员 6 人，水罐消防车 1 辆；

石龙消防救援站：消防救援人员 6 人，水罐消防车 1 辆；

樟木头消防救援站：消防救援人员 6 人，水罐消防车 1 辆；

常平消防救援站：消防救援人员 6 人，水罐消防车 1 辆；

怀德兼职消防队：消防救援人员 4 人，水罐车消防 2 辆；

沙田专职消防队：消防救援人员 6 人，泡沫消防车 1 辆；

东城专职消防队：消防救援人员 12 人，水罐消防车 1 辆，举高喷射消防车 1 辆；

道滘专职消防队：消防救援人员 6 人，水罐消防车 1 辆；

东坑专职消防队：消防救援人员 6 人，水罐消防车 1 辆；

总队直属特勤大队：消防救援人员 23 人，水罐消防车 1 辆，泡沫消防车 1 辆，举高喷射消防车 1 辆；

增援支队特勤大队：消防救援人员 6 人，战勤保障消防车 4 辆。

（九）

要求执行事项：

（1）熟悉该单位情况和基本想定内容。

（2）以指挥员身份理解任务，判断火情，定下决心，部署战斗，处置情况。

二、补充想定

请根据基本想定内容，结合补充想定材料完成相应问题。

（一）

14 时 02 分市 119 指挥中心接到报警。立即命令所属辖区的消防救援大队出动 5 辆消防车（1 辆奔驰举高喷射车、1 辆抢险救援车、1 辆解放大功率水罐车、1 辆卢森宝亚泡沫水罐车、1 辆五十铃泡沫水罐车）、24 名消防救援人员出动。同时，指挥中心根据支队值班领导指示，迅速调集寮步、长安、厚街、特勤一站、城区、南城等 11 个消防救援站及专职消防队共 34 辆消防车（18 辆水罐车、7 辆水罐泡沫车、5 辆高喷车、1 辆供气车、1 辆器材运输车、1 辆化学洗消车、1 辆照明车）及消防救援人员前往火场扑救。

> 1. 高层工厂火灾的特点以及扑救难点是什么。

（二）

怀德兼职消防队看到浓烟后（怀德兼职消防队距火场约 600 米），立即出动两辆东风水罐车 4 名救援人员于 14 时 03 分到达现场，发现厂区西南角 1、2 楼浓烟滚滚，火势很大，固定消防泵无法启动，指挥员立即命令两台水罐车分别连接厂区内部的室内消火栓，各出一支水枪从东南面和西南灭火。

自救阶段平面图如图 4-1-12 所示。

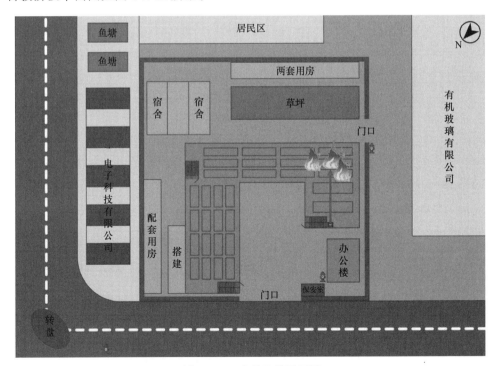

图 4-1-12 自救阶段平面图

2. 第一到场指挥员火场侦察内容和注意事项是什么。

3. 水罐车连接室内消火栓的主要目的是什么。

（三）

14 时 30 分虎门消防救援大队 5 台消防救援车、24 名消防救援人员到达现场，立即组织进行火情侦察，发现西面和南面厂房 1～4 层厂房已形成大面积立体燃烧，冒出滚滚浓烟。询问知情人得知，发生火灾后，该单位组织员工从一楼室内消火栓出一支水枪扑救。由于可燃物多，而且仓库上锁人员无法进入，着火一分钟后迅速形成猛烈燃烧，单位自救力量无法控制火势，火势迅速向四周蔓延。在力量明显不足的情况下，按照"先控制、后消灭"的原则，果断采取有所舍弃的方针，迅速组织力量搜救和疏散被困人员，集中力量在 2～4 楼阻止火势向东蔓延。

4. 如何确定火场的重点阵地。

5. 以第一到场指挥员身份，部署搜救和疏散工作并提出注意事项。

6. 写出第一到场指挥员在强行内攻十分困难的情况下对力量部署进行调整的具体内容。

（四）

大队指挥员迅速下达作战命令：一是成立 2 个搜救小组（4 人），进入火场进行火情侦察和疏散、搜救被困人员；二是大功率水罐车出 4 支水枪、泡沫车出 2 支水枪从东面楼梯进入 2、3、4 楼堵截火势，分别由大队 1 台泡沫车、兼职消防队 1 台水罐车占领消火栓供水；三是高喷车在着火点北面向二、三楼射水，阻止火势蔓延，由兼职消防队 1 台水罐车负责供水；四是通知 120 救护车在火场外守候随时做好抢救准备；五是立刻向支队全勤指挥部汇报火灾情况。

初战阶段力量部署图如图 4-1-13 所示。

7. 此时几个水枪阵地的主要作用分别是什么。

（五）

战斗展开后，经询问和搜索得知，无人员在火场内部被困，但在二楼、三楼发现大量天拿水和硫酸等危险品。仍有大量员工在厂区内围观，大队领导立刻组织厂区人员转移，并组织部分力量疏散天拿水等危险物资。

8. 请说明在处置这一类型火灾时，指挥员在兵力部署方面应该考虑哪些内容。

9. 针对工厂中储存的危化品，应调集哪些救援物资。

（六）

由于灭火力量不足，加上该厂房对建筑内部进行了违章改建，将原来的一层用铁架和水泥改建成两层，并且堆满了原料、半成品和成品，火灾荷载大，内部情况复杂，燃烧非常猛烈，再加之又刮起了 3 级西南风，大火很快就蔓延到三楼、四楼的东面，火势进一步扩大，蔓延相当迅速，很快就形成了立体燃烧。

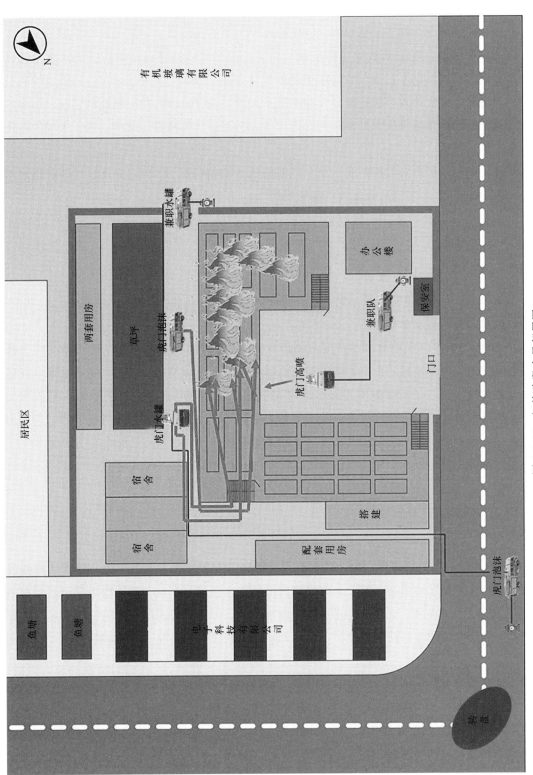

图 4-1-13　初战阶段力量部署图

14 时 45 分，支队全勤指挥部带领增援力量陆续到场，成立了火场总指挥部，由支队长担任火场总指挥。在听取虎门消防救援大队的火灾情况报告后，重新组织力量进行了火情侦察，并结合火场情况，制定了强攻内战、堵截控制火势的作战方案，同时进行合理分工，成立相应的 4 个工作小组：灭火组由副支队长负责，组织灭火战斗行动指挥；供水组由战训处长负责，组织火场供水；资料收集组由宣传处长负责，收集火灾现场建筑、物资、消防设施等相关情况，火灾扑救影像资料，及时向总队报告，及时对外公布火场扑救情况，并做好外围警戒；战勤保障组由战保处长负责，组织灭火剂、空气呼吸器、燃料供给、火场的通信联络等工作。

同时又调集 4 个消防救援站和 1 个专职消防队 9 辆消防车（5 辆水罐车、3 辆水罐泡沫车、1 辆照明车）、58 名消防救援人员到场增援。

> 10. 请说明此时指挥部兵力部署的基本思路是什么。

（七）

15 时 03 分，长安消防救援站到场后，出 1 辆高喷车在东北面堵截火势向北蔓延，由本消防救援站两辆水罐车串联供水。

15 时 10 分，厚街消防救援站、南城消防救援站到场，厚街消防救援站出 1 辆高喷车在东南面阻止火势向东蔓延，由本消防救援站水罐车供水。南城消防救援站大功率水罐车在东面，从楼梯进入 2、3、4 楼各出 2 支水枪内攻堵截火势，由厚街消防救援站 1 台泡沫车供水。厂房内存放大量塑胶、泡棉等物质，发生火灾后，产生大量的浓烟和有毒气体，火场内能见度低，温度高，给战斗员展开内攻灭火带来严重障碍。

第二阶段力量部署图如图 4-1-14 所示。

> 11. 此时现场应采取何种排烟方法。

（八）

15 时 31 分，支队指挥中心向总队报告火场情况。支队增援力量到场后，指挥员根据火势正在向西北面发展的情况，果断采取强攻内战的战术措施，在东北角的楼梯派出三个攻坚小组在 2、3、4 楼各出 2 支水枪内攻对火势进行堵截，阻止火势向西北面的厂房蔓延。与此同时，支队全勤指挥部根据现场情况，立即调动 3 个消防救援站和 3 个专职消防队 7 辆消防车增援。

该运动器材有限公司自 2004 年在未申报消防部门许可的情况下，对厂房擅自进行改建，在厂房内的二、三层私自采用铁架搭建夹层，共增设夹层面积 10642 平方米，作为办公室、生产车间和仓库使用，破坏了防火分区，增大了灭火扑救的难度。扑救中，由于铁架受热变软，失去承重力，80% 的夹层发生坍塌，大量原料、成品均压在楼板内燃烧，在进攻时障碍物多，灭火救援人员难以深入，水枪射流难以直达火点，导致复燃多，燃烧时间长。

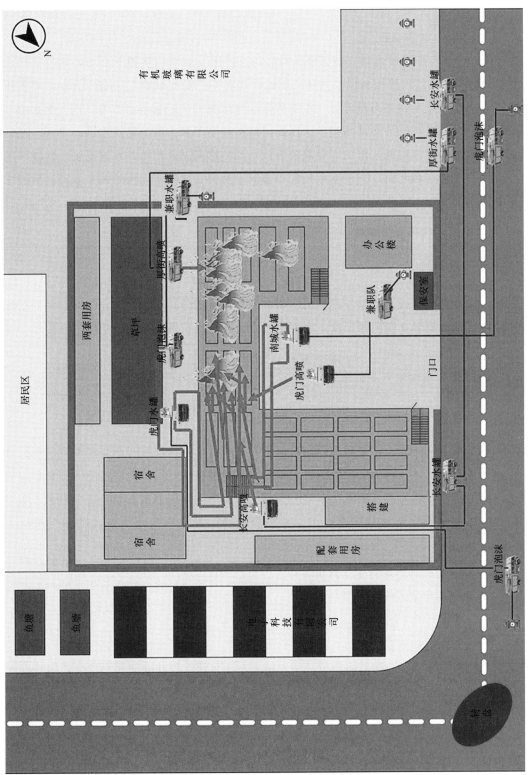

图 4-1-14　第二阶段力量部署图

12. 此时现场对救援人员最主要的威胁是什么。

（九）

15 时 50 分寮步消防救援站、城区消防救援站、沙田专职消防队相继到场，此时 2 楼和 3 楼内部相继发生夹层大面积坍塌，并伴有爆炸声，火场总指挥果断下达撤离命令，要求所有内攻人员撤出，重新调整力量部署，组织水炮外控堵截灭火。寮步消防站 2 辆大型水罐车从水塘抽水，分别向长安消防站高喷车、厚街消防站高喷车和南城消防站水罐车供水。城区消防站一台水罐车停在南面，组织 3 台手抬泵从水塘抽水向城区消防站水罐车供水。城区消防站泡沫消防车停在东北面，出两支水枪从搭建的平台向 2 楼出水，由沙田专职消防队泡沫车从水塘抽水供水。

13. 火灾中建构筑物坍塌的预兆有哪些。

（十）

随后，大朗消防救援站、东城专职消防队、道滘专职消防队先后到场，指挥部命令东城专职消防队 1 台高喷车在西南侧扑救，由大朗、东城各 1 辆水罐车接消火栓向前方供水。

14. 使用高喷车扑救火灾时，应注意哪些安全问题。
15. 消防管网供水能力如何估算。

（十一）

随着各增援力量的到达，支队全勤指挥部对火场的力量进行了重新部署和调整，指挥员为确保火场供水充足，专门调集特勤消防救援一站 1 辆水罐车、沙田专职消防队 1 辆水罐泡沫车、寮步消防救援站 2 辆水罐车在东面的 2 个鱼塘利用吸水管引水上车向前线供水，随即又调度 5 台手抬机动泵在鱼塘抽水，确保了整个火场的充足灭火用水量，进一步控制了火势。

16. 不间断供水对现场的重要作用是什么。
17. 火场供水的重点阵地有哪些。

（十二）

支队全勤指挥部命令特勤消防救援一站 1 辆大功率水罐车停在北面楼梯口处，出 8 支水枪从北面楼梯进入，分别在 1~4 楼各出两支水枪内攻堵截火势，由本消防救援站另一水罐车从东侧水塘抽水供水。道滘专职消防队与特勤消防救援一站泡沫车接消火栓向虎门消防救援大队高喷车接力供水。由于外控水炮无法有效射到火点，火势在建筑内各层进一步蔓延，火场面积进一步扩大。

第二阶段力量部署图如图 4-1-15 所示。

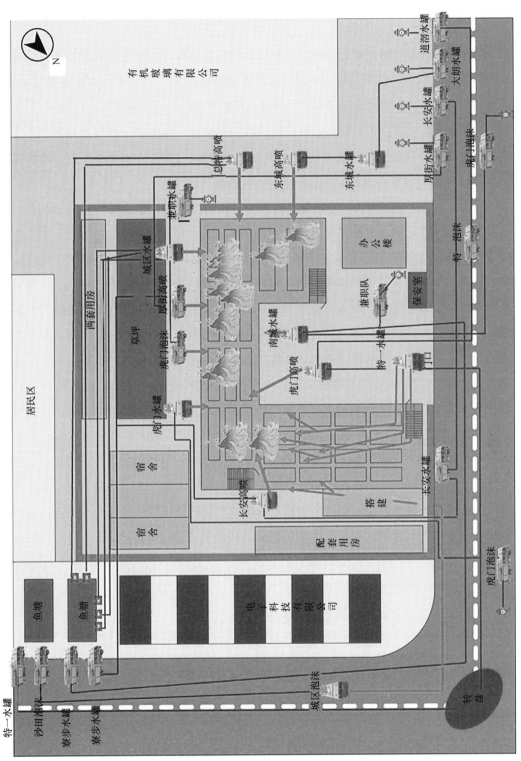

图 4-1-15 第二阶段力量部署图

18. 请说明上级指挥员到场后应如何进行指挥权的移交（用指令的方式说明）。

（十三）

17 时 02 分，总队全勤指挥部到场，了解情况后，命令内攻人员强攻近战，坚决堵截火势向东北侧蔓延。随后，石龙消防救援站、樟木头消防救援站、东坑专职消防队先后到场，总队全勤指挥部命令向其他车辆供水。

17 时 30 分，总队副总队长到场指挥，进一步了解情况，要求进一步加强堵截力度，确保火场不间断供水。并调集总队直属特勤大队 3 辆消防车、23 名消防救援人员和增援支队特勤大队装载 4 台大功率机动泵的战勤保障车 6 名指战员到场。

18 时 40 分，总队特勤大队、增援支队增援力量到场，指挥部命令总队特勤大队出一台高喷车在西南面外攻，增援支队组织 2 台大功率水泵从水塘抽水供水。

19 时，总队政委到场指挥并认真听取了火场情况汇报，在确认内部不会发生坍塌、火场水源充足的前提下，发出以下作战命令：根据火场燃烧时间长、面积大的情况，为防止内攻人员发生意外，命令支队组织人员在各着火层和室外设置观察点，实时监视建筑构件和火情变化；命令总队作战训练处处长负责组织力量在东面堵截火势，配合内攻小组，防止内攻时火势向东面蔓延；命令总队副总队长具体组织力量进行近战内攻，分片消灭。副总队长根据总队政委的命令，在确保供水的基础上，组成 12 个攻坚小组，24 个水枪阵地，分片负责，逐片消灭火灾，同时 5 台举高类消防车外控灭火；命令总队全勤指挥部立即从增援支队调集 2 吨 F500 新型泡沫灭火剂进行增援灭火。虎门消防救援站的水罐车和泡沫车共出四条干线八支水枪在一楼和二楼的东北面楼梯组成 4 个攻坚小组，每层 2 个攻坚小组堵截火势向北面蔓延。城区消防救援站的泡沫车和特勤消防救援一站的水罐车共出四条干线八支水枪在三楼和四楼的东北面楼梯组成 4 个攻坚小组，每层 2 个攻坚小组堵截火势向北面蔓延。南城消防救援站的水罐车出四条干线八支水枪在西南的楼梯从 1、2、3、4 楼各出两支水枪分片分层扑灭火灾。19 时 15 分，大火被控制住。

总攻阶段力量部署图如图 4-1-16 所示。

19. 长时间灭火救援时，指挥员要注意什么要点。

（十四）

由于着火层内部违章搭建的夹层在火灾中发生了坍塌，大量在燃烧中的可燃物质被坍塌下来的夹层压在楼板之间，水枪射流无法有效、直接到达火点，导致了火灾长时间阴燃和复燃，直到 4 月 2 日凌晨 2 时，大火才被彻底扑灭。

20. 请说明清理工作后，火场指挥员的主要工作是什么。

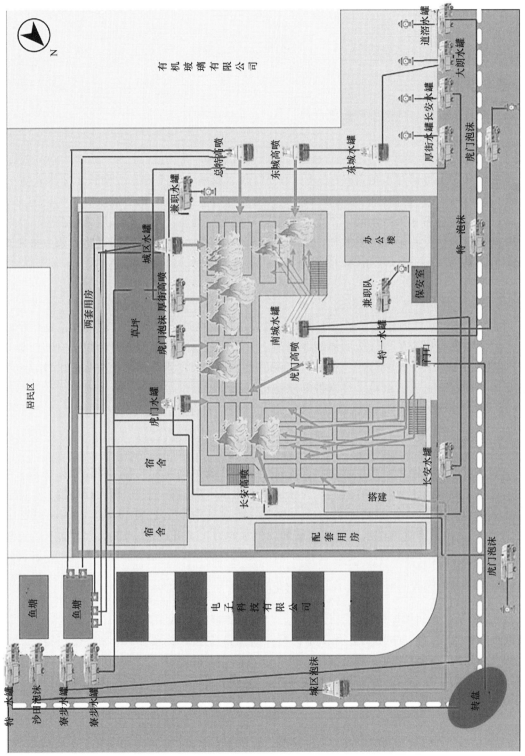

图 4-1-16　总攻阶段力量部署图

第二节 高层仓库火灾扑救想定作业

想定一

一、基本想定

认真阅读本材料,熟悉整个救援过程。

(一)

某灯饰仓库大楼储存大量 LED 灯具、商业灯具、胶料、纸箱等。大楼长 122 米、宽 81 米,高 36.5 米,总建筑面积 74174 平方米,共七层(局部八层),钢筋混凝土结构,耐火等级一级。一层为仓库和生产车间,二层为仓库,三至七层为生产车间,八层为办公室。大楼东面是共和至新会公路,南面是共和铁岗村,西面是祥和路,北面靠近共兴路。该大楼距离最近的消防站约 25 公里,距市消防指挥中心约 31 公里。

(二)

14 时 20 分,该灯饰仓库大楼发生火灾。火灾是焊工在灯饰大楼二楼进行气割钢槽的过程中产生的高温金属渣从该楼板的伸缩缝掉落,引燃首层仓库货架上的可燃包装材料而导致的。该楼层长 122 米、宽 81 米、高 5 米,面积 9882 平方米,共有 4 个安全疏散出口,主要储存聚苯乙烯泡沫材料、纸箱、灯饰带等原材料和部分机械设备。火灾发生时楼内约有员工 1600 人。燃烧异常猛烈,房间内烟雾弥漫,能见度低,且存在大量有毒气体。

(三)

一层仓库内设有室内消火栓系统和火灾自动报警系统,火灾发生后,系统动作正常。该仓库设有一支专职消防队,配有队员 7 人和 1 辆斯太尔水罐消防车。灯具大楼周围 300 米范围内有室外消火栓 18 个,楼内有室内消火栓 179 个,其中一至七层 168 个(每层 24 个),八层 11 个。市政消防管网供水管径 400 毫米,供水能力 128 升/秒。当天天气为多云,有轻雾,14~25 摄氏度,偏东风 1~2 级,相对湿度 55%~90%。

(四)

14 时 28 分,119 指挥中心接到报警后,立即调度辖区大队消防救援站 6 辆消防车、22 名指战员赶赴火场。14 时 48 分,大队指挥员在前往火场途中了解到现场火势燃烧猛烈、燃烧面积大的情况后,立即向支队指挥中心报告火情,并请求增援。14 时 58 分,辖区大队消防站灭火力量到达现场后,立即组织火情侦察,并展开战斗,疏散营救被困人员。

(五)

14 时 48 分,支队长、政委在赶赴火场途中,命令指挥中心调集机关和辖区 7 个消防救援站到场增援。15 时 22 分,支队领导到场后,成立了火场指挥部。15 时 25 分至 32 分,辖区增援消防救援站陆续到达现场,指挥部采取了"外攻为主、辅以内攻、控制火势"的措施扑救火灾。

（六）

18 时 14 分，总队政委、副总队长、副支队长到达现场，并调度周边支队进行增援。19 时 47 分，增援支队全部到达火场，灭火战斗进入攻坚阶段。

20 时 03 分，根据火场总指挥部命令，迅速调整作战力量：一是鹤山消防救援站和蓬江消防救援站在北面 2、3 号玻璃幕墙处出 2 支水枪进行灭火，出 1 支水枪冷却机房；银雨专职消防队消防车出 1 支水枪，在 4 号玻璃幕墙和临时来料仓门口进行灭火；特勤消防救援站和鹤山消防救援站出 3 支水枪，并利用 3 号消火栓直接出 1 支水枪对二楼楼板进行冷却；蓬江消防救援站和江海消防救援站利用消防水池组成接力供水线为特勤消防救援站供水；二是组织蓬江消防救援站常备一、二号车负责为西面担任主攻的增援二支队进行供水；三是灭火保障组积极与市政部门取得联系，开启了一条平时处于停用状态的 400 毫米供水管道，并组织 2 辆加油车、1 辆器材运输车、1 台充气机、1 辆铲车，有效保障了火场的油、水、气等。

中山支队：根据火场总指挥部命令，在火场西北角继续为火场照明，保障火场空气呼吸器充气补给。

佛山支队：20 时 03 分，根据总指挥部命令，支队指挥员组织人员利用三节拉梯和消防斧进一步破拆扩大火场西面三个玻璃幕墙排烟破拆口，大量浓烟得以自然排出。21 时 20 分，增援二支队以特勤消防救援站为主战力量，从火场西面四个窗口进入，出 2 支移动水炮、1 支掩护水枪实施内攻。但由于内部情况复杂，不时有脱落物坠落。21 时 30 分，根据指挥部命令，内攻人员全部撤出，改由特勤消防救援一站（佛山支队辖区）利用 18 吨水罐车车载水炮逐个由窗口向内强压火势。为保证火场用水，桂城消防救援站（佛山支队辖区）协助禅城消防救援站（佛山支队辖区）共同负责供水。

广州支队：20 时 03 分，根据总指挥部命令，支队指挥员组织特勤消防救援二站西得斯 18 吨消防车，在火场北侧架设 2 支移动水炮、西侧架设 1 支移动水炮阻击火势；特勤消防救援一站占领距火场中心位置大约 600 米的水源，双干线接力同时向前方供水；同时在火场西侧利用五十铃消防车车载炮向火场进攻，用强大水炮压制火势。移动充气车停在火场东侧的装卸平台上为现场参战队伍充装气瓶。

（七）

22 时 45 分，火场指挥部及时调整作战部署，采取"内攻近战、分片堵截、合击歼灭"的战术措施。

23 时，火场指挥部下达总攻命令。

辖区支队作战力量对 1 号、2 号、3 号、4 号破拆口和临时来料仓门口进行内攻灭火。

中山支队作战力量继续做好火场照明和空气呼吸器补给工作。

佛山支队作战力量对四个入口的防护栏进一步破拆。

广州支队调整力量部署，分成 4 个小组，纵深推进火场内部。

经过全体消防救援人员的奋力扑救，23 时 40 分，大火被基本扑灭。

（八）

力量编成：

银雨专职消防队：消防救援人员7人，水罐消防车1辆；

辖区大队鹤山消防救援站：消防救援人员22人，水罐消防车3辆，照明消防车1辆，抢险救援消防车1辆，消防指挥车1辆；

辖区增援消防站（江海、开平、蓬江、新会、特勤）：消防救援人员45人，水罐消防车10辆，登高平台消防车2辆，抢险救援车2辆，供气消防车1辆，泡沫消防车2辆；

中山支队：消防救援人员9人，举高喷射消防车1辆，照明消防车1辆；

佛山支队（禅城、桂城、特勤、九江）：消防救援人员50人，水罐消防车3辆，举高喷射消防车3辆，抢险救援车3辆，器材消防车2辆，通信消防车1辆，指挥消防车1辆；

广州支队（塞坝口、海印南、特勤、赤岗、员村）：消防救援人员50人，水罐消防车6辆，充气消防车1辆；

支队机关：消防救援人员5人，消防指挥车1辆；

（九）

要求执行事项：

（1）熟悉该单位情况和基本想定内容。

（2）以指挥员身份理解任务，判断火情，定下决心，部署战斗，处置情况。

（十）

（1）灯饰公司现场情况立面图（图4-2-1）；

图4-2-1　灯饰公司现场情况立面图

（2）支队增援力量到场后战斗力量部署图（图4-2-2）；

（3）攻坚突破阶段力量部署图（图4-2-3）；

（4）全面总攻阶段战斗力量部署图（图4-2-4）。

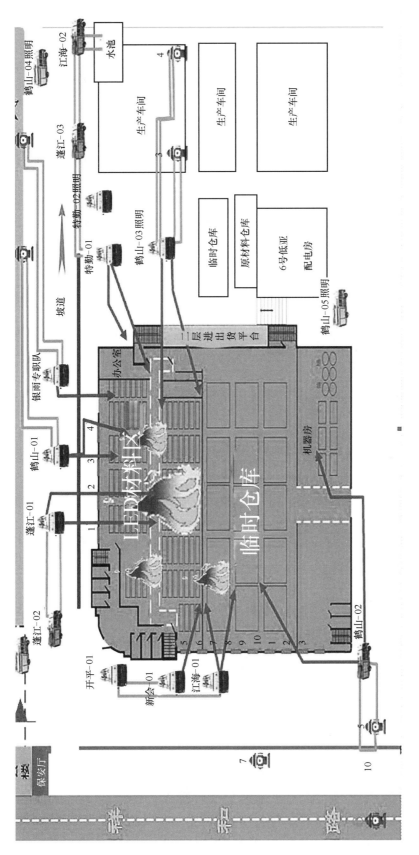

图 4-2-2 支队增援力量到场后战斗力量部署图

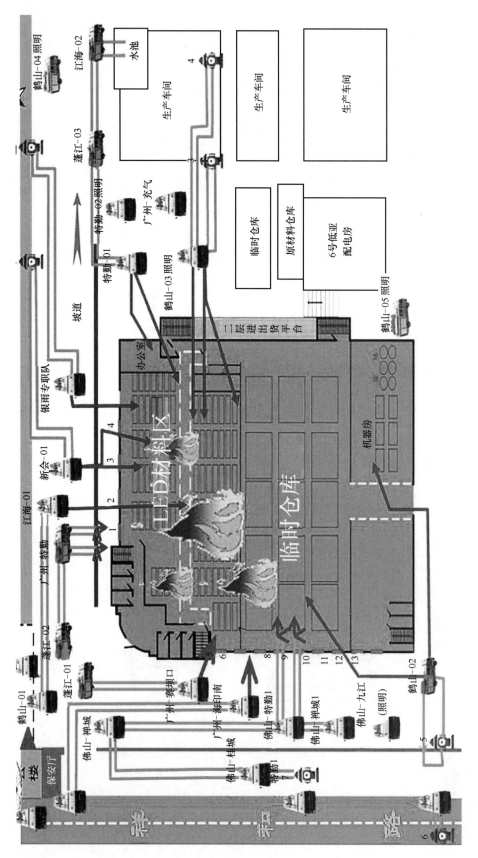

图 4-2-3　攻坚突破阶段力量部署图

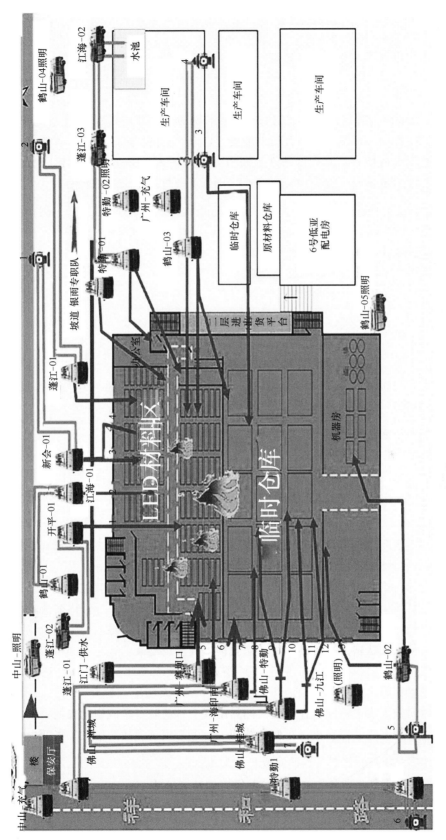

图 4-2-4 全面总攻攻阶段战斗力量部署图

二、补充想定

请根据基本想定内容，结合补充想定材料完成相应问题。

（一）

14 时 48 分，大队指挥员在前往火场途中了解到现场火势燃烧猛烈、燃烧面积大的情况后，立即向支队指挥中心报告火情，并请求增援。14 时 58 分，辖区消防大队灭火力量到达现场后，立即组织火情侦察，并展开战斗，疏散营救被困人员并组织人员利用水枪进行冷却，并在大楼 100 米范围内设置火场警戒线，防止员工盲目进入火场抢救物资。

1. 辖区大队请求增援的依据。
2. 进行火场侦察的方法，侦察注意事项。
3. 疏散引导被困人员的方法和携带的装备。
4. 指挥员所下达的命令和战斗展开的形式。
5. 如何针对初期到场力量进行战斗编成。

（二）

15 时 25 分至 32 分，增援力量相继到达现场，采取"外攻为主、辅以内攻、控制火势"的措施扑救火灾，并搬运沙袋 1000 余包，在一楼仓库各个出口筑起约 60 厘米高的"围水墙"，把火灾要最大限度地控制在一楼。

6. 增援力量到场后进行内攻灭火时应注意哪些事项。
7. 如何合理利用现有消防设施。

（三）

18 时 14 分，总队政委、副总队长、副支队长到达现场。佛山支队根据总指挥部命令，支队指挥员组织人员利用三节拉梯和消防斧进一步破拆扩大火场西面三个玻璃幕墙排烟破拆口，大量浓烟得以自然排出。21 时 20 分，佛山支队以特勤消防救援站为主战力量，从火场西面四个窗口进入，出 2 门移动水炮、1 支掩护水枪实施内攻。但由于内部情况复杂，不时有脱落物坠落。21 时 30 分，根据指挥部命令，内攻人员全部撤出，改由特勤消防救援一站（佛山支队辖区）利用 18 吨水罐车车载水炮逐个由窗口向内强压火势。为保证火场用水，桂城消防救援站（佛山支队辖区）协助禅城消防救援站（佛山支队辖区）共同负责供水。广州支队指挥员组织特勤消防救援二站西得斯 18 吨消防车，在火场北侧架设 2 门移动水炮、西侧架设 1 门移动水炮阻击火势；特勤消防救援一站占领距火场中心位置大约 600 米的水源，双干线接力同时向前方供水；同时在火场西侧利用五十铃消防车车载炮向火场进攻，用强大水炮压制火势。移动充气车停在火场东侧的装卸平台上为现场参战队伍充装气瓶。

8. 在进行灭火时，如何判断和防止轰燃的发生。
9. 对内部情况复杂，有脱落物坠落时如何进行火情侦察。
10. 供水方式选择的依据以及注意事项。
11. 对玻璃幕墙排烟破拆时应注意的问题。

（四）

22 时 45 分，火场指挥部及时调整作战部署，采取"内攻近战、分片堵截、合击歼灭"的战术措施，将火场分成三个战区，辖区支队负责火场东面和北面，广州支队利用西侧5～8 号破拆口，佛山支队利用西侧 9～12 号破拆口进行内攻近战。

12. 火场指挥部及时调整作战部署的依据。

（五）

23 时，火场指挥部下达总攻命令。辖区支队根据总指挥部的命令，一是组织开平消防救援站、江海消防救援站、蓬江消防救援站和特勤消防救援站各出 2 支水枪，分别从北面的 1 号、2 号、4 号破拆口和临时来料仓门口进行内攻灭火；二是新会消防救援站出1 门移动水炮在 3 号破拆口进行强攻灭火；三是消鹤山消防救援站利用 5 号消火栓，出 2支水枪，1 支水枪从西南角门口深入内部进行灭火，1 支水枪掩护进攻；四是蓬江消防救援站和江海消防救援站负责战斗车供水，特勤消防救援站利用 1 号、2 号消火栓供水。佛山支队根据总指挥部的命令，组织特勤消防救援站对 9～12 号四个入口的防护栏进行进一步破拆，并将参战力量调整为 8 个小组，每 2 个小组负责 1 支水枪，在做好内攻人员安全检查登记的前提下，分别从四个窗口进入内部进攻。广州支队：根据总指挥部的命令，迅速对参战力量进行调整，组成 4 个小组，在做好内攻人员火场登记的前提下，利用塞坝口消防站和海印南消防救援站的 2 辆 12 吨五十铃消防车，分 4 个战斗小组挺进火场内部 60 多米。中山支队根据火场总指挥部命令，在火场西北角继续为火场照明，确保火场空气呼吸器充气补给工作。

13. 战斗小组挺进火场内部 60 多米进行扑救时，如何做好器材通信保障工作。

14. 指挥员在负责监护过程中应注意的问题。

15. 战斗结束后应做哪些工作。

想定二

一、基本想定

认真阅读本材料，熟悉整个救援过程。

（一）

某百货批发部仓库，所在建筑建于 20 世纪 80 年代，为钢筋混凝土结构，呈回字形。地下一层至地上四层是商铺和仓库，层高 6 米，五至八层是仓库和部分员工宿舍，层高 3 米，该仓库总高 36 米。仓库内存放有大量固体酒精、木炭、塑料制品、日杂用品等 10 余种类的易燃可燃物品，且多采用纸箱、木箱、泡沫塑料等包装。仓库内部结构复杂，通道狭窄，分隔材料均为简易材质，多而复杂，仓库顶层设有 7 处硬塑材质采光罩。

（二）

建筑内部安装有消火栓设施和火灾自动报警系统，起火仓库 2 公里范围内共有 9 处消防水鹤，水鹤流量均为 50 升/秒，口径 200 毫米，管网局部加压后流量可达 65 升/秒。当日气温为 −14 ～ −22 摄氏度，晴，阵风达 5 ～ 6 级。

（三）

仓库起火原因为私接电线，违章使用电暖器导致电气线路超负荷过热引发火灾。由于仓库内密集储存大量固体酒精、木炭、塑料制品、日杂用品等 10 余种类的易燃可燃物品，且多采用纸箱、木箱、泡沫塑料等包装。起火后，火势燃烧猛烈，产生了大量毒害烟气，火势迅速蔓延。

（四）

1 月 2 日 13 时 14 分，作战指挥中心接到报警称，该仓库三楼库房发生火灾。13 时 23 分，责任区承德消防救援站 20 名消防救援人员、5 辆消防车到达现场。因为消防通道堵塞，消防车无法驶入。此时，仓库东北侧一至二层已呈大面积立体燃烧，火势正向周边简易仓库蔓延，周边建筑和大量人员受到火势威胁。

（五）

13 时 24 分至 57 分，支队增援力量相继到达现场。分别对仓库一层、仓库二层、仓库地下一层的火势进行堵截，并对被困人员进行疏散救助。

（六）

由于火势继续扩大蔓延，现有作战力量不能充分保障灭火作战需求，随即调集 18 个消防站赶赴现场增援，并成立了现场指挥部，明确了"全力疏散人员、坚决堵截控火"的作战意图，全力展开疏散救人和堵截控火行动。

（七）

14 时 25 分，总队领导相继从到场，立即成立火场总指挥部，指导灭火救援工作。总、支队指挥部研究确定了"分段分组救人、多点多线堵截、边救人边控火"的战术措施。要求参战救援人员在堵截控火的同时，要仔细确认楼内是否还有被困人员，并派出 28 个搜救小组、84 名消防救援人员，深入建筑内部疏散、抢救被困群众，并增设近 30 个水枪、水炮阵地进行堵截控火，形成合围之势。经过全体参战消防救援人员奋力扑救，3 日 6 时 20 分，大火被基本扑灭。

（八）

力量编成：

承德消防救援站：消防救援人员 20 人，水罐消防车 4 辆，登高平台消防 1 辆车；

道外消防救援站：消防救援人员 25 人，水罐消防车 6 辆，抢险救援消防车 1 辆，泡沫消防车 1 辆，登高平台消防车 1 辆；

南岗消防救援站：消防救援人员 25 人，水罐消防车 5 辆，泡沫消防车 2 辆，登高平台消防车 1 辆；

道里消防救援站：消防救援人员 23 人，水罐消防车 8 辆，泡沫消防车 2 辆；

爱建消防救援站：消防救援人员 30 人，水罐消防车 5 辆，泡沫消防车 2 辆，举高喷射消防车 1 辆；

其余 13 个增援消防救援站：消防救援人员 150 人，水罐消防车 25 辆，抢险救援消防车 24 辆，泡沫消防车 3 辆，照明消防车 5 辆，举高喷射消防车 3 辆；

增援一支队：消防救援人员 100 人，水罐消防车 20 辆，照明消防车 3 辆，举高喷射消防车 3 辆；

增援二支队：消防救援人员 120 人，水罐消防车 20 辆，照明消防车 5 辆，登高平台车 3 辆。

（九）

要求执行事项：

（1）熟悉该单位情况和基本想定内容。

（2）以指挥员身份理解任务，判断火情，定下决心，部署战斗，处置情况。

（十）

（1）建筑立体图（图 4-2-5）。

图 4-2-5 建筑立体图

（2）责任区中队初战力量部署图（图 4-2-6）。

（3）初战增援力量部署图（图 4-2-7）。

二、补充想定

请根据基本想定内容，结合补充想定材料完成相应问题。

（一）

指挥员命令将消防车停在太古街单元楼门洞处，随即带领指战员进入现场，此时仓库屋顶靠近南头道街处的采光罩已被烧穿，烟火高达几十米，仓库东北侧一至二层已呈大面积立体燃烧，火势正向周边简易仓库蔓延，周边建筑和大量人员受到火势威胁。

1. 你对现场情况的判断和结论。
2. 在火势已经大面积燃烧的情况下如何进行火情侦察。
3. 到场的 20 名指战员、5 辆消防车如何进行战斗编成。

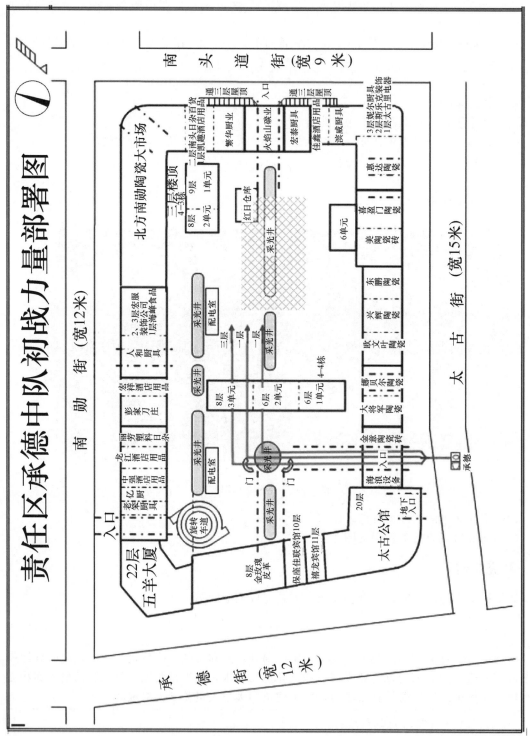

图 4-2-6 责任区中队初战力量部署图

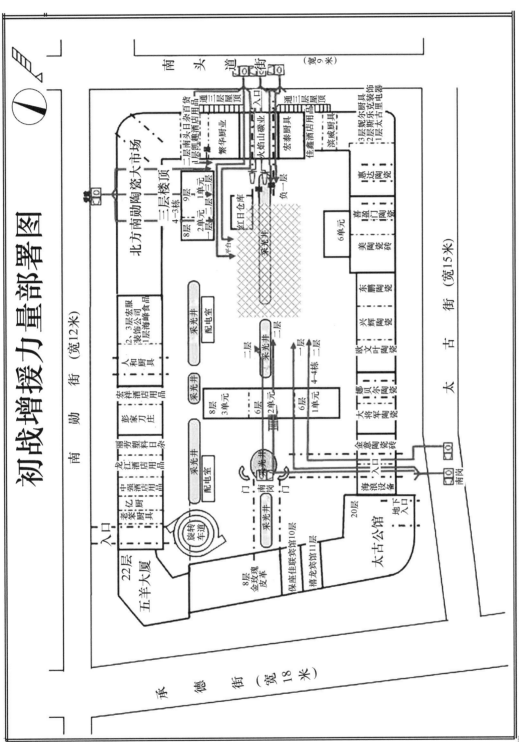

图 4-2-7　初战增援力量部署图

（二）

道外消防救援站在引导疏散被困人员的同时，由 4-1 栋 14 单元门洞进入仓库二层，出 1 支水枪堵截火势，在南头道街"火焰山碳业"进入仓库一层出 1 支水枪堵截火势，在仓库地下一层出 1 支水枪设防，并协调现场交警清理疏散周边车辆。道里消防救援站在南头道街大市场入口处登至三层平台，出 2 支水枪夹攻由仓库采光罩窜出的火势，在"南头日杂百货有限责任公司"一层出 1 支水枪堵截火势；救人组引导疏散被困人员。爱建消防救援站接替道外消防救援站在南头道街"火焰山碳业"处阵地，出 2 支泡沫枪堵截仓库一层火势，在南勋街北方陶瓷市场一至三层各出 1 支水枪堵截火势，疏散组进入现场引导疏散被困人员。

> 4. 营救被困人员如何进行。
> 5. 水枪阵地的设置要求。
> 6. 如何安排部署力量出 2 支水枪夹攻由仓库采光罩窜出的火势。

（三）

13 时 50 分许，支队党委常委相继到场后，立即成立现场指挥部，确立了"全力疏散人员、坚决堵截控火"的作战意图。支队指挥部根据现场情况科学研判火情，明确战斗意图，及时作出决策部署：一是全力营救被困人员；二是增强堵截控火力量；三是由支队党委常委分工负责四个战斗区段，组织参战指战员疏救被困人员、合力堵控火势。四个战斗区段的 5 个消防救援站共设立 13 处进攻阵地，设置 14 支水枪、2 支泡沫枪和 1 门移动水炮，全力展开疏散救人和堵截控火行动。

> 7. 现场指挥部如何进行任务划分。
> 8. 支队指挥部作出战斗决策部署的依据。
> 9. 四个战斗区段的力量编成。

（四）

20 时 20 分，由于仓库存有大量易燃可燃物，加剧了火势蔓延速度，大部分仓库已被大火吞噬，现场形成大面积、立体式燃烧。为此，指挥部迅速调整部署，撤出内攻人员，组织消防救援人员在建筑外部实施控火。

> 10. 如何在建筑外部实施控火。
> 11. 如何保证外部实施控火人员的安全。
> 12. 如果建筑发生了坍塌，如何实施救援行动。

（五）

3 日 0 时 13 分，总队跨区域调集增援一、二支队增援火场，增援一、二支队分别于 1 时 42 分和 2 时 50 分到场。3 时许，总指挥部对火场力量部署进行了调整，命令辖区支队负责火场南侧太古街和北侧南勋街两个战斗区段；增援一支队负责火场西侧承德街战斗区段；由增援二支队和辖区支队特勤大队共同负责火场东侧南头道街战斗区段，四个战斗区段对火场形成四面合围之势，全力堵截控制火势。经过全体参战指战员奋力扑救，3 日 6 时 20 分，火势得到有效控制。3 日 19 时 30 分，明火被彻底扑灭。

> 13. 在明火扑灭后的监护过程中应注意哪些问题。
> 14. 战斗结束后应做哪些工作。

想定三

一、基本想定

认真阅读本材料，熟悉整个救援过程。

（一）

某世贸商城位于永定大街，该商城东西并列两栋建筑（一期、二期），在南北两侧三、四、五层位置通过钢结构的两个连廊将两栋建筑连接。单位性质为经营储存为一体的小商品批发商城。总占地面积 70000 平方米，总建筑面积 608934 平方米，建筑高度 34.4 米，东侧一期地上 6 层，地下 2 层，建筑面积 39.6 万余平方米。西侧二期地上 8 层，地下 2 层，建筑面积 21.18 万平方米。建筑结构为钢筋混凝土结构，外墙为石材。一期地下二层为停车场，地下一层至地上六层为商铺（地下一层北区为美廉美超市）；二期地下二层为仓库，地下一层至地上六层为商铺，七层和八层为仓库。

（二）

此次火灾的着火燃烧区为二期 C 区的七层、八层仓库，共有 131 个由铁皮、铁丝网分隔的独立隔间，七层 63 个、八层 68 个。每个隔间约 20 平方米，主要用于商户储存货物（为纺织品、塑料制品、纸制品）。由于春节临近，仓库内囤积了服装、塑料制品、儿童玩具、小家电及装饰品等大量可燃易燃货物，火灾荷载巨大。起火后，火势在隔间内形成隐蔽燃烧，浓烟高温被封闭在仓库内积聚难散。当天气温 −6～4 摄氏度，北风 3～4 级。

（三）

该商城仓库周边 1 公里范围内有市政消火栓 23 个，其中永定大街消火栓 16 个，单位南侧路上消火栓 3 个，北侧小区内消火栓 4 个。单位内部地下消火栓 28 个，一期 8 个，二期 20 个。该单位设有消防控制室、防火卷帘、消火栓、自动喷淋、防排烟等固定消防设施。一期墙壁消火栓 1360 个，消防电梯 12 部，消防水泵 4 个，水泵接合器 8 个（喷淋 4 个、消火栓 4 个），消防水池储水量 540 吨，消防水箱储水量 25 吨，安全出口 8 个，疏散楼梯 43 个；二期墙壁消火栓 601 个，消防电梯 12 部，消防水泵 11 个，水泵接合器 12 个（喷淋 10 个、消火栓 2 个），消防水池储水量 480 吨，楼顶消防水箱储水量 25 吨，安全出口 48 个，疏散楼梯 12 个。

（四）

1 月 29 日 9 时 49 分，总队 119 作战指挥中心接到报警，立即调集主管消防救援站和协管消防救援站共计 4 个消防救援站 18 辆消防车赶赴现场，调集东城支队全勤指挥部到场指挥。并将情况通报总队全勤指挥部。10 时 08 分，辖区消防一站 5 辆车 21 名指战员到场。

（五）

10 时 49 分，总队全勤指挥部到场，立即成立现场指挥部。

（六）

18 时 51 分，总队相关领导相继到场。现场指挥部根据灭火战斗需要，进一步明确了任务分工。

（七）

1月31日13时10分，经指挥部再次调整部署，决定采取"集中兵力、逐片推进、合力围歼、逐层消灭"的战术措施，分别组织攻坚力量逐层逐片推进。2月1日5时10分，7层火势彻底扑灭。内攻人员迅速休整，更换所需装备，8时整对8层火势发起总攻，命令五个支队的内攻人员，按照各战斗段任务分工，在前期7层力量部署基础上，围剿8层火灾。8时30分，经过全体指战员奋勇决战，火灾彻底扑灭。

（八）

力量编成：

消防救援一站：消防救援人员21人，水罐消防车4辆，登高平台消防车1辆；

消防救援二站：消防救援人员13人，水罐消防车4辆；

消防救援三站：消防救援人员16人，水罐消防车3辆，云梯消防车1辆；

消防救援四站：消防救援人员18人，水罐消防车5辆；

辖区支队其他消防救援站：消防救援人员100人，水罐消防车14辆，云梯消防车3辆，后勤保障消防车6辆；

特勤支队：消防救援人员40人，水罐消防车8辆，登高平台消防车2辆，云梯消防车2辆，后勤保障消防车3辆；

增援一支队（消防五、六、七、八站）：消防救援人员80人，水罐消防车15辆，登高平台消防车2辆，云梯消防车3辆；

增援二支队：消防救援人员69人，水罐消防车10辆，登高平台消防车3辆，云梯消防车4辆；

增援三支队：消防救援人员77人，水罐消防车12辆，登高平台消防车1辆，云梯消防车3辆。

（九）

要求执行事项：

（1）熟悉该单位情况和基本想定内容。

（2）以指挥员身份理解任务，判断火情，定下决心，部署战斗，处置情况。

二、补充想定

请根据基本想定内容，结合补充想定材料完成相应问题。

（一）

10时08分，辖区消防救援一站5辆消防车21名指战员到场，通过外部观察和询问知情人了解，该商城7、8层窗户有大量浓烟冒出，楼内商户正在疏散物资。消防救援站指挥员立即下达战斗展开命令，侦察灭火、警戒疏散、供水保障等各战斗小组立即展开战斗。进入火场内部进行侦察灭火，并使用水枪进行掩护，全力寻找起火点，并及时向119作战指挥中心报告现场情况。

1. 辖区消防救援一站到达现场时判断的结论。

2. 辖区消防救援一站5辆消防车21名指战员如何进行战斗编成。

3. 指挥员带领两个攻坚组在水枪掩护下进入火场内部侦察时的注意事项。

4. 供水保障组供水方式选择依据。

（二）

10 时 49 分，增援的消防救援二站 4 辆消防车、消防救援三站 4 辆消防车、消防救援四站 5 辆消防车和辖区支队、总队全勤指挥部相继到场，立即成立现场指挥部。根据现场情况，迅速调整力量部署，组织 10 个攻坚组进行强攻，堵截控火。期间，内攻小组在 7、8 层发现明火，且大面积多点燃烧，燃烧异常猛烈，炽热的高温灼烤，严重威胁人员安全，内攻受阻，指挥部决定内攻小组采取梯次轮换；后方人员及时占领消火栓，并在西侧 6 层电梯前室建立器材保障中转站，全力保障前方灭火战斗，同时人员在消防中控室实时监控火势发展变化情况。

5. 进行强攻灭火的依据。
6. 10 个战斗小组如何进行分工。
7. 战斗小组内攻灭火的注意事项。
8. 选择器材保障中转站的依据和注意事项。

（三）

13 时 38 分，总队副总队长及特勤支队、增援一支队增援力量到场后，确立了"东西夹击、南北围堵"的战术措施。

9. 现场指挥部确立"东西夹击、南北围堵"的战术措施的依据。
10. 如何进行战斗编成。

（四）

副总队长带领辖区支队、特勤支队、增援一部分力量从东 5 门进入 7、8 层，由消防救援五站垂直铺设 3 条干线，分别在 7、8 层各架设 1 个移动水炮阵地、2 个水枪阵地，由东向西进行堵截压制火势和掩护进攻，外部由消防救援四站、消防救援七站各 1 部云梯车出水炮进行外部保护；总队副总队长带领攻坚力量从西 9、10 门进入 7、8 层，通过前期形成的 3 条干线，在 8 层增设 2 支水枪，在 7 层设置 1 个移动水炮阵地堵截压制火势和掩护进攻，从西 11 门进入 8 层利用墙壁消火栓出 1 个移动水炮阵地堵截火势向西北侧蔓延，在 7 层中庭西北侧位置继续推进灭火，外部出云梯车出水炮进行外部保护。改为供水保障力量，采取运水供水和占据消火栓的方式，共形成供水干线 9 条，建立供水中转站 3 个。

11. 采用垂直铺设水带的依据和注意事项。
12. 如何保障火场内部进行作战人员的安全。
13. 采取运水供水和占据消火栓供水的优缺点有哪些。

（五）

18 时 51 分，总队相关领导相继到场。现场指挥部根据灭火战斗需要，进一步明确了任务分工。20 时 38 分，鉴于大火持续燃烧已达 11 小时，部分墙体已出现裂缝，按照相关指示，指挥部果断决策，采取"移动水炮内部堵截、举高车水炮外部压制、南北巡控"的战术措施，迅速调整力量部署。在西北和东南侧分别架设 1 门移动水炮，堵截压制中庭南、北两侧火势。并在入口处和防火卷帘处设置水炮堵截压制 7 层和 8 层的火势。由辖区支队在 7、8 层分别利用墙壁消火栓出 2 支水枪进行防控，同时组织工作员工对着火层其他库区物资进行转移。外部东侧和西侧由消防救援四站、消防救援七站、消防救援八站各设置 1 辆举高车水炮阵地进行外部压制火势，与内部移动水炮形成了内外夹击态势。

---

14. "移动水炮内部堵截、举高车水炮外部压制、南北巡控"的战术措施依据。

（六）

增援一支队消防救援五站、消防救援六站在西北和东南侧分别架设 1 门移动水炮，堵截压制中庭南、北两侧火势。并在入口处和防火卷帘处设置水炮堵截压制 7 层和 8 层的火势。由辖区支队在 7、8 层分别利用墙壁消火栓出 2 支水枪进行防控，同时组织 300 余名单位工作员工对着火层其他库区物资进行转移，并成立 4 个巡控小组持续对着火区域周边巡视，确保及时发现和快速灭火。

---

15. 内部堵截水炮阵地设置的依据和注意事项。

（七）

1 月 30 日 7 时左右，消防人员深入内部手动开启喷淋阀门后，由增援三支队 4 辆大功率水罐车在西 8 门处出 8 条干线同时对 4 个喷淋水泵接合器加压注水，有效启动了 7、8 层着火区域喷淋系统，进一步起到了灭火降温和压制火势的作用。

---

16. 使用水泵接合器的注意事项。

17. 如何确定水罐车利用水泵接合器供水时的供水压力。

（八）

8 时 19 分，鉴于建筑内部起火部位结构复杂、建筑的结构稳定性不明确。指挥部决定采取"外部保护，内部重点地段防御，巡控人员不间断监测，加速排烟散热，注水降温"的战术安排，在前期力量部署基础上，迅速调集 40 部凿岩机到场对楼顶进行打孔作业。由增援三支队负责通过云梯梯臂和垂直铺设共形成 8 条干线、24 个水枪阵地，向孔洞内注水降温灭火。此举有效降低了火场高温，排出了浓烟，压制了 8 层堆垛火势。

---

18. 对楼顶进行打孔作业，注水降温应做好哪些准备工作。

19. 注水降温时水枪阵地如何设置。

（九）

1 月 31 日 13 时 10 分，经过长时间的注水、控火、降温与排烟，再次经过建筑专家组现场确认由于冷却及时，柱梁等关键结构构件稳定性和完整性良好，指挥部再次调整部署，决定采取"集中兵力、逐片推进、合力围歼、逐层消灭"的战术措施，将整个火场划分为东南、东北、西南、西北四个片区，采取轮番上阵、交替掩护、梯次进攻方式，分别组织攻坚力量逐层逐片推进，8 时 30 分，经过全体消防救援人员奋勇决战，火灾彻底扑灭。

20．如何做好战斗中的战勤保障工作。

21．如何判断着火钢筋混凝土建筑的安全性。

想定四

一、基本想定

认真阅读本材料，熟悉整个救援过程。

（一）

某服装商城始建于 1995 年，长 110 米、宽 96 米，主体为钢筋混凝土结构，占地面积为 10560 平方米，总建筑面积 42240 平方米。共四层。建筑高 28 米，共有六部疏散楼梯，一层有八个通往室外的安全出口。一至四层有中庭，东西长 31 米、南北宽 15 米。东侧二三层通过连廊与 3 号厅相连，连廊长 20 米、宽 7.5 米；南侧一道之隔为某服装市场十区，道宽 9 米；西侧二三层通过连廊与 1 号厅相连，连廊长 24 米、宽 7.5 米；北侧一道之隔为某储运有限公司，道宽 30 米。该商场 2 号厅被查封以后，擅自作为临时仓库，存放布匹、服装和日杂等物品。

该商城 1000 米范围之内共有 16 个地下消火栓，由服装市场管委会自建环形供水管网，管径 200 毫米。另有万方圆人工湖、动物园门口水渠、广场喷泉水池、小马液化气站储水池、绿化供水站五处可用水源。

火灾当日气温为 23.9 摄氏度，西南风 5～6 级，阵风达 7～8 级。

（二）

4 月 14 日 13 时 30 分，紧靠商城北侧的 2 号厅冒出火苗后，没有及时报警，加之在强风的作用下，火势迅速发展，燃烧猛烈，形成了大面积燃烧。

（三）

119 作战指挥中心于 13 时 40 分接到报警后，先后出动 1 个政府专职队、2 个消防救援站，共 12 辆消防车、60 名消防救援人员赶赴现场进行扑救。

（四）

13 时 56 分，辖区消防大队向支队指挥中心请调增援，支队全勤指挥部迅速出动并立即调集市内 8 个中队、36 辆消防车、167 名消防救援人员前往现场增援。其中举高喷射消防车 4 辆，直臂登高平台消防车 2 辆，大吨位水罐消防车 10 辆、泡沫消防车 2 辆，普通水罐消防车 17 辆，抢险救援车 1 辆。

（五）

14 时 48 分支队指挥员到达现场，根据现场情况及时启动市重特大火灾灭火救援预案，并向总队请调增援力量。总队立即调集周边消防支队共计 49 辆消防车，309 人跨市增援。其中 A 类泡沫消防车 3 辆、远程供水编队车 2 辆、登高平台消防车 6 辆、举高喷射消防车 5 辆、抢险救援消防车 3 辆、大吨位水罐消防车 30 辆。

（六）

支队指挥员到场后组织进行火情侦察，确立了"东西堵控、南北设防、全力遏制火势向毗邻蔓延"的作战意图。15 时 08 分支队增援力量到达现场，火场指挥部根据确立的作战意图命令：

特勤消防救援二站为消防救援一站供水；消防救援三站出两支水枪冷却毗邻建筑外墙；特勤消防救援一站出两门移动炮，阻止火势向东侧蔓延，举高喷射消防车停靠在建筑东北角，压制三、四层火势，两辆水罐车为举高喷射消防车供水；消防救援四站利用车载炮在建筑北侧压制火势；消防救援五站两辆水罐车在仓库北侧出两门移动水炮，压制仓库北侧火势，举高喷射消防车停靠在仓库西北侧，压制三、四层火势；消防救援六站在 2 号厅西侧出水炮压制 2 号厅西侧火势；消防救援七站、消防救援一站及该市 7 台园林绿化车自成供水干线为特勤消防救援一站作战车辆供水。

（七）

16 时总队副总队长带领总队全勤指挥部到达火场，在听取支队现场扑救情况汇报后，对火场进行了全面侦察，此时着火建筑背部火势异常猛烈，在风力作用下火势直接威胁周围建筑尤其是某储运大楼。根据现场情况，指挥部做出"加强堵控力量，明确作战重点，科学组织供水，全力保护毗邻"的总体作战原则。

（八）

经过消防救援人员的顽强奋战，17 时大火被基本控制。辖区消防支队在东侧出 2 支水枪，进入一层灭火；在东南角利用登高车出 1 支水枪进入四层灭火；在南侧偏东出 5 支水枪，进入一层灭火；在西南角利用登高车出 1 支水枪进入三层灭火；在西北角利用登高车出 2 支水枪分别进入三、四层灭火。增援一支队在南侧偏西出 8 支水枪，其中 5 支水枪从一楼进攻灭火，另外 3 支水枪进入四层灭火。增援二支队在西侧偏南出 2 支水枪，逐层深入灭火。增援专职一、二队分别运水供水。20 时 30 分，明火被消灭。

（九）

力量编成：

政府专职消防队：消防救援人员 8 人，水罐消防车 2 辆；

消防救援一站：消防救援人员 27 人，水罐消防车 3 辆，登高平台消防车 1 辆，抢险救援消防车 1 辆；

消防救援二站：消防救援人员 25 人，水罐消防车 4 辆，登高平台消防车 1 辆；

特勤救援一站：消防救援人员 27 人，水罐消防车 5 辆，举高喷射消防车 1 辆；

特勤救援二站：消防救援人员 25 人，水罐消防车 5 辆；

消防救援三站：消防救援人员 25 人，水罐消防车 3 辆，登高平台消防车 1 辆，举高喷射消防车 1 辆；

消防救援四站：消防救援人员 20 人，水罐消防车 3 辆，抢险救援消防车 1 辆；

消防救援五站：消防救援人员 25 人，水罐消防车 3 辆，举高喷射消防车 1 辆，泡沫消防车 1 辆；

消防救援六站：消防救援人员 20 人，水罐消防车 4 辆，泡沫消防车 1 辆；

消防救援七站：消防救援人员 25 人，水罐消防车 4 辆，登高平台消防车 1 辆，举高喷射消防车 1 辆；

增援一支队：消防救援人员 100 人，水罐消防车 10 辆，登高平台消防车 4 辆，举高喷射消防车 3 辆，抢险救援消防车 3 辆；

增援二支队：消防救援人员 120 人，水罐消防车 20 辆，登高平台消防车 2 辆，举高喷射消防车 2 辆，远程供水消防车 2 辆；

增援专职一、二队：消防救援人员 89 人，泡沫消防车 3 辆。

（十）

要求执行事项：

（1）熟悉本想定内容，了解单位基本情况；

（2）以指挥员的身份理解任务，判断情况，定下决心，部署战斗，处置情况。

（十一）

（1）商城仓库总平面图（图 4-2-8）。

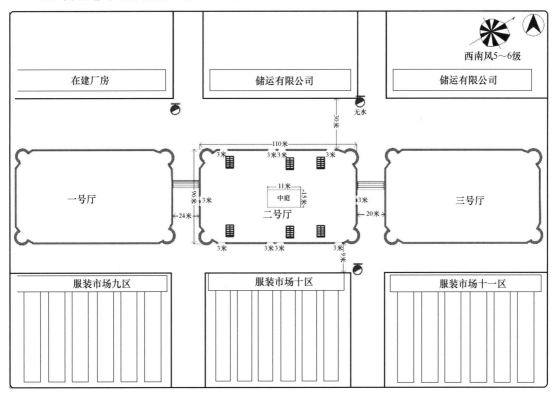

图 4-2-8　商城仓库总平面图

（2）商城 2 号厅第一阶段灭火力量部署图（13：43—15：08）（图 4-2-9）。

（3）商城 2 号厅第二阶段灭火力量部署图（15：08—16：00）（图 4-2-10）。

（4）商城 2 号厅第三阶段灭火力量部署图（16：00—17：00）（图 4-2-11）。

（5）商城 2 号厅第四阶段灭火力量部署图（17：00—20：30）（图 4-2-12）。

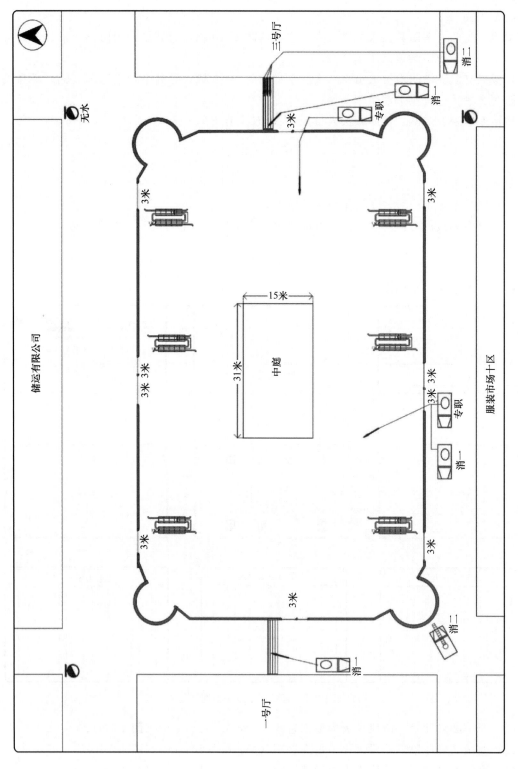

图 4-2-9 商城 2 号厅第一阶段灭火力量部署图 (13：43—15：08)

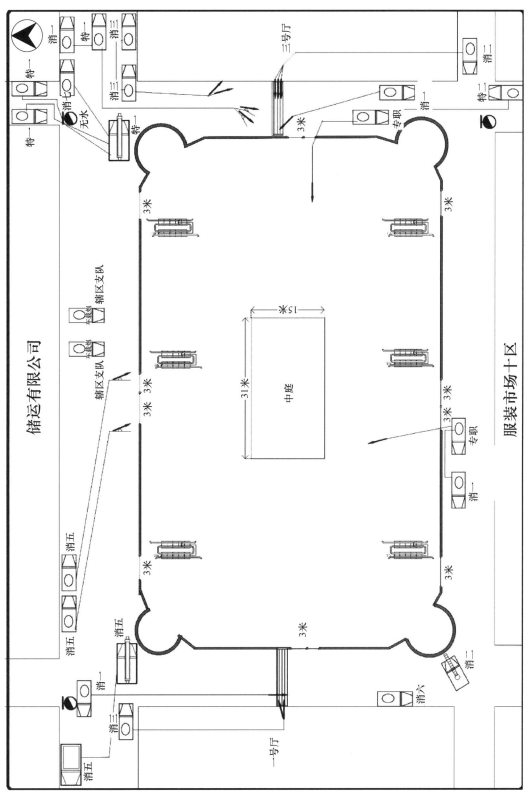

图 4-2-10　商城 2 号厅第二阶段灭火力量部署图 (15：08—16：00)

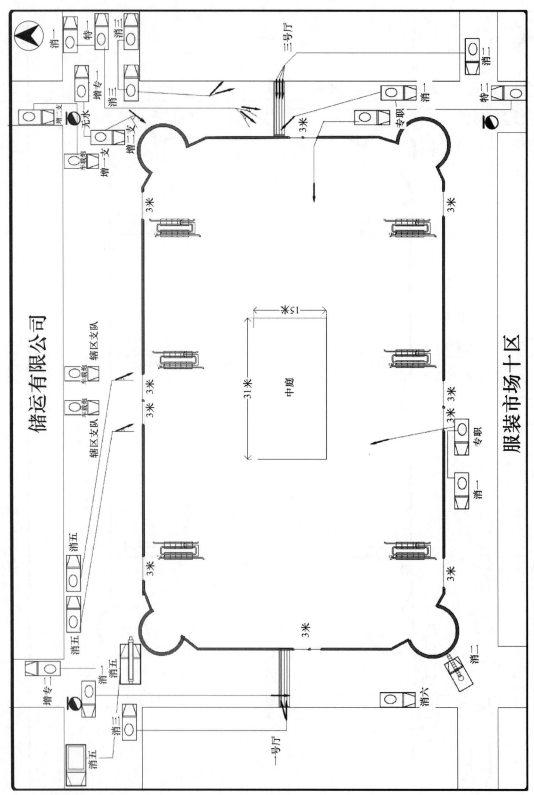

图 4-2-11 商城 2 号厅第三阶段灭火力量部署图（16：00—17：00）

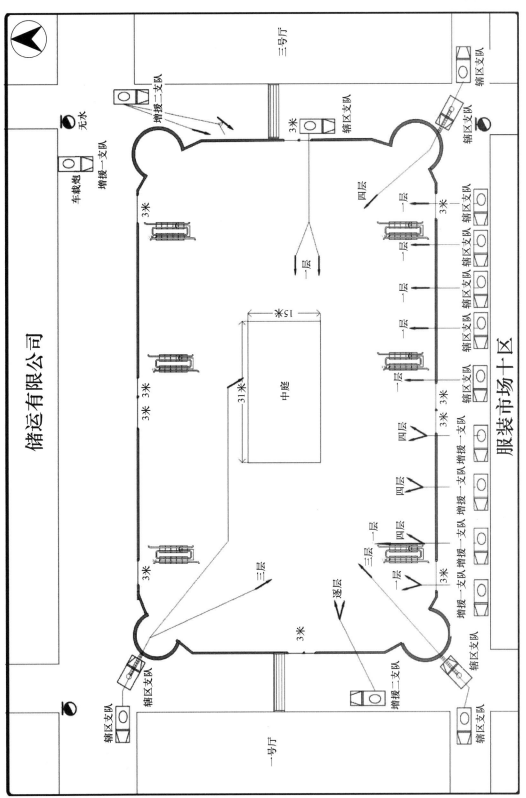

图 4-2-12　商城 2 号厅第四阶段灭火力量部署图 (17：00—20：30)

二、补充想定

（一）

13 时 40 分辖区大队接到报警，立即调出 1 个政府专职队、2 个消防救援站，共 12 台车、60 名消防救援人员赶赴现场进行扑救，13 时 56 分，大队指挥员向支队指挥中心请调增援。

> 1. 辖区消防站到达现场后的初步决策。

（二）

13 时 43 分增援力量到达现场后。一楼中庭南侧大约 1000 平方米范围内燃烧，四、五楼有浓烟冒出。指挥员命令一班车在南侧中部出一支水枪，二班车在东侧偏南出一支水枪，进入内部堵截火势。13 时 53 分消防救援一站、消防救援二站到达现场。此时一楼火势已通过中庭和楼梯间蔓延到二层，辖区大队指挥员根据当时风力和火势情况，决定在原有水枪阵地的基础上，在 2 号厅西侧出一支水枪进入二层连廊堵截火势向西侧蔓延；在西南角利用曲臂登高平台消防车救助四层内 3 名被困人员，并组织市场保安对商城物资进行疏散。

> 2. 人员进入火场内部堵截火势时，如何保障行动的顺利进行和救援人员的安全。
> 3. 曲臂登高平台消防车救助被困人员时的注意事项。

（三）

14 时 48 分支队指挥员到场后组织进行火情侦察，发现中庭玻璃幕穹顶破裂，由于"烟囱效应"已经形成立体燃烧。根据火场情况立即成立火场指挥部，向市局、市政府、总队报告火场情况。

> 4. 简述"烟囱效应"的基本原理。

（四）

着火建筑四周共部署 18 个水枪（水炮）阵地，在主要围绕控制火势向四周蔓延，对燃烧区采取"压大火、灭小火，层层围堵，步步深入"的措施，最终达到了控制蔓延，降低燃烧强度，减少损失的目的，也为作战由防转攻、快速灭火创造了条件。

> 5. 水枪阵地设置的原则和注意事项。

（五）

部署增援一、二支队出车载炮、移动炮各一门负责压制着火建筑东北角火势，防止火势向周围蔓延，同时全力保障现场供水不间断。

> 6. 作为指挥员，如何合理选择供水方法。

想定五

一、基本想定

认真阅读本材料，熟悉整个救援过程。

（一）

　　某大厦实体建筑 25 层，设备层 2 层，建筑高度 91 米，建筑面积 20644 平方米，为钢筋混凝土结构，外墙为铝塑板和玻璃幕墙装饰，大厦内有疏散楼梯 2 部、电梯 4 部。1995 年，该大厦开始施工；1998 年，因开发商资金问题导致大厦主体结构完工后烂尾；原设计用途为：地下三层为汽车库和设备用房，首层至五层为商场，六层及以上为办公室。现地下一至三层为车库，首层至二十五层作为鞋品临时仓库。大厦虽然建有自动报警、自动喷水灭火、室内消火栓、防排烟、消防电梯等消防设施，建筑尚未完工，始终未能正式启用。大厦楼层功能图如图 4-2-13 所示。

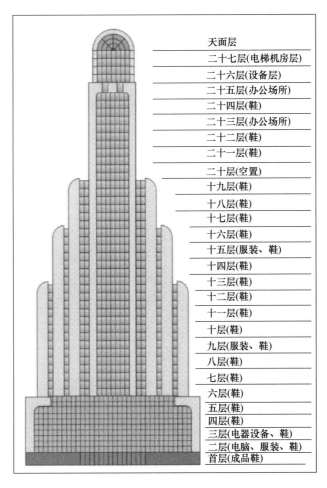

图 4-2-13　大厦楼层功能图

（二）

12月15日18时许，该大厦因电线短路发生火灾，过火面积12500平方米。大厦一至十九层、二十一至二十二层和二十四层存有大量皮鞋、服装、纸箱、塑料等易燃物品，部分楼层设有货架，并摆放有办公桌椅和电脑等。货物摆放密集、随意，没有进行有效防火分隔，部分仅采用木板、钢丝网实施隔挡。由于大厦尚未完工，一至五层原设计安装扶手梯的部位形成一个长11米、宽4米的"天井"上下贯通，火灾发生时四至五层防火卷帘未完全放下；六至二十五层的电缆井（2.4米×0.4米）、消防竖管（2.0米×0.8米）、排烟井（3.0米×0.5米）等竖向管道井上下贯通，未进行封堵。一层鞋品库房着火后，高温烟气迅速沿天井向上蔓延，通过四、五层防火卷帘缝隙引燃附近堆放的货物，火势又沿管道竖井蔓延扩大。突破窗口的火势沿燃铝塑板等外墙装修材料，向上、下蔓延。内外部烟囱效应明显，火借风势蔓延迅速，短时间内形成大面积立体燃烧。

（三）

18时50分，辖区消防支队指挥中心接到报警后，立即调集了辖区越秀、解放北路2个消防救援站、7辆消防车、39名消防救援人员前往扑救。18时56分，辖区越秀消防站到场侦察发现，大楼内有人员被困，五层火势已突破西、南面建筑外窗向上翻卷，不断有飞火落下，危及周边居民楼和学校安全。19时08分，大队指挥员及增援的5个消防站共10辆消防车相继到场。大队指挥员命令增援消防站组织3个小组进入楼内搜救、2个小组疏散毗邻居民楼内人员；在大厦东部部署1台举高喷射消防车，在南面居民楼顶增设1门移动水炮，实施外攻灭火。

（四）

19时31分，全勤指挥部到达现场。此时，五层火势燃烧猛烈，六至八层西侧已有明火突破窗口，其余大多数楼层均有浓烟冒出，群众反映二十至二十五层有3名人员被困。支队指挥员立即组织5个攻坚组，每组负责5个楼层，深入内部展开搜救；组织3个小组疏散毗邻居民楼人员，并在毗邻建筑顶部增设水枪、水炮阵地，实施外部控火、消灭飞火；调集战勤保障大队、特勤消防救援一站到场增援。19时48分，支队主官以及其他党委成员相继到达现场，按照支队灭火救援分工履行职责。19时55分，参战消防救援人员先后从二十二、二十五层救出3名被困人员。

（五）

20时25分，市政府相关领导到达现场，明确由消防救援队伍负责一线灭火救援工作，要求参战人员注意自身安全，全力抢救被困人员，防止火势向周边蔓延。20时50分，大火已经烧至大厦顶层。21时30分，总队政委率总队全勤指挥部到场。22时30分，建筑专家对大厦建筑结构进行评估，认为存在安全隐患，不宜进入内部搜救。16日0时许，省、市两级政府主要领导相继到场，指导火灾扑救工作。0时30分，根据省、市政府领导指示和专家评估意见，现场指挥员命令留下少数装备操作人员，其余人员全部撤出，再次确认周边150米范围内的居民全部转移，防止起火建筑坍塌导致人员伤亡。

（六）

16 日 2 时许，增援支队增援力量相继到场。18 时许，整个灭火战斗结束。现场留下 6 个消防救援站及战勤保障大队力量实施监护，防止死灰复燃。17 日 14 时许，经市政府组织建筑专家评估确认大厦主体结构无坍塌危险后，才允许消防救援人员进入楼内清理现场。18 日 12 时，现场清理完毕队伍全部撤离。

（七）

力量编成：

越秀消防救援站：消防救援人员 19 人，水罐消防车 3 辆；

解放北路消防救援站：消防救援人员 20 人，水罐消防车 3 辆，云梯消防车 1 辆；

增援 5 个消防救援站（黄沙、二沙岛、海珠、东山、中山六消防站）：消防救援人员 60 人，水罐消防车 4 辆，泡沫消防车 5 辆，举高喷射消防车 1 辆；

特勤消防救援一站：消防救援人员 30 人，水罐消防车 3 辆，泡沫消防车 1 辆，举高喷射消防车 1 辆，登高平台消防车 1 辆；

战勤保障大队：消防救援人员 20 人，器材运输车 1 辆，加油车 1 辆，供气消防车 1 辆，消防照明车 2 辆；

增援支队：消防救援人员 80 人，水罐消防车 8 辆，泡沫消防车 2 辆，举高喷射消防车 3 辆，登高平台消防车 2 辆，抢险救援消防车 1 辆。

（八）

要求执行事项：

(1) 熟悉该单位情况和基本想定内容。

(2) 以指挥员的身份理解任务，判断情况，定下决心，部署战斗，处置情况。

（九）

(1) 大厦楼层功能图（图 4-2-13）。

(2) 初战力量部署平面图（图 4-2-14）。

(3) 总攻阶段力量部署平面图（图 4-2-15）。

二、补充想定

请根据基本想定内容，结合补充想定材料完成相应问题。

（一）

辖区越秀消防救援站发现大楼内部有人员被困，组织 2 个攻坚组深入内部搜救人员，利用防烟楼梯间铺设水带线路，在一、二、四、六层分别设置 1 支、五层设置 2 支水枪内攻堵截控火，并部署 1 辆云梯车在大厦东面马路出水炮压制外围火势，在南面毗邻居民楼楼顶设置 2 个水枪阵地控制火势蔓延，消除飞火。

> 1. 如何保证内部搜救人员的安全。
> 2. 如何利用防烟楼梯间铺设水带。
> 3. 在南面毗邻居民楼楼顶设置 2 个水枪阵地的注意事项。

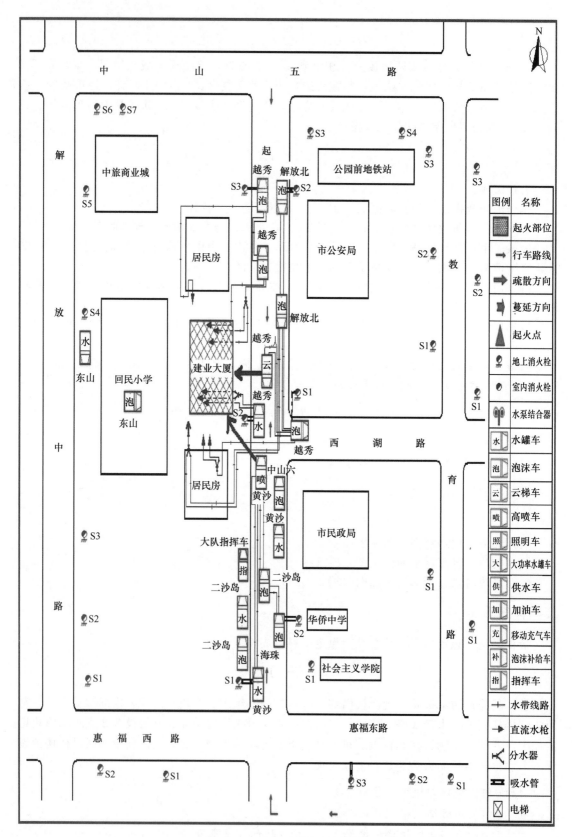

图 4-2-14 初战力量部署平面图

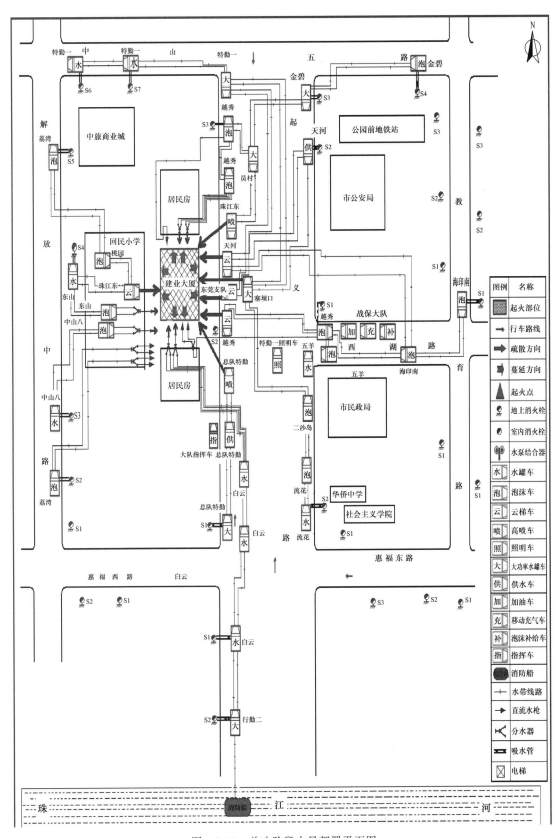

图 4-2-15 总攻阶段力量部署平面图

（二）

19 时 22 分，消防救援人员先后从大厦内部疏散出十余名被困人员。

4. 高层建筑火灾人员疏散逃生有哪些方法。

5. 搜救人员在疏散人员时应如何提高搜救效率。

（三）

20 时 10 分，十一、十二、十七、十八层相继发生轰燃，火势从外窗迅速向上蔓延。指挥部在确认被困人员全部救出的情况下，立即下达了紧急撤退命令，要求所有内攻人员撤出，保留外部力量继续灭火。

6. 阐述轰燃和回燃的区别。

7. 轰燃的征兆有哪些。

（四）

16 日 2 时许，增援力量到达现场。现场指挥员组织力量从外部开始逐层灭火。3 时 30 分火势被控制，5 时 55 分大火基本扑灭，转入从外围向内打水清理残火阶段，直至战斗结束。

8. 消防救援人员进入内部清理残火时应注意哪些问题。

第五章

超高层建筑火灾扑救想定作业

第一节　超高层建筑火灾扑救想定作业一

一、基本想定

认真阅读本材料，熟悉整个救援过程。

（一）

万鑫国际大厦位于某路 45 号俱乐部内，地处山西路和傅佐路交界处，东侧 15 米是电子商城；南侧 30 米是商场；西侧 30 米是大酒店、书城；北面 30 米是购物中心；东北侧紧邻俱乐部门面房。火场距离责任区消防救援一站 1.2 公里（约 5 分钟车程）。该建筑为超高层商住楼，2008 年底建成投入使用，钢混结构。地上 50 层，地下 3 层，建筑高度 187 米（楼层高度 170 米），总建筑面积约 12.14 万平方米，1～8 层是裙楼，为商业用房（其中 1 楼为商铺和餐厅，2 楼为儿童游乐中心，3 楼为电玩中心，4～5 楼为餐厅，6 楼为 KTV，7～8 楼为健身中心）；10～23 层为写字楼；25～50 层为酒店式公寓；9、24、40 层为避难层。整幢大楼平时人流量 2～3 千人，节假日 4～5 千人。

（二）

4 月 19 日 10 时 38 分，万鑫国际大厦发生火灾。万鑫国际大厦高度为 187 米，7 楼空调外机安装凹槽处的墙体保温层着火，其主要成分为发泡聚苯乙烯，为易燃物质。着火时大楼内共有住户、顾客以及工作人员 600 余人。火灾系电器维修中心员工，在给 1806 房间安装空调外机时，焊渣掉落至下方可燃物，引起火灾，致使两个相邻的空调外机安装凹槽（竖井）部分的墙面从 7 楼至顶楼过火（东侧 7 楼至顶楼、西侧 7 楼至 41 楼过火），且燃烧热值大，加之"烟囱效应"和风力影响，燃烧猛烈，垂直蔓延速度很快。着火后仅 12 分钟消防一站接警时已蔓延到 18 层，消防站接警后 10 分钟，明火蔓延到楼顶。发生火灾后，猛烈燃烧的火焰及高温烟气沿外墙空调安装入孔沿窗户向楼内蔓延，导致 10 余个房间被引燃，110 多个房间烟雾聚集。25 至 50 层酒店式公寓房门大多反锁，搜救难度大，着火部位高，外部猛烈燃烧形成飞火，产生大量着火坠落物及玻璃雨，消防车停靠灭火难。

（三）

该建筑 200 米范围内有市政消火栓 9 个，其中正北侧 20 米处 3 个，西南侧 5 米处 2 个、购物中心周围 3 个、商场前 1 个。周边市政消防栓属环状管网，管径 500 毫米，出口压力约为 0.3 兆帕。大楼西侧有水泵接合器 12 个。建筑内消防水泵房位于楼内地下三层，有消防水池 2 个，蓄水量 900 立方米，24 层避难层及楼顶层各设置了 18 立方米的消防水箱；楼内有消防电梯 2 部、疏散通道 7 个（主楼 2 个、裙楼 5 个）；楼内设有室内消防栓系统（标准层有墙壁式消火栓 10 个，25～50 楼每层有墙壁式消火栓 8 个）、自动喷水灭火系统、消防泵控制及联动系统、防排烟系统以及防火卷帘、火灾应急广播；消防控制室位于地面 1 层。当天阴有雨（下午有雨），气温 13～20 摄氏度，偏南风 4～5 级。

（四）

4 月 19 日 10 时 50 分，支队调度指挥中心接市公安局 110 指挥中心传警，俱乐部内的万鑫国际大厦 8 楼发生火灾，现场火势较大，建筑内部有人员被困。指挥中心第一时间调集了消防救援一站、消防救援二站（高层灭火救援专业队）、消防救援三站、特勤消防救援二站 4 个消防站、14 辆消防车、70 名消防救援人员赶赴现场。支队长、总值班长、值班指挥长同时赶赴火场。

10 时 55 分，指挥中心增调四至七、特勤消防救援一站 5 个消防救援站和战勤保障大队。至此，支队分两批调集了 34 辆消防车赶赴现场。

（五）

10 时 56 分，责任区消防救援站和值班指挥长到达现场，通过外部观察，万鑫国际大厦大楼南侧空调外机槽 7～25 楼形成火柱，且迅速向上蔓延，伴有大量浓烟和飞火。

10 时 58 分，支队副支队长及备班指挥长等到达现场。副支队长命令调度指挥中心合理安排增援消防站行驶路线，要求增援消防救援站到场后就近占据水源，领受战斗任务。同时安排专人（指挥助理 1 名、通信员 1 名）对进入大楼内部人员进行出入登记。期间，两个战斗小组在大楼安保人员的协助下，通过北侧疏散楼梯及消防电梯安全疏散 380 余人，其中 2 层儿童游乐中心约 110 人、6 层 KTV 约 120 人、7 层健身中心约 80 人、8 层健身中心约 70 人；成功营救 7 人，其中 41 层大厅 3 人、9 楼大厅 4 人。

（六）

11 时 05 分至 11 时 07 分，消防救援二站、消防救援三站、特勤二站先后到达现场。11 时 08 分，消防救援二站第二战斗小组在顶楼平台出 2 支水枪，楼顶火势得到有效遏制。

（七）

11 时 15 分，总队长、副总队长到达现场，迅速成立了火场指挥部。

11 时 20 分，楼顶平台明火基本扑灭，火势得到有效控制。

11 时 22 分，支队长乘坐消防电梯登至顶楼，命令在场力量强攻近战，消灭明火，并将水枪推进到楼顶平台外围，沿空调外机槽灌注灭火、实施冷却，防止火势向室内蔓延。

11 时 24 分，总队长乘坐消防电梯至顶楼，查看平台火情。

11 时 25 分，四至七消防救援站及特勤消防救援一站相继到达火场。根据指挥部分工，消防救援七站、特勤消防救援一站待命，其他三个消防救援站分别进入楼内以三个避难层为起点配合各战斗段向上搜救和灭火。期间，各战斗段分别在 35、48 楼发现明火，迅速利用墙壁消火栓出枪扑灭火势。消防救援四站在 12 层引导疏散了 10 余名人员。

（八）

11 时 30 分，副省长赶到现场。总队长汇报了火场情况，副省长指示：彻底消灭火势，确保无人员伤亡。各参战单位按照指挥部统一部署，再次对楼层进行灭火和搜救。11 时 35 分，消防救援六站在排查过程中发现，4109 房间内部全部引燃，呈猛烈燃烧态势，参战消防救援人员迅速强攻室内将其扑灭。期间，各战斗小组分别在 24、26、45 楼发现残火并迅速出枪将其扑灭，并分别从 25 层（大厅 4 人，包括 2 名不清楚疏散通道的外籍人士和一对夫妻）、33 层（3301 号 2 人、3315 号 1 人在屋内不敢出来）、34 层（大厅 2 人不知道外部情况）、36 层（3602 号 1 名行动不便的残疾老人）、47 层（4704 号 2 人在屋内喊救命）共搜救出 12 名被困人员。

11 时 42 分，明火已全部扑灭，确认无被困人员。

（九）

力量编成：

消防救援一站：消防救援人员 15 人，水罐消防车 3 辆，抢险救援消防车 1 辆；

消防救援二站：消防救援人员 15 人，云梯消防车（32 米）1 辆，举高喷射消防车（53 米）1 辆，云梯消防车（32 米）1 辆；

特勤消防救援二站：消防救援人员 25 人，水罐消防车 4 辆，举高喷射消防车（32 米）1 辆；

消防救援三站：消防救援人员 15 人，水罐消防车 2 辆；

消防救援四站：消防救援人员 18 人，水罐消防车 3 辆，云梯消防车（32 米）1 辆；

消防救援五站：消防救援人员 19 人，水罐消防车 3 辆，举高喷射消防车（18 米）1 辆；

消防救援六站：消防救援人员 16 人，水罐消防车 2 辆，举高喷射消防车（32 米）1 辆；

消防救援七站：消防救援人员 21 人，水罐消防车 2 辆，举高喷射消防车（18 米）1 辆；

特勤消防救援一站：消防救援人员 28 人，水罐消防车 3 辆，云梯消防车（32 米）1 辆；

战勤保障大队：消防救援人员 16 人，战勤保障消防车 1 辆；

支队机关：消防救援人员 5 人，消防指挥车 1 辆。

（十）

要求执行事项：

（1）熟悉该单位情况和基本想定内容。

（2）以指挥员身份理解任务，判断火情，定下决心，部署战斗，处置情况。

（十一）

（1）万鑫国际大厦平面图（图 5-1-1）；

（2）万鑫国际大厦建筑结构（图 5-1-2）；

（3）万鑫国际大厦内部图（图 5-1-3）；

（4）被困人员分布图（图 5-1-4）；

（5）力量部署图（图 5-1-5）。

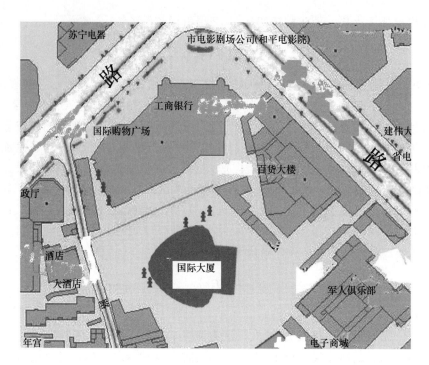

图 5-1-1　万鑫国际大厦平面图

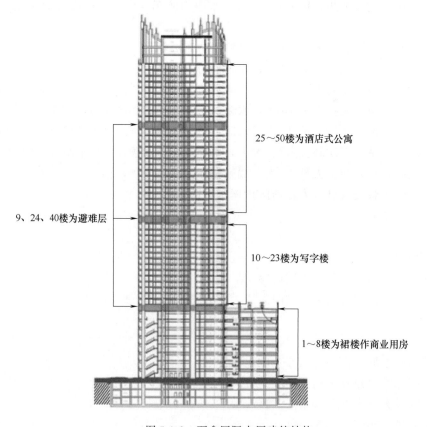

图 5-1-2　万鑫国际大厦建筑结构

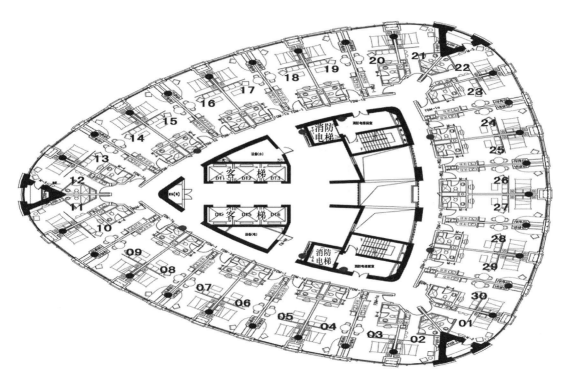

图 5-1-3　万鑫国际大厦内部图

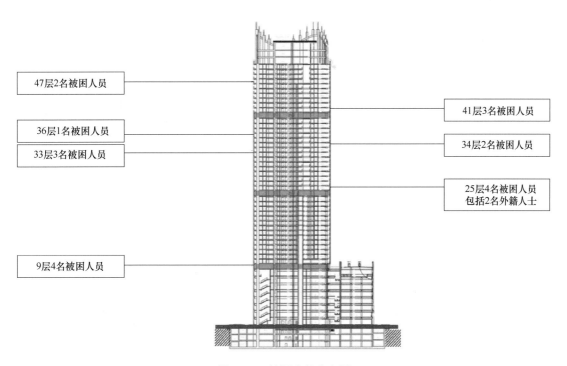

图 5-1-4　被困人员分布图

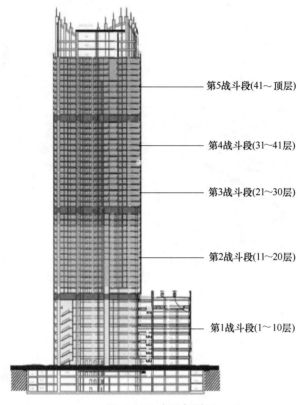

第5战斗段(41～顶层)

第4战斗段(31～41层)

第3战斗段(21～30层)

第2战斗段(11～20层)

第1战斗段(1～10层)

图 5-1-5　力量部署图

二、补充想定

请根据基本想定内容，结合补充想定材料完成相应问题。

（一）

10 时 56 分，责任区消防救援一站和值班指挥长到达现场，通过外部观察，万鑫国际大厦大楼南侧空调外机槽 7～25 楼形成火柱，且迅速向上蔓延，伴有大量浓烟和飞火。通过询问物业管理人员得知楼里有大量被困人员，需要紧急疏散。

1. 指挥员对现场情况判断的结论。
2. 指挥员进行火情侦察的方法，侦察注意事项。
3. 指挥员所下达的命令及战斗展开的形式。
4. 针对到场的 15 人，4 车如何进行战斗编成。

（二）

指挥员组织力量疏散被困人员，进入消防控制室要求控制室人员运用火灾应急广播通知楼内人员疏散，并启动消防泵及防排烟系统等固定设施。同时，组织 3 辆消防车占据水源连接大楼外部水泵接合器向楼内供水，并全力扑打飞火。

5. 引导疏散人员采用哪些方法，携带哪些器材装备。
6. 利用固定消防设施的步骤，应注意哪些问题。

　　7. 应如何合理选择进攻途径。

　　8. 启动防排烟系统进行排烟应注意哪些问题。

（三）

　　副支队长部署消防救援一站站长带领第一战斗小组营救被困人员，并在8楼和9楼各出1支水枪迅速扑灭向楼内配电房蔓延的火势；指导员带领第二战斗小组，登至楼顶出2支水枪堵截火势，阻止蔓延，同时沿途搜索被困人员。

　　9. 营救被困人员如何进行。

　　10. 阻止火势向楼内配电房蔓延应注意的事项。

　　11. 消防救援一站如何兼顾灭火与救人。

　　12. 登至楼顶可以采用哪些方法。

　　13. 出2支水枪堵截火势如何进行战斗编成。

（四）

　　11时05分至11时07分消防救援二站、三站、特勤站先后到达现场。副支队长安排到场消防救援二站组成2个战斗小组，消防救援三站组成1个战斗小组，共3个战斗小组，以9楼、24楼、40楼三个避难层为进攻起点层，以最快的速度向上搜索被困人员并消灭火点。此外，命令消防救援二站第二战斗小组操作云梯车从外部打击火势。

　　14. 云梯车从外部打击火势，停车应注意哪些问题，灭火作业中又应该注意哪些事项。

　　15. 消防救援三站如何避免重复搜救。

（五）

　　11时14分，特勤二站到场，组成3个战斗小组。第一战斗小组人员组成灭火小组乘消防电梯至顶层出1支水枪进行灭火；第二战斗小组组成搜救小组配合第三战斗段进行搜救；第三战斗小组占据消火栓向水泵接合器供水。期间，各战斗小组分别在32层、33层、34层、40层、44层和顶楼平台分别出枪灭火。

　　16. 三个战斗小组应如何分工，各组应携带哪些器材。

　　17. 向水泵接合器供水，应注意哪些问题。

（六）

　　11时35分，消防救援六站在排查过程中发现，41楼烟雾较大，且4109房间房门温度较高。副支队长命令附近参战消防站迅速集结至41楼，利用墙壁消火栓出1支水枪和1支消防水喉掩护，强行破拆4109房间。

　　18. 应采用什么装备进行破拆，破拆中有哪些注意事项。

（七）

　　由于40层以上800兆电台信号屏蔽，现场通信小组灵活运用三级组网模式，合理分配

800 兆、350 兆电台信道，并组成电台保障小组确保火场通信联络畅通。

同时，战勤保障大队累计更换气瓶 82 具，充装气瓶 86 具，并及时为参战消防救援人员供应快餐和饮水。

> 19. 应如何分配电台通信频道。
> 20. 战勤保障如何快速有效进行。

（八）

12 时 09 分，指挥部命令：除消防救援一站、二站外，其余消防救援站陆续返回。
16 时 34 分，监护力量全部撤离。

> 21. 在负责监护过程中应注意哪些问题。
> 22. 在战斗结束后应做哪些工作。

第二节　超高层建筑火灾扑救想定作业二

一、基本想定

认真阅读本材料，熟悉整个救援过程。

（一）

某广播电视中心于 1989 年 9 月投入使用，高 305.5 米，总建筑面积 11000 平方米，钢筋混凝土结构，由塔身、塔楼和顶部发射塔三部分组成。塔楼设在 187 米至 215.5 米之间，共有 6 层，设有旋转餐厅、观光厅、广播电视机房、电梯机房；塔身高 187 米，设有 48 个通风口；裙楼三座，总占地面积为 8000 平方米。是一座集旅游观光、餐饮等综合性的广播电视塔。

该建筑内部共有 3 部电梯，其中 2 部通 1 层、2 层、15 层，另 1 部通 1 层至 16 层；疏散楼梯只有 1 部，由负 1 层直通顶层。发生火灾时，所有供电均被切断，因无双路供电，造成所有电梯无法使用。该建筑共有 3 个安全出口，分别位于北侧、东侧和南侧，其中东、北两侧出口直通室外，南侧出口与裙楼相通。

（二）

24 日 22 时 49 分，某广播电视中心塔身 60 米处电缆井，因雷击发生火灾，火势和高温烟气沿管槽水平和竖向流窜，火点隐蔽。火势在水平发展蔓延的同时，高温烟气很快充满整个楼层，并通过共享空间、楼梯间、电梯井、各种竖井管道等向上垂直蔓延，短时间内整个建筑物内就充满浓烟。

（三）

该建筑内有墙壁消火栓 18 个，其中一层 4 个，二层 2 个，十三层至十八层每层 2 个。十八层有 2 个消防水箱，储水量分别为 18 立方米、30 立方米。地下有一个 300 立方米的蓄水池。院内有 2 个地下消火栓。该建筑西侧、南侧道路畅通，东、北两侧消防车不能通行。

（四）

支队调度指挥中心接到报警后，立即按灭火救援预案调派南湖、南市、和平、特一、特二5个消防救援站，19台消防车，120名消防救援人员赶赴火场扑救。

（五）

22时57分辖区南湖消防站到达火场，发现整个广播电视中心已停电，内部一片漆黑，经询问知情人得知旋转餐厅上有22人被困，起火点位于塔内60米处左右，起火点以上充满烟雾。消防站指挥员立即组成两个侦察小组，佩戴空气呼吸器，携带照明器材沿内部疏散楼梯向上进行火情侦察，确定着火点位置。其中一组人员携带灭火器材向上攀登，利用塔身40米处的通风口，采用沿建筑物外墙垂直铺设水带的方法，向下铺设水带，再通过内部疏散楼梯蜿蜒向上铺设水带进行预先展开。

（六）

22时58分支队指挥部到达现场，通过询问知情人、组织攻坚人员深入内部侦察等手段，及时了解现场火势燃烧蔓延、人员被困及受威胁情况，根据搜集到的各种信息，结合现场唯一一部疏散楼梯被浓烟封锁、3部电梯无法正常使用的实际情况，迅速确定了"强攻灭火排烟、疏散救助被困人员"的战斗决策。

（七）

24日0时10分，将火势有效控制在60～80米处并彻底消灭。1时10分被困人员通过室内疏散楼梯全部安全疏散到地面。

（八）

力量编成：

南湖消防救援站：消防救援人员15人，水罐消防车3辆；

南市消防救援站：消防救援人员15人，云梯消防车（32米）1辆，举高喷射消防车（53米）1辆，云梯消防车（32米）1辆；

和平消防救援站：消防救援人员25人，水罐消防车3辆，举高喷射消防车（32米）1辆；

特勤消防救援一站：消防救援人员30人，水罐消防车3辆，云梯消防车（32米）1辆；

特勤消防救援二站：消防救援人员30人，水罐消防车3辆，云梯消防车（32米）1辆；

支队机关：消防救援人员5人，消防指挥车1辆。

（九）

要求执行事项：

（1）熟悉该单位情况和基本想定内容。

（2）以指挥员身份理解任务，判断火情，定下决心，部署战斗，处置情况。

（十）

（1）某电视广播中心大厦平面图（图5-2-1）。

（2）某电视广播中心内部图（图 5-2-2）。

图 5-2-1　某电视广播中心大厦平面图

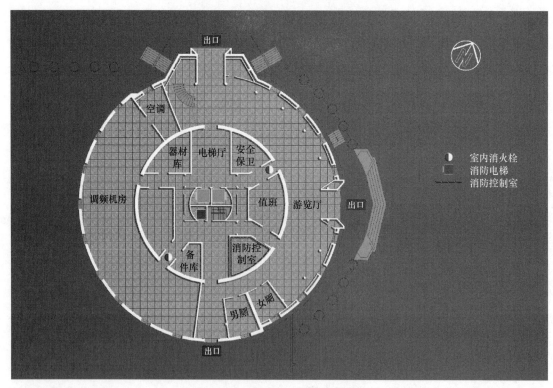

图 5-2-2　某电视广播中心内部图

二、补充想定

请根据基本想定内容，结合补充想定材料完成相应问题。

（一）

22 时 57 分辖区南湖消防救援站到达火场，发现整个广播电视中心已停电，内部一片漆黑，经询问知情人得知旋转餐厅上有 22 人被困，起火点位于塔内 60 米处左右，起火点以上充满烟雾。指挥员立即组成两个侦察小组，佩戴空气呼吸器，携带照明器材沿内部疏散楼梯向上进行火情侦察，确定着火点位置；其中一组人员携带灭火器材向上攀登，利用塔身 40 米处的通风口，采用沿建筑物外墙垂直铺设水带的方法，向下铺设水带，再通过内部疏散楼梯蜿蜒向上铺设水带进行预先展开。

1. 对于停电的着火建筑如何进行火情侦察。
2. 指挥员所下达的命令和战斗展开的形式。
3. 如何垂直和蜿蜒铺设水带。
4. 针对到场的 3 车 15 人如何进行战斗分工。

（二）

22 时 58 分支队指挥部到达现场，通过询问知情人、组织攻坚人员深入内部侦察等手段，及时了解现场火势燃烧蔓延、人员被困及受威胁情况，根据搜集到的各种信息，结合现场唯一一部疏散楼梯被浓烟封锁、3 部电梯无法正常使用的实际情况，迅速确定了"强攻灭火排烟、疏散救助被困人员"的战斗决策。

5. 指挥部对现场情况判断定下的结论。
6. 确定战斗决策的依据。

（三）

首先组织专人，利用手机与被困人员沟通，稳定其情绪；命令和平消防救援站、南湖消防救援站分别用格拉曼水罐消防车和支队自行研制的"神龙"水罐消防车，组织人员佩戴好空气呼吸器、携带照明工具，分别利用 40 米处的通风口垂直铺设水带，在 60 米处和 120 米处设置了 2 支水枪阵地，上下堵截火势。

7. 垂直铺设水带的注意事项。

（四）

命令特勤消防救援二站组成 3 个战斗小组，利用脉冲水枪，及时消灭 60 米处的火点，在 80 米处、100 米处、120 米处设防，并利用热像仪反复对塔内进行侦察；命令南市消防站成立 2 个搜救小组，佩戴空气呼吸器，携带照明工具进入室内，将塔楼内一时无法疏散的被困人员，全部转移到受烟火威胁较小的外部观光平台上等待救援，同时成立 3 个器材输送保障组，在 60 米处、80 米处、100 米处分别预先放置 3 部空气呼吸器，组成 1 个灭火小组，携带水带、水枪，利用 200 米处墙壁消火栓，由上至下沿电缆井向下灌注灭火；命令特勤一站组成 3 个器材输送小组和一个救人小组，分别向上输送空气呼吸器、水带和解救被困人员。

8. 疏散转移被困人员采用哪些方法、携带哪些器材装备。

9. 如何利用墙壁消火栓沿电缆井灌注灭火。

10. 如何划分战斗段，控制火势。

11. 如何进行器材输送、解救被困人员。

（五）

24 日 0 时 10 分，将火势有效控制在 60 米至 80 米处并彻底消灭。为尽快排除塔内大量浓烟，指挥部一方面通过手机、对讲机协调塔内工作人员、消防救援人员和地面的工作人员打开一层至顶层的电梯轿厢门，利用电梯井进行排烟；另一方面组织力量继续对疏散通道进行搜索。在烟雾较小、确保安全的情况下，将 22 名被困人员分成 4 组，每人配发一条湿毛巾，由消防救援人员首尾保护，向下疏散。1 时 10 分被困人员通过室内疏散楼梯全部安全疏散到地面。

12. 火场排烟有哪些方法和注意事项。

13. 在战斗结束后应做哪些工作。

第三节　超高层建筑火灾扑救想定作业三

一、基本想定

认真阅读本材料，熟悉整个救援过程。

（一）

金鹰中心，位于汉中路 89 号，地处核心商业圈，中心内有商场、酒店、餐饮、影院、写字楼等多种业态，是典型的商业综合体加超高层建筑。

金鹰中心由 A、B 座及连廊组成。A 座的 4 至 8 层与 B 座 3 至 7 层通过连廊相连。

A 座于 1996 年 4 月投入使用，建筑高度为 218 米，总建筑面积 14.8 万平方米，地上 58 层，地下 2 层。1~6 层为商场，营业面积 25034 平方米，7 层、9 层及 37~58 层为侨鸿皇冠酒店，8 层、10~36 层为办公区域。

B 座于 2014 年 4 月投入使用，建筑高度为 220 米，总建筑面积 17.9 万平方米，地上 54 层，地下 4 层。地下 1 层至地上 9 层为商场，营业面积 69920 平方米，10 层为设备层，11 层为宴会厅，12~24 层为办公区域，26~46 层为金鹰国际酒店，46 层以上主要为办公区域及设备用房，地下 4 层至地下 2 层为地下停车场。

着火建筑东侧为友谊广场，南侧为测绘大厦、金鹰花园小区，西侧为健康职业学院，北侧为金轮新天地广场、金轮大厦。

（二）

起火部位为金鹰中心 A 座 9 楼酒店厨房施工现场西北角，起火原因是施工人员使用等离子切割机拆除油烟设备时产生的高温滴落物引燃油烟设备内的残存油污，并引燃周边可燃物蔓延成灾。

火灾发生后，A 座 9 层西北角起火点的火势引燃建筑外立面材料后迅速向上、向下蔓延，在 1～27 层的建筑外立面形成大面积燃烧，猛烈的外墙火势向建筑内部蔓延，致使裙楼商场 4～6 层西北侧服装柜台过火燃烧，8 楼办公区域过火燃烧。写字楼 9～24 层西北角室内过火燃烧。北侧工商银行 6～8 层办公室过火燃烧。同时，高处坠落的燃烧部件引燃了位于 A、B 座连廊处的疏散楼梯间及其外侧的空调外机平台，火势通过连廊向 B 座蔓延。火灾发展迅速，多途径蔓延，火点多达十多处，形成立体燃烧，扑救难度大。

（三）

金鹰中心 300 米范围内有市政消火栓 6 个，其中汉中路沿线 3 个、王府大街沿线 1 个、管家桥沿线 2 个。汉中路南侧市政消火栓属市政主管，管径 1200 毫米，汉中路北侧及王府大街至管家桥沿线市政消火栓均属环状管网，管径 600 毫米，出口压力约为 0.3 兆帕。

金鹰中心消防控制室设置在 B 座 1 层东南侧，设有室内消火栓系统、自动喷水灭火系统、消防泵控制及联动系统、防排烟系统以及防火卷帘、火灾应急广播等。

A 座 12 层和 50 层为避难层，26 层和 37 层设有避难间。楼内共有疏散楼梯 8 部，消防电梯 2 部。楼内消防水系统共分为高、低两个区，共设有室内消火栓 460 个（8 层以下，每层 16 个；9～58 层，每层 6 个）。消防泵房位于 A 座地下 2 层，设有室内消火栓泵、室外消火栓泵及喷淋泵各 2 台，消火栓泵流量为 45 升/秒，喷淋泵流量为 28 升/秒，负责室外消火栓、23 层以下（低区）室内消火栓及喷淋管网供水；26 层设有消火栓泵、喷淋泵各 2 台，负责 24～58 层（高区）室内消火栓及喷淋管网供水。地下消防水池位于 A 座负 2 层，水箱容积 1070 立方米；中继水箱位于 26 层，由 3 个消防水箱串联，容积 48 立方米；高位水箱位于 58 层，水箱容积 20 立方米；设置有水泵接合器 6 组，位于建筑东南侧消防通道处，用于给高、低区消火栓及喷淋管网供水。

（四）

5 月 24 日 21 时，支队指挥中心接警后，立即启动支队"高层建筑火灾灭火作战编成"，第一时间调集侯家桥、新街口、汉中门、逸仙桥、鼓楼、特勤一、特勤二、战勤保障 8 个消防站（队）、23 辆消防车、135 名指战员，组成 2 个举高编队、6 个灭火搜救编队、3 个供水编队、1 个保障编队、1 个建筑消防设施操作分队到场施救，并通知相关联动单位到场协助处置。同时，总、支队两级全勤指挥部、应急通信保障分队赶赴现场组织指挥，并第一时间向省委省政府、部局指挥中心报告灾情。

（五）

21 时 07 分，新街口专职队、侯家桥消防救援站先后到达现场。侯家桥消防救援站、新街口专职队组织 2 个攻坚组进入着火层 9 层，在建筑外部设置 1 门移动炮、1 门车载炮，在 A 座西侧广场协同压制外立面火势；在 A、B 座连廊的疏散楼梯间外侧设置两支水枪，扑救楼梯间及 2 层空调外机平台的火势。

21 时 20 分，总、支队两级全勤指挥部、应急通信保障分队到达现场，命令逸仙桥消防救援站 3 个灭火搜救组进入商场 4～6 层设置水枪阵地堵截火势向商场蔓延，并引导疏散滞留群众。

灭火战斗的同时，辖区大队建筑消防设施操作分队和单位工程技术人员占据消控室、消防水泵房、配电房，确保固定消防设施正常运转，保障火场供水、供电、排烟及消防电梯的使用。

（六）

21 时 30 分左右，后续增援力量陆续到场。

21 时 45 分，火势得到基本控制。22 时 40 分，明火被全部扑灭。现场指挥部再次进行力量调整，侯家桥、特勤一、新街口、汉中门四个消防站留守监护、防止复燃，其余力量陆续归队。现场共成立 15 个监护小组，每个小组负责两个楼层，在单位安保人员的带领下，采取敲、问、喊话等方法逐个房间、逐个角落、充烟区域进行排查，确保现场不发生二次复燃，确保现场搜救工作无盲区、全覆盖。

23 时 15 分，现场指挥部进一步严明火场纪律，调派总、支队火调人员勘察现场，收集固定相关物证资料。

（七）

力量编成：

新街口专职队：消防救援人员 10 人，水罐消防车 2 辆；

侯家桥消防救援站：消防救援人员 18 人，水罐消防车 2 辆，云梯消防车（32 米）1 辆；

汉中门消防救援站：消防救援人员 24 人，水罐消防车 3 辆，举高喷射消防车（32 米）1 辆；

逸仙桥消防救援站：消防救援人员 12 人，水罐消防车 2 辆；

鼓楼消防救援站：消防救援人员 13 人，水罐消防车 2 辆；

特勤消防救援一站：消防救援人员 28 人，水罐消防车 3 辆，登高平台消防车（32 米）1 辆，云梯消防车（52 米）1 辆；

特勤消防救援二站：消防救援人员 25 人，水罐消防车 3 辆，登高平台消防车（32 米）1 辆；

战勤保障消防站：消防救援人员 5 人，战勤保障消防车 1 辆；

支队机关：消防救援人员 4 人，消防指挥车 1 辆。

（八）

要求执行事项：

（1）熟悉该单位情况和基本想定内容。

（2）以指挥员身份理解任务，判断火情，定下决心，部署战斗，处置情况。

（九）

（1）金鹰中心总平面图（图 5-3-1）。

（2）消防水源及固定消防设施图（图 5-3-2）。

（3）初期到场力量展开图（图 5-3-3）。

（4）全面展开图（图 5-3-4）。

（5）金鹰中心 A 座 1～8 层固定消防设施分布图（图 5-3-5）。

（6）金鹰中心 A 座 9～58 层固定消防设施分布图（图 5-3-6）。

图 5-3-1　金鹰中心总平面图

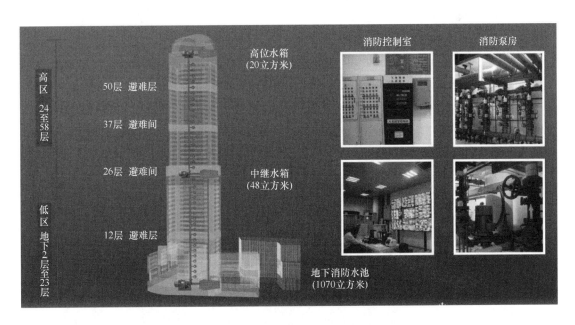

图 5-3-2　消防水源及固定消防设施图

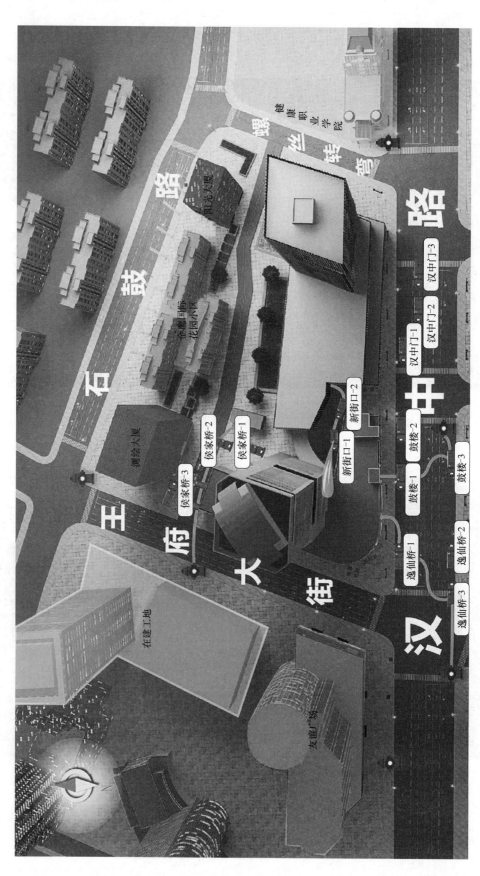

图 5-3-3　初期到场力量展开图

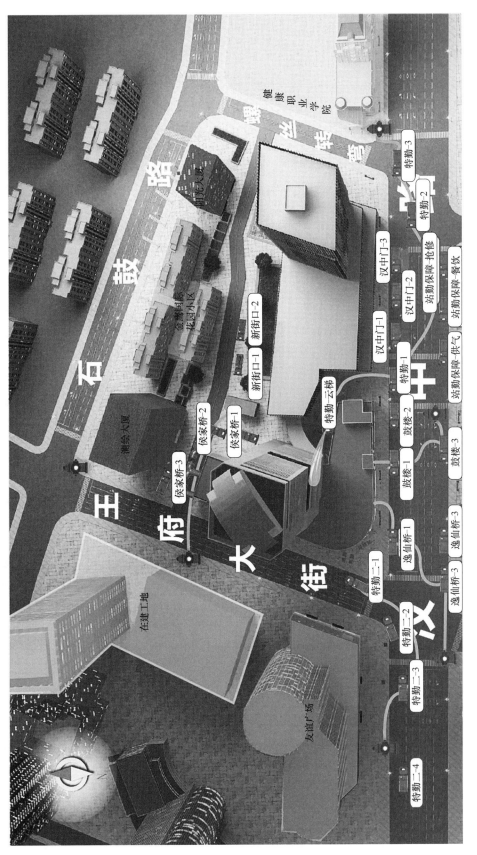

图 5-3-4　全面展开图

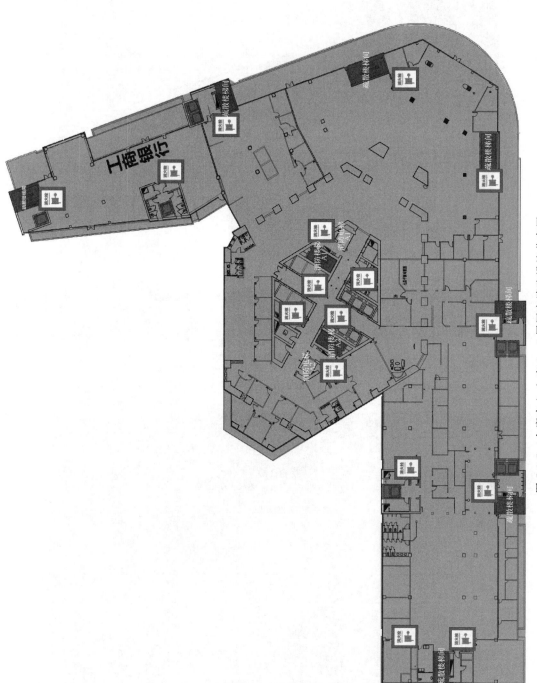

图 5-3-5 金鹰中心 A 座 1~8 层固定消防设施分布图

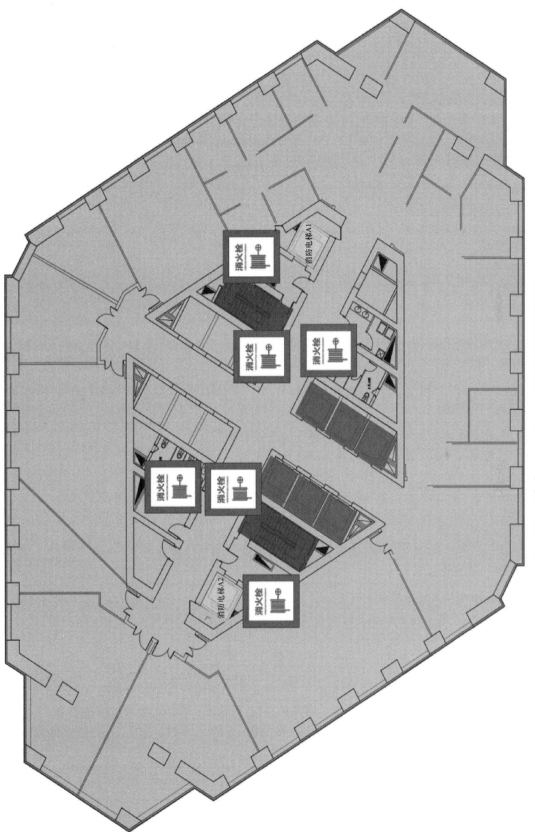

图 5-3-6　金鹰中心 A 座 9～58 层固定消防设施分布图

二、补充想定

请根据基本想定内容，结合补充想定材料完成相应问题。

（一）

21 时 07 分，新街口专职队、侯家桥消防救援站先后到达现场。指挥员进入消控室，了解起火具体部位、燃烧状态和蔓延方向，检查固定消防设施启动情况，利用应急广播，安抚商场内人员情绪，引导疏散。

> 1. 指挥员在消控室掌握到的现场情况。
> 2. 指挥员对现场情况判断的结论。
> 3. 如何安抚商场内人员情绪。
> 4. 指挥员所下达的命令及战斗展开的形式。
> 5. 针对辖区消防站到场的 3 车 18 人如何进行战斗分工。

（二）

侯家桥消防救援站、新街口专职队组织 2 个攻坚组进入着火层 9 层，利用室内消火栓出 3 支水枪，控制起火点火势；组织搜救组同步开展人员搜救，在单位微型消防站及工作人员协助下，进入商场疏散人员，并在着火层上下 7～11 层进行搜救；占据水泵接合器，做好向室内管网供水准备。

> 6. 引导疏散人员采用哪些方法、携带哪些器材装备。
> 7. 内攻人员如何做好个人防护，如何防止轰燃。
> 8. 如何占据水泵接合器供水，应注意哪些问题。

（三）

21 时 20 分，总、支队两级全勤指挥部到达现场，同时，建筑消防设施操作分队、应急通信保障分队到场。

> 9. 如何确保固定消防设施正常运转。
> 10. 如何开展无人机侦察，做好火场通信保障。

（四）

全勤指挥部命令首批增援到场的汉中门消防救援站组织攻坚组，在避难层上一层 27 层建筑幕墙外侧设置 1 个高位灌注阵地，堵截火势向上蔓延，组织 2 个灭火搜救组自 11 层向上逐层搜救疏散人员，先后利用室内消火栓在主楼 12 层、13 层、14 层、26 层堵截火势向楼内蔓延。

> 11. 选择 27 层设置高位灌注阵地的依据。
> 12. 扑救超高层建筑火灾时如何防止"玻璃雨"。
> 13. 搜救被困人员的方法和注意事项。

（五）

21 时 30 分左右，后续增援力量陆续到场。现场指挥部根据现场火灾蔓延态势，采取"分段作业、高点灌注、内外夹击、多向设防"的战术措施，将现场分为内攻、外控两个战斗区、4 个战斗段，每个战斗段由 1 名总、支队指挥长负责指挥，立体布控扑灭火灾。

14. 如何定下"分段作业、高点灌注、内外夹击、多向设防"的战术措施。
15. 划分战斗段，控制火势的依据是什么。

（六）

第一战斗段由侯家桥消防救援站、新街口专职队负责扑救主楼 7~10 层火势，在 A、B 座连廊设置阵地，阻止火势向 B 座蔓延。

第二战斗段由汉中门消防救援站、特勤消防救援一站负责主楼 11 至顶层，组成 6 个灭火搜救组逐层搜救疏散人员，扑救过火区域。

第三战斗段由逸仙桥消防救援站、特勤消防救援救援二站负责商场 1~6 层，分别设置水枪阵地，扑灭服装柜台及储物间的火势，堵截火势向商场内部继续蔓延。

第四战斗段由鼓楼消防救援站负责进入工商银行逐层搜救疏散人员，扑救过火区域。

16. 选择水枪阵地的依据和注意事项。
17. 如何组织搜救被困人员，确保不留死角，不漏一人。

（七）

外控战斗区由特勤消防救援一站、战勤保障消防救援站负责。特勤消防救援一站接替侯家桥消防救援站移动炮阵地，利用 52 米云梯车举高射水，压制外立面火势。战勤保障消防救援站在外部设立保障点，做好气瓶、饮食和其他灭火物资保障。

18. 利用云梯车举高射水有哪些注意事项。
19. 如何做好遂行作战中的战勤保障。

（八）

21 时 45 分，火势得到基本控制。现场指挥部将主楼救援力量调整为 3 个作业段，按照 10 层以下、11~20 层、21 层以上的划分，组织力量逐层进行地毯式排查清理残火。

20. 将主楼救援力量按楼层调整为 3 个作业段的依据是什么。
21. 如何进行地毯式搜索，确保不漏一人。

（九）

22 时 50 分，经过三轮地毯式搜索，确认楼内所有人员已疏散完毕，未发现新的被困人员。23 时 55 分，经过现场指挥部和公安机关两次核对人员疏散情况，确认楼内人员全部安全疏散，无人员伤亡。现场指挥部命令，辖区消防站进行火场监护，其余力量返回。

22. 在负责监护过程中应注意哪些问题。
23. 在战斗结束后应做哪些工作。

第四节　超高层建筑火灾扑救想定作业四

一、基本想定

认真阅读本材料，熟悉整个救援过程。

（一）

某国际大厦位于青年大街 390 号，共 3 栋建筑，呈"品"字形，分为 A、B、C 三座塔楼。A 座地上 45 层，B、C 座地上各 37 层，总建筑面积 227859 平方米。3 栋建筑地上 1～10 层、地下 1～3 层连通形成整体裙楼。整体裙楼建筑面积 98181.5 平方米，1～10 层为大堂、餐饮、商业用房、办公室、健身、咖啡厅、宴会厅、多功能厅等。地下 1～3 层为机械式立体汽车库、设备用房、员工餐厅等。A 座地上 45 层（11 层为设备层，12～26 层为客房，27～45 层为写字间，28 层为避难层），建筑高度 180 米，建筑面积 58038.8 平方米；B 座地上 37 层（11～37 层为公寓，20 层为避难层），建筑高度 150 米，建筑面积约 36003 平方米；C 座地上 37 层（11～37 层为写字间，20 层为避难层），建筑高度 150 米，建筑面积 35635.7 平方米。

该大厦外部保温层 A 座为苯板，B、C 座为挤塑板；外墙造型弧形部分为铝单板，平板部分为铝塑板。

该大厦东侧为青年大街；西邻航空社区；南侧为二环路；北临皇朝万豪国际酒店。

（二）

该大厦周边可利用水源有 8 处，其中消防水鹤 4 处，分别位于陆军总医院东 1 处（2.5 千米）、文化东路南塔鞋城东 1 处（4.1 千米）、热闹路五爱市场西区 1 处（4.6 千米）、和平大街中山公园东南 1 处（5 千米）；地下消火栓 4 处，分别位于皇朝万豪酒店北侧 1 处（100 米）、河畔花园小区北侧 1 处（150 米）、青年大街 1 处（1000 米）、文安路 1 处（1200 米）。

（三）

2 月 3 日 0 时 13 分，该国际大厦因燃放烟花引燃 B 座外墙保温装饰材料，导致意外事故发生。支队调度指挥中心接警后，第一时间调派南湖、奥体、浑南、北站等 11 个消防站、36 辆消防车、231 名消防救援人员赶赴现场进行处置。

（四）

0 时 46 分，请示市公安局并征得市政府同意，启动市重特大火灾事故应急预案，通知水务集团、卫生、煤气、电业、安监、交通等相关单位到场协同处置。

1 时 53 分，总队指挥部到场后，根据现场情况，启动跨市增援预案，调派 7 个消防支队、2 个企事业专职队、99 辆消防车、581 名消防救援人员到场增援作战。

（五）

火场指挥部组织指导后期赶到的公安民警和单位保安疏散 A 座内部人员和毗邻居民共

计 410 名。

同时命令特勤消防救援一站和东陵消防救援站出设 2 个水枪阵地在 10 层平台，同高喷车、举高车一道控制 A 座东侧外墙火势，阻截火势向 A 座北侧外墙蔓延，确保 C 座安全；命令铁西、城西、和平、大东、北陵、南市、皇姑、辉山、虎石台、苏家屯、棋盘山 11 个消防救援站利用一七式空气压缩泡沫车，在 C 座 10 层起，每隔 3 层出设 1 个水枪阵地，共 9 个。严防布控，阻截火势向 C 座蔓延，确保 C 座绝对安全。

3 日 7 时许大火被基本扑灭。大火基本扑灭后，支队按照总队指挥部命令，组织力量彻底消灭 A、B 座两楼残火，并组织力量进行时时监护。

（六）

力量编成：

南湖消防救援站：消防救援人员 15 人，水罐消防车 2 辆，举高喷射消防车（32 米）1 辆；

浑南消防救援站：消防救援人员 16 人，水罐消防车 3 辆，举高喷射消防车（56 米）1 辆；

南市消防救援站：消防救援人员 15 人，云梯消防车（32 米）1 辆；

奥体消防救援站：消防救援人员 25 人，水罐消防车 3 辆；

特勤消防救援一站：消防救援人员 30 人，水罐消防车 3 辆，举高喷射消防车（52 米）1 辆；

特勤消防救援二站：消防救援人员 30 人，水罐消防车 3 辆，举高喷射消防车（32 米）1 辆；

城西消防救援站：消防救援人员 21 人，水罐消防车 3 辆，举高喷射消防车（32 米）1 辆；

北陵消防救援站：消防救援人员 16 人，水罐消防车 1 辆，举高喷射消防车（52 米）1 辆；

北站消防救援站：消防救援人员 21 人，水罐消防车 2 辆，举高喷射消防车（72 米）1 辆；

皇姑消防救援站：消防救援人员 20 人，水罐消防车 3 辆，举高喷射消防车（32 米）1 辆；

东陵消防救援站：消防救援人员 17 人，水罐消防车 3 辆；

支队机关：消防救援人员 5 人，指挥消防车 1 辆；

增援支队和专职队：消防救援人员 581 人，压缩空气泡沫消防车 1 辆，水罐消防车 50 辆，举高喷射消防车 15 辆，云梯消防车 10 辆，抢险救援消防车 10 辆，排烟车 3 辆，通信指挥消防车 1 辆，照明消防车 2 辆，充气消防车 2 辆，器材装备运输车 5 辆。

（七）

要求执行事项：

（1）熟悉该单位情况和基本想定内容。

（2）以指挥员身份理解任务，判断火情，定下决心，部署战斗，处置情况。

（八）

（1）国际大厦外部图（图 5-4-1）。

（2）国际大厦地理环境图（图 5-4-2）。

（3）国际大厦地下消火栓占领分布图（图 5-4-3）。

（4）国际大厦 B 座作战段划分图（图 5-4-4）。

二、补充想定

请根据基本想定内容，结合补充想定材料完成相应问题。

图 5-4-1 国际大厦外部图

图 5-4-2 国际大厦地理环境图

图 5-4-3　国际大厦地下消火栓占领分布图

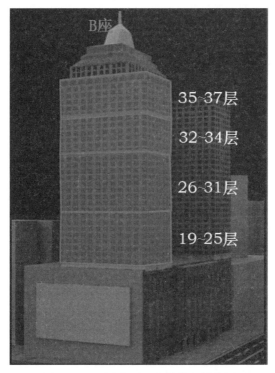

图 5-4-4　国际大厦 B 座作战段划分图

（一）

参战力量到达现场后，通过外部观察和内部侦察，发现该大厦 B 座南侧外墙保温装饰材料起火，12 层至顶层外墙保温装饰材料已全部起火，火势处于猛烈燃烧阶段，正向房间内蔓延，并迅速沿 B 座外墙向东、西两侧蔓延，且 A、B 座及毗邻建筑内部有大量人员居住。

根据现场实际情况，火场指挥部立即确立：全力搜寻救助 B 座被困人员，控制火势发展蔓延的作战指导思想，先后命令浑南、奥体、南湖、南市、特勤一、特勤二、城西、北陵、北站、皇姑、东陵等 11 个消防救援站，成立 18 个救人小组逐层全力搜寻救助被困人员。先后在 B 座 9、12、12B、17、19、20、21、23、27、29 等楼层房间、走廊内引导疏散群众 60 名。

1. 如何进行现场的火情侦察。
2. 指挥员对现场情况判断的结论。
3. 所下达的命令及战斗展开的形式。
4. 引导疏散人员采用哪些方法、携带哪些器材装备。

（二）

同时，指挥部果断下达内攻为主、辅以外攻的作战命令。命令立即启动消防水泵，占领水泵接合器加压供水；命令浑南、南湖、奥体、沈河、南市、铁西、特勤一、特勤二、大东、东陵、北站 11 个消防救援站分别在 11、12A、12B、15、17、19、29、23、25、36、37 等楼层利用墙壁消火栓出设 22 个阵地堵截火势向室内蔓延；命令 8 个消防救援站利用压缩空气泡沫车分别在 9、10、12、17A、20、22、26、30、32 等楼层，采取沿楼梯间蜿蜒、垂直铺设水带方式设置 9 个水枪阵地，堵截火势向室内蔓延；命令南湖消防救援站 32 米举高喷射消防车、浑南消防救援站 56 米举高喷射消防车、北站消防救援站 72 米举高喷射消防车在南侧，利用水炮在外部强行压制火势。

5. 如何占据水泵接合器供水，应注意哪些问题。
6. 设置水枪阵地的依据和注意事项。
7. 利用高喷车出水压制火势时应该注意些什么。
8. 内攻人员如何做好个人防护，如何防止轰燃。

（三）

由于 B 座火势异常猛烈，室内消火栓断水，内攻人员受到大火严重威胁，且毗邻 A 座外墙受大火威胁严重。为避免自身伤亡，控制火势蔓延，指挥部立即调整战斗部署：命令沈河、特勤二 2 个消防救援站的 3 个水枪阵地继续坚守 B 座 10、12 层，全力堵截火势向下蔓延，并阻止火势沿裙楼向 A 座蔓延，其他人员全部撤出 B 座；命令所有搜救小组进入 A 座，全力搜寻 A 座被困人员；命令特勤一、铁西 2 个消防救援站在 A 座裙房 9、10 层楼设置 2 个水枪阵地全力控制堵截火势向 A 座蔓延；命令开发区消防救援站、铁西消防救援站在 11、16、17 层出设 3 个水枪阵地，特勤消防救援一站在 42 层出设 1 个水枪阵地全力控制堵截火势向 A 座蔓延；命令北站消防救援站 72 米举高喷射消防车、浑南消防救援站 56 米举高喷射消防车、北陵消防救援站 52 米举高喷射消防车、南湖消防救援站 32 米举高喷射消防车调整至 A 座东侧，在外部强行压制消灭火势。

9. 如何改变战斗意图，避免自身人员伤亡。
10. 指挥部调整的战斗部署是什么。
11. 如何组织搜救被困人员，确保不留死角，不漏一人。

（四）

根据火势发展变化情况，在确保 C 座绝对安全的前提下，为尽快消灭 A 座火势，最大限度降低损失，指挥部及时调整作战部署：命令搜救小组彻底对 A 座进行搜救，并命令南湖、特勤二、铁西、南市、北陵、北站等 8 个消防救援站，分别在 22、26、29 层楼，出设 3 个水枪阵地，并利用墙壁消火栓在 30、43、45、48、49、50、51、52 层出设 8 个水枪阵地全面控制消灭火势；命令北站消防救援站 72 米举高喷射消防车调整至 A 座西侧，同其他增援支队作战力量共同在外部强行压制消灭火势，内、外部阵地全面进攻，彻底阻截消灭火势。

12. 如何在消灭 A 座火势的同时保证 C 座的绝对安全。

13. 辖区支队与增援支队如何做到协同配合。

（五）

待 A 座火势基本被扑灭后，指挥部下达总攻命令。按照总队指挥部命令，成立 4 个搜救攻坚组，再次进入 B 座内部，逐个房间进行搜排，确保无遗漏人员。同时组成 4 个攻坚阵地，从 B 座 10 层起逐层向上推进灭火，同其他增援支队作战力量一道，奋力处置，至 3 日 7 时许大火被基本扑灭。大火基本扑灭后，支队按照总队指挥部命令，组织力量彻底消灭 A、B 座两楼残火，并组织力量进行时时监护。

14. 在负责监护过程中应注意哪些问题。

15. 在战斗结束后应做哪些工作。

第六章
高层在建建筑火灾扑救想定作业

第一节 高层在建建筑火灾扑救想定作业一

一、基本想定

认真阅读本材料，熟悉整个救援过程。

（一）

10月10日10时12分，M市应急联动中心接到报警，A区B路210号正在进行改造的高层公寓大楼发生火灾，迅速调集30辆消防车、180名消防救援人员赶赴现场。经全力扑救，营救疏散居民50余人，保护了东侧毗邻的2幢高层居民住宅及西侧相近的已被飞火波及的1幢高层居民楼。火灾事故造成3人死亡、6人受伤。

（二）

B路210号高层公寓大楼位于A区B路与C路交叉路口，与东侧的D路10号、E路15号共为一个居民小区，3幢建筑呈东西向并排排列，建筑南侧为东西向进入小区主出入口，分别连接E路和B路，但由于小区正在进行改造，实际可供灭火救援登高作业面只有西侧和北侧。

起火建筑东侧距离20米为高层居民大楼，南侧距离20米为小区配电房，西侧毗邻B路，北侧毗邻C路，起火建筑与东侧居民大楼通过脚手架紧紧相连，形成一个庞大的建筑体。

（三）

该大楼地上13层，地下1层，高度约45米，总建筑面积约10000平方米，层建筑面积约640平方米，钢混结构。建筑底层为沿街商业网点，2～13层为居住用房；楼内设有室内消火栓系统（每层2个），底层设有喷淋，消防水泵房位于大楼底层；整幢建筑实有居民72户、300人。发生火灾时，包括建筑工人及商业网点营业人员，大楼约有100多人。

（四）

当日天气为多云，气温9～12摄氏度，东北风，风力4～5级，通常情况下，每升高10米风力增加1级，大风造成了起火建筑南侧街面部分街面房和一幢高层居民建筑顶部保温层的燃烧。

（五）

这起火灾除具备一般高层民用建筑火灾人员疏散难、供水难度大、组织协调任务重、设施及装备技术要求高等特点外，还呈现"非典型性"特点。

一是大面积的高层脚手架立体火灾。施工建筑四周被保温材料、竹片板和防护网包裹，外部横向与纵向泡沫保温材料、脚手架竹垫、尼龙网可燃材料面积约 8000 平方米，立体性燃烧一触即发。可燃材料集中，仅铺设的脚手架竹踏板就有 20 吨，且竖向、横向架构均匀，供氧条件充足，整幢大楼仿佛被扣在一个特大的可燃材料笋筐内。燃烧坠落物迅速引燃着火层下部脚手架及地面堆放的可燃装修材料，严重封堵疏散逃生出口。火势受高空风力及火场小气候等综合因素的影响，通过延烧、强烈的热辐射和飞火迅速蔓延，约 6 分钟后，浓烟烈火将整幢大楼笼罩并形成全面燃烧。

二是由外及内的高层建筑立体火灾。建筑外墙正在加涂聚氨酯泡沫保温材料，着火后，在建筑外立面迅速燃烧，助长了火灾的蔓延扩大。同时，建筑外墙玻璃在火焰炙烤下迅速爆裂（5 毫米玻璃 450 摄氏度爆裂），火势通过玻璃破碎及正在调换的外窗开口部位，迅速引燃室内众多可燃物，形成大楼内部全面立体燃烧，打破了高层建筑火灾一室一户发展的常规，无明显火灾发展阶段划分。

（六）

10 时 12 分，市应急联动中心接到第一个报警电话，市应急联动中心按照调度等级，在 5 分钟内迅速调集 2 个消防救援站和 1 个特勤消防站、13 辆消防车、78 名消防救援人员赶赴现场。15 分钟内，又调集了 6 个消防救援站、17 辆消防车、102 名消防救援人员前往增援。同时，迅速启动市应急联动预案，调集本市公安、供水、供电、供气、医疗救护等 10 余家应急联动单位紧急到场协助处置。

（七）

10 时 22 分，辖区消防救援一站到达现场，其余首批调度力量也相继到场。10 时 35 分，增援力量相继到场，楼内仍有部分居民被困。增援力量迅速组建 12 个攻坚组，强攻进入着火大楼内部，逐层逐户开展灭火营救；同时在大楼外部使用车载水炮控制火势、阻止蔓延，冷却脚手架防止其变形倒塌造成次生灾害。火场指挥员迅速调整力量，成立以特勤站消防员为主的 12 个攻坚组，在水枪的掩护下，梯次轮换、强行登楼，抢救被困居民。攻坚队员在强化个人防护措施的基础上，逐层逐户敲门或破拆防盗门，通过引导和背、抱、抬等方式营救出 15 余名被困人员。在大楼外部，火场指挥部还组织相继到场的举高消防车在 C 路、B 路及南侧建筑工地停靠，组织配套供水，利用举高车水炮从外部压制和打击火势，冷却钢管脚手架，防止其局部或整体倒塌造成次生灾害，并营救出 13 名通过建筑外窗逃至脚手架呼救的遇险人员；在着火建筑东侧毗邻高层居民楼顶层设置水枪阵地，射水阻挡辐射热和飞火对毗邻建筑脚手架的威胁；在着火建筑北侧部署压缩空气泡沫消防车，通过沿外墙垂直施放水带进入室内近战灭火，并组织力量在着火建筑下风方向 200 米范围内，设置水枪阵地，有效截断了火势向下风方向毗邻建筑蔓延。现场还集结了五、六、七 3 个消防救援站力量，通过建筑疏散楼梯间蜿蜒铺设或垂直铺设水带形成 3 路供水线路，重点在 10 层以上各燃烧层布设分水阵地，纵深打击火势，形成内外夹攻、上下合击之势。11 时 19 分，火势处于受控状态。

（八）

在火势得到控制后，调整力量对整幢大楼进行反复地毯式搜索，扑灭残火，搜救幸存人员，搜寻遇难者。将搜救人员、内攻灭火、破拆排烟、火场供水等任务分配到每个消防站，实行一个消防站坚守一个楼层，并由总队、支队两级指挥员分片包干、各负其责。至 14 时 27 分，整幢建筑物明火被基本扑灭。各战斗段重新部署力量对大楼 1～13 层的房间、电梯井、管道井等部位进行反复地毯式搜索，确保不留死角，并对室内堆积阴燃的可燃物进行清理，防止复燃，至 22 时，收残和清理任务基本完成，遇险（难）人员全部救出。

（九）

力量编成：

消防救援一站：消防救援人员 30 人，抢险救援消防车 1 辆，水罐消防车 2 辆，登高平台消防车 1 辆，举高喷射消防车 1 辆；

消防救援二站：消防救援人员 30 人，抢险救援消防车 1 辆，水罐消防车 2 辆，登高平台消防车 1 辆，举高喷射消防车 1 辆；

特勤消防救援站：消防救援人员 18 人，抢险救援消防车 1 辆，水罐消防车 2 辆；

消防救援四站：消防救援人员 22 人，抢险救援消防车 1 辆，水罐消防车 2 辆；

消防救援五站：消防救援人员 20 人，抢险救援消防车 1 辆，水罐消防车 2 辆；

消防救援六站：消防救援人员 14 人，抢险救援消防车 1 辆，水罐消防车 1 辆；

消防救援七站：消防救援人员 16 人，水罐消防车 3 辆，举高喷射消防车 1 辆；

消防救援八站：消防救援人员 13 人，抢险救援消防车 1 辆，水罐消防车 1 辆；

消防救援九站：消防救援人员 17 人，水罐消防车 2 辆，举高喷射消防车 1 辆。

（十）

要求执行事项：

（1）熟悉该单位情况和基本想定内容。

（2）以指挥员身份理解任务，判断火情，定下决心，部署战斗，处置情况。

二、补充想定

请根据基本想定内容，结合补充想定材料完成相应问题。

（一）

10 时 22 分，辖区消防救援一站到达现场，其余首批调度力量也相继到场。此时，着火建筑整个北面 1～13 楼已全部燃烧，东、西面大部分正在燃烧。通过火情侦察，大楼内还有大量居民未能及时疏散出，且火势正通过施工脚手架连廊向东侧毗邻的高层居民楼蔓延，情势十分危急。

---

1. 火情侦察的内容是什么，侦察过程中应注意哪些事项。
2. 指挥员对现场情况的判断是什么，应如何应对，应采取什么样的战术战法。

（二）

火场指挥员决定实施内攻救人、堵截防御的战术措施，首先扑灭封堵安全出口的火势，组织 3 个攻坚组冲入火场，通过敲门通知撤离、搀扶引导疏散和多人合力施救等手段，并利用楼内室内消火栓出水掩护，救出 22 名居民；与此同时，现场还部署一、二消防救援站，在地面铺设 4 条水带供水线路，在着火建筑东北侧设置水枪、水炮阵地，阻截火势向东侧毗邻的高层居民楼蔓延；特勤消防救援站在地面铺设 2 条水带供水线路，使用水枪、水炮扑灭着火建筑周边堆放的建材堆垛的火势。

> 3. 内攻疏散救人应如何做好安全防护，应注意哪些事项。
>
> 4. 对火灾进行堵截防御时应注意哪些要点。
>
> 5. 如何保障火场供水持续不间断。
>
> 6. 对搜救出来的伤员如何进行处置。
>
> 7. 火场安全员的职责有哪些。
>
> 8. 如何确定现场警戒范围。

（三）

增援力量四、五、六、七、八消防救援站部分人员组成攻坚组进入内部逐层逐户搜救，对进不去的住户进行门窗破拆。同时，因建筑内部烟雾积聚，能见度不高，对火场采取排烟措施。

> 9. 如何做好点多面广的高层住宅搜救任务。
>
> 10. 对门窗破拆时要注意哪些要点。
>
> 11. 火场排烟的措施有哪些。

（四）

由于大楼外墙泡沫保温材料、脚手架竹踏板、尼龙网可燃材料众多，整幢大楼迅速形成立体燃烧的态势，消防九站利用举高喷射消防车对建筑外火势进行扑救，并通过外墙窗户向室内着火房间进行射水扑救。

> 12. 举高喷射消防车向建筑内射水扑救火灾时，对火灾现场排烟散热有何影响，是否提倡内攻的同时从建筑外部向楼内射水。
>
> 13. 举高消防车持续向内射水控火，对内部灭火救人行动是否会造成一定的影响，详细说明。

（五）

战勤保障遂行化是确保队伍持续作战的重要保证。此次火灾现场参战力量多、作战时间长、现场供液难度高、器材装备消耗大，为保证灭火作战的需要，现场总指挥开展了科学、合理的战勤保障工作。

> 14. 现场总指挥科学、合理的战勤保障工作应包括哪些。
>
> 15. 在战勤保障工作中，如何做好人员轮换、食宿以及医疗方面的保障。

（六）

在火灾扑救过程中，外墙面砖和玻璃在高温炙烤下剥落，对战斗车辆、人员构成潜在的威胁，楼内破拆的防盗门铁皮外翻，内部高温浓烟充斥。在冲入过火及高温区域实施灭火救人过程中，部分消防救援人员皮肤被通过防护服间隙的高温水蒸气及水滴烫伤，一些消防救援人员被破拆的防盗门铁片割伤，少数消防救援人员被掉落的瓷砖碎片和玻璃划伤。

16. 面对复杂火场，如何做好消防救援人员安全防护。
17. 进入高温浓烟充斥的建筑内部灭火，如何确保消防救援人员的人身安全。

第二节　高层在建建筑火灾扑救想定作业二

一、基本想定

认真阅读本材料，熟悉整个救援过程。

（一）

5月15日20时20分左右，某区6号施工楼因悬挂在18层脚手架西北侧的广告灯线路短路，引发西侧脚手架防护网发生火灾。支队指挥中心接到报警后，先后调集了6个消防救援站、13辆消防车、70余名消防救援人员赶赴现场进行扑救。火灾发生后，支队全勤指挥部迅速赶赴现场部署指挥战斗。经过1小时14分钟的奋力扑救，大火于21时34分被扑灭。此次灭火战斗，成功地保住了6号施工楼6层的2套样板房及内部大量贵重物品，保护财产价值约500余万元，有效地阻止了火势向7号楼蔓延，火灾仅造成6号施工楼1500平方米防护网被烧损（总面积2200平方米），无人员伤亡。

（二）

该区6号施工楼于2013年1月开始动工，于2015年3月封顶，系某置业有限公司开发的住宅楼，某建筑工程公司承建。建筑为框架剪力墙结构，地上31层，高96米，建筑面积13000平方米，其2层裙楼与7号楼相连，其中地下1层设计为设备用房和汽车库，地上1～2层为商场（现为售楼部），3～31层为住宅，每层有住宅2套（1梯1户，电梯未安装），6楼全部为样板房（已装修完毕），内有大量装饰材料和家具电器。大楼西侧紧靠售楼部，售楼部为2层建筑，内部有通道与大楼出口相连。发生火灾时，大楼正处于内部施工阶段，其每层设有4个室内消火栓，建筑外部设置高、低区水泵接合器各1个。大楼3～31层外墙四周均有用钢管、竹片和防护网搭建成的施工脚手架。

（三）

6号施工楼东面为5号施工楼；南面为7号施工楼，有裙楼与6号楼相连；西面为康庄大道；北面为邮政大厦。6号施工楼周围200米范围内有市政消火栓有6个，环状管网，管径300毫米，消火栓口径为100毫米，流量为12升/秒，压力为0.3～0.5兆帕。1号消火栓位于北京路邮政大厦门口距火场25米；2号消火栓位于北京路上距火场约60米；3号消火栓位于火场西北面国贸大厦门口距火场约 100 米；4 号消火栓位于西侧康庄大道距火场约 100 米；5 号消火栓位于北京路西侧距火场约 120 米；6 号消火栓位于康庄大道邮政大厦西侧距火场约 150 米处。

（四）

火灾发生时，天气晴，气温 32～36 摄氏度，西南风 2～3 级。

此次火灾有以下特点：

（1）燃烧蔓延速度快，容易形成立体火灾，伴有大量飞火危及周边建筑。因起火建筑外墙四周均搭建有大量竹排等易燃建筑材料制作而成的施工脚手架，层层相连，导致火势迅速蔓延至其他各楼层的脚手架，形成大面积燃烧，并产生漫天飞火，危及周边建筑物。

（2）着火楼层高，能见度低，扑救难度较大。建筑物内部正处于施工阶段，内部障碍物较多，加上夜晚能见度低，给攻坚组队员实施登高内攻灭火行动带来了困难，增大了火灾扑救的难度。

（3）起火建筑周围环境复杂，不利于战斗展开。起火建筑位于建筑工地内，地形狭小、杂物众多，战斗车辆难以占据有利地形，不利于到场后的战斗展开。

（五）

5 月 15 日 20 时 20 分，支队指挥中心接到群众报警后，支队指挥中心立即调集辖区消防救援站（特勤消防救援站）出动 5 辆消防车赶赴现场，特勤消防救援站指挥员在途中观察到火势较大当即请求增援。支队全勤指挥部值班人员闻警迅速出动，同时命令 119 指挥中心启动高层建筑火灾扑救预案，迅速增派那坡消防救援站、下冻消防救援站、水口消防救援站、那花消防救援站、普华消防救援站共 5 个消防站 8 辆消防车（1 辆举高喷射消防车、2 辆曲臂登高消防车、4 辆大吨位水罐消防车、1 辆照明消防车）赶赴现场增援，20 时 40 分整个火场共集结 13 辆消防车、70 余名消防救援人员。

（六）

第一阶段：重点设防、阻止蔓延。

20 时 29 分，特勤消防救援站到达现场。经火情侦察，发现 6 号施工楼的 12 楼至顶楼西侧脚手架防护网已经着火，火势正迅速向周边蔓延，并伴有大量飞火，6 楼样板房和大楼南侧 7 号施工楼正受到火势的威胁。

（七）

第二阶段：内外夹攻、强攻灭火。

20 时 33 分支队全勤指挥部值班人员到达现场，组织控火设防，调集力量。20 时 40 分，支队所有党委成员和增援力量相继到达火场。确定了设防布控、上下合击、内外强攻的战术。并根据现场情况，及时调整了火场力量，将现场划分为四个战斗区，分别由副支队长和指挥长组织实施。

第一战斗区由支队副支队长指挥特勤消防救援站，继续利用室内消火栓出 2 支水枪，在六楼保护样板房及贵重物资。

第二战斗区由值班指挥长指挥增援到场的普华消防救援站 45 米举高喷射消防车和特勤消防救援站 6041 号曲臂举高消防车堵截扑救大楼西侧火势。水口消防救援站连接消火栓串联向普华消防救援站供水。

第三战斗区由指挥长负责指挥下冻消防站 45 米曲臂登高消防车停靠在大楼北侧的北京路上负责堵截火势向大楼北侧蔓延。那花消防救援站车连接消火栓向下冻消防救援站供水。

第四战斗区由指挥长和特勤消防救援站站长带领高层灭火攻坚组 8 名成员，分成两个攻坚组，由售楼部入口进入大楼内利用各层室内消火栓逐层消灭火势。那坡消防救援站 6067 号车连接 4 号消火栓出双干线与 6501 号车（那坡消防救援站）串联向高区水泵接合器供水。

由于战斗运用得当，参战指战员英勇顽强，火势在 21 时 28 分被基本控制，于 21 时 34 分被彻底扑灭。

（八）

力量编成：

特勤消防救援站：消防救援人员 30 人，32 米曲臂登高消防车 1 辆，水罐消防车 4 辆；

普华消防救援站：消防救援人员 6 人，45 米举高喷射消防车 1 辆；

水口消防救援站：消防救援人员 12 人，水罐消防车 2 辆；

下冻消防救援站：消防救援人员 6 人，45 米曲臂登高消防车 2 辆；

那花消防救援站：消防救援人员 6 人，水罐消防车 1 辆；

那坡消防救援站：消防救援人员 12 人，水罐消防车 1 辆，照明消防车 1 辆。

（九）

要求执行事项：

（1）熟悉该单位情况和基本想定内容。

（2）以指挥员身份理解任务，判断火情，定下决心，部署战斗，处置情况。

（十）

（1）现场地理位置图（图 6-2-1）。

（2）水源分布图（图 6-2-2）。

（3）第一阶段力量部署图（图 6-2-3）。

（4）第二阶段力量部署图（图 6-2-4）。

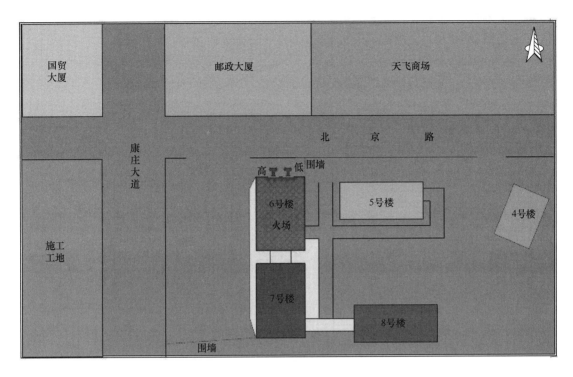

图 6-2-1　现场地理位置图

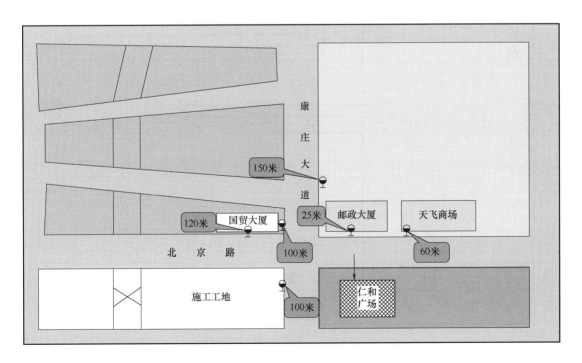

图 6-2-2　水源分布图

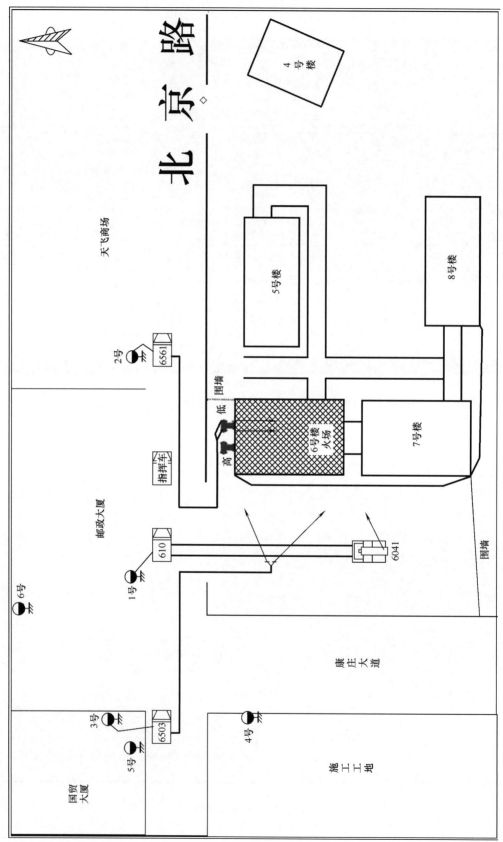

图 6-2-3 第一阶段力量部署图

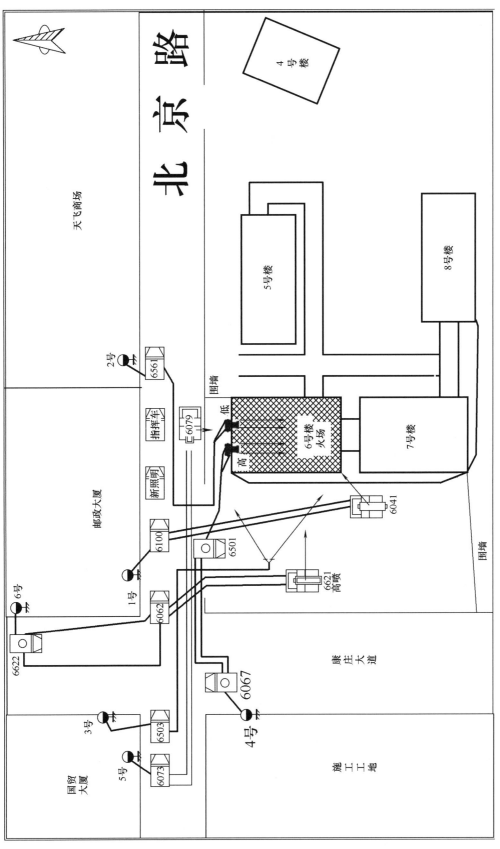

图 6-2-4 第二阶段力量部署图

二、补充想定

请根据基本想定内容，结合补充想定材料完成相应问题。

（一）

5月15日20时20分，支队指挥中心接到群众报警称，6号施工楼发生火灾。支队指挥中心立即调集辖区消防救援站（特勤消防救援站）出动5辆消防车赶赴现场，特勤消防救援站指挥员在途中观察到火势较大当即请求增援。支队全勤指挥部值班人员闻警迅速出动，同时命令119指挥中心启动高层建筑火灾扑救预案，迅速增派救援力量赶赴现场增援，20时40分整个火场共集结13辆消防车、70余名消防救援人员。

> 1. 当接警员获知高层建筑火灾时，应调动什么车辆装备。

（二）

5月15日20时20分，嘉华市新和区康庄大道100号仁和广场B区6号施工楼发生火灾。火灾发生时，天气晴，气温32～36摄氏度，西南风2～3级。

> 2. 结合该案例的天气状况，判断火灾现场可能出现的形势。
> 3. 在灭火救援过程中应注意哪些问题。

（三）

20时29分，特勤消防救援站到达现场。经火情侦察，发现6号施工楼的12楼至顶楼西侧脚手架防护网已经着火，火势正迅速向周边蔓延，并伴有大量飞火，6楼样板房和大楼南侧7号施工楼正受到火势的威胁。消防救援站指挥员立即命令6041号32米曲臂登高消防车停靠6号楼西南侧，在外部举高射水堵截火势向7号楼蔓延；6100号车停靠1号消火栓出双干线向6041号车供水；6561号车停靠2号消火栓出双干线向6号楼北侧的低区水泵接合器供水，利用6楼室内消火栓出两支枪保护6楼样板房及贵重物资；6503号车利用吸水管连接3号消火栓出两支枪在6号楼西侧两端冷却保护售楼部，同时防止飞火蔓延。

由于着火建筑外墙施工脚手架层层相连，脚手架外部又被易燃的纤维防护网包裹，第一出动力量赶到火场时，火势已由上至下四处蔓延，形成大面积燃烧。加上举高喷射消防车伸展高度有限，水炮射流无法喷射到24层以上的着火点，该战斗阶段，责任区消防救援站把力量主要布置在阻止火势蔓延方面，设防待援。

> 4. 本案例为在建建筑脚手架局部火灾，火场的主要矛盾是什么。
> 5. 到场后发现12层至顶楼都有明火，在外部力量设防到位的情况下，应采取什么样的措施可以迅速扑灭火灾。
> 6. 辖区消防救援站指挥员采取了什么样的技战术措施。
> 7. 供水是否科学合理，为什么。

（四）

指挥员在未查看室内消火栓的情况下，下令低区水泵接合器供水，利用6楼室内消火栓出两支枪保护 6 楼样板房及贵重物资。

> 8. 如果你作为指挥员，对火灾现场的侦察还应包括哪些内容。
>
> 9. 对室内消火栓的运用是否合理，为什么。

（五）

6 号施工楼周围 200 米范围内有市政消火栓有 6 个，环状管网，管径 300 毫米，消火栓口径为 100 毫米，流量为 12 升/秒，压力为 0.3～0.5 兆帕。在灭火战斗过程中，水枪出水口出现流量不足的情况，影响了连续作战和灭火效能。

> 10. 计算市政供水管网的供水能力。
>
> 11. 什么原因导致水枪出水口出现流量不足的情况，可以采取哪些措施保证供水要求。

（六）

因起火建筑外墙四周均搭建有大量竹排等易燃建筑材料制作而成的施工脚手架，燃烧蔓延速度快，在火势的作用下，建筑外墙脚手架上的木板不断掉落，火星四溅。建筑物内部浓烟积聚，加之正处于施工阶段，内部障碍物较多，夜晚能见度低，给攻坚组队员实施登高内攻灭火行动带来了困难，增大了火灾扑救的难度。

> 12. 内攻时，如何做到有效排烟。
>
> 13. 现场灭火救援的安全防护工作应注意哪些要点。

第三节　高层在建建筑火灾扑救想定作业三

一、基本想定

认真阅读本材料，熟悉整个救援过程。

（一）

7 月 12 日 18 时 45 分，市消防救援支队 119 指挥中心接到群众报警称，位于经济开发区光明路天远商贸城二期 1 号楼外墙发生火灾。指挥中心启动了一级全勤指挥程序，共调集 9 个消防救援站，28 辆消防车，143 名消防救援人员到场扑救。经过奋力扑救，大火于 20 时 10 分被彻底扑灭，火灾无人员伤亡。经初步调查，起火原因为工人在顶层西面对钢架焊接作业时，焊渣掉落引燃 5 层平台上的可燃物蔓延成灾。此次火灾过火面积 400 平方米，主要烧毁钢化玻璃、铝塑板等材料，经检验确定，现场装饰材料铝塑板燃烧性能为 B1 级难燃材料，玻璃压条（黑色条状）、泡沫压条（白色柱状）、铝塑板保护膜均为可燃材料。

（二）

起火建筑系帝豪置业有限责任公司正在建设的天远商贸城项目二期工程 1 号楼，位于经济开发区光明路。天远商贸城项目二期工程 1 号楼东面、南面与一期市场商铺相邻，之间约为 20 米的市场通道；西面为南京路，北面与二期市场商铺紧连，之间约为 20 米的市场通道。

（三）

天远商贸城项目二期工程 1 号楼建筑地上 20 层，地下 1 层，首层层高 5.2 米，二层层高 5 米，三至二十层层高均为 4 米，总建筑高度 82.2 米，总建筑面积 35722 平方米，使用功能为写字楼，属一类高层公共建筑。大楼外墙装饰工程于 2012 年 9 月施工，现已基本竣工，外墙脚手架、安全防护网等已拆除，主要装饰材料为铝塑板，缝隙填充材料为泡沫条和幕墙硅酮耐候胶。目前该大楼室内建筑分割工程正处于收尾阶段，留有少量木材、塑料板等可燃装修材料。

（四）

火灾发生当日气温 32 摄氏度，西南风 4 级。

（五）

火场 300 米范围内可用的水源包括室外消火栓 6 个，180 立方米及 4000 立方米喷泉各 1 个。

（六）

7 月 12 日 18 时 45 分，市消防救援支队 119 指挥中心接到群众报警称，位于经济开发区光明路天远商贸城二期 1 号楼外墙发生火灾。消防救援支队启动了一级全勤指挥程序，首先调集消防救援一站 2 车 15 人、消防救援二站 3 车 16 人、消防救援三站 4 车 18 人、消防救援六站 3 车 14 人、消防救援四站 3 车 20 人赶赴现场。随后又调集了特勤一站 4 车 22 人、消防救援五站 2 车 6 人、特勤二站 4 车 18 人、消防救援七站 3 车 14 人赶赴现场。在向市政府报告情况后，启动了应急救援预案，调集了公安、交警到现场维持秩序、指挥交通。

（七）

18 时 50 分，消防救援一站到达现场后经过侦察发现，该建筑 5 楼西面外墙装饰材料起火，火借风势乱窜，沿外墙迅速向上蔓延，已烧至 6 楼外墙。经询问知情人得知，整幢大楼内共有 50 名工人在施工，施工部位随工程进度而变换，现人员具体分布楼层不详。消防救援一站指挥员下令，一边利用车载炮对 5、6 楼明火进行扑救，一边组织人员进入楼内搜救疏散被困人员。2 分钟后明火被扑灭，消防救援一站在未进行全面清理余火的情况下，便向指挥中心报告火已熄灭，不需要消防救援二站到场增援，指挥中心便让消防救援二站返回。

（八）

当救援搜救组疏散完 4～7 楼内的工人后，突然发生新的火情，6 楼装饰板内侧隐蔽火点发生燃烧，并且借助风势迅速向上蔓延，此时救援的车载水炮已无力对六层以上的火势进行再次扑救，于是向 119 指挥中心请求增援。

（九）

19 时 20 分，消防救援二站赶到现场，此时火势已经蔓延至 15 层，消防救援二站利用

18 米高喷车从外围灭火；19 时 28 分，消防救援四站到场，为消防救援二站举高喷射消防车供水；19 时 35 分，支队指挥长赶到现场指挥，此时火势已蔓延至 18 层；19 时 43 分，消防救援五站到场，此时火势已蔓延至 20 层，支队指挥长命令消防救援五站利用 32 米登高平台消防车进行灭火。

省应急管理厅副厅长、省消防总队总队长、政委、副总队长及市政府副市长、支队支队长、副支队长等领导相继赶到现场组织指挥。

（十）

19 时 45 分，特勤一站、消防救援六站、消防救援三站、特勤二站、消防救援七站先后赶到现场，支队指挥长立即调整力量部署。一是先后组织七个攻坚组深入火场进行搜救，清理隐蔽火点并控制 15 层以上楼层外墙火灾（共计疏散人员 28 人）；二是调整到场的 45 米登高平台消防车接替消防救援二站 18 米举高喷射消防车对外墙火势进行扑救；三是消防救援三站、特勤一站垂直铺设水带至顶楼进行灭火；四是组织消防救援四站、消防救援七站进行现场供水。经过参战消防救援人员的奋力扑救，明火于 20 时 10 分被扑灭，无人员伤亡。

（十一）

明火扑救完毕后，现场总指挥下令安排 4 个清理组，每组负责 3～5 个楼层，逐层逐个区域进行清理、搜寻。20 时 25 分，现场清理完毕，移交现场后，各参战消防站返回。

（十二）

力量编成：

消防救援一站：消防救援人员 15 人，水罐消防车 2 辆；

消防救援二站：消防救援人员 16 人，水罐消防车 2 辆，举高喷射消防车 1 辆（18 米）；

消防救援三站：消防救援人员 18 人，水罐消防车 2 辆，水罐泡沫联用消防车 2 辆；

消防救援四站：消防救援人员 20 人，水罐消防车 2 辆，水罐泡沫联用消防车 1 辆；

消防救援五站：消防救援人员 6 人，登高平台消防车 1 辆，水罐泡沫联用消防车 1 辆；

特勤一站：消防救援人员 22 人，水罐消防车 1 辆，水罐泡沫联用消防车 1 辆，举高喷射消防车 1 辆，云梯消防车 1 辆；

特勤二站：消防救援人员 18 人，水罐消防车 1 辆，登高平台消防车 1 辆，云梯消防车 1 辆，泡沫消防车 1 辆；

消防救援六站：消防救援人员 14 人，泡沫水罐联用消防车 2 辆，举高喷射消防车 1 辆；

消防救援七站：消防救援人员 14 人，水罐消防车 2 辆，举高喷射消防车 1 辆。

（十三）

要求执行事项：

（1）熟悉该单位情况和基本想定内容。

（2）以指挥员身份理解任务，判断火情，定下决心，部署战斗，处置情况。

二、补充想定

请根据基本想定内容，结合补充想定材料完成相应问题。

（一）

7月12日18时45分，市消防救援支队119指挥中心接到群众报警称，位于经济开发区光明路天远商贸城二期1号楼外墙发生火灾。指挥中心调消防救援一站2辆水罐消防车15名指战员、消防救援二站水罐消防车以及举高喷射消防车16名消防救援人员赶往现场扑救。

> 1. 接警出动程序有哪些。
> 2. 接警员对该火警应掌握哪些基本情况。
> 3. 指挥中心力量调集是否合理，第一时间应如何调集灭火救援力量。

（二）

18时50分，消防救援一站到达现场后经过侦察发现，该建筑5楼西面外墙装饰材料起火，火借风势乱窜，火势正沿外墙迅速向上蔓延，已烧至6楼外墙。经询问知情人得知，该建筑施工接近尾声，建筑内部剩余可燃装修材料量少，楼内共有50名施工工人，施工部位随工程进度而变换，具体分布楼层不详。指挥员遂部署力量开展灭火救援工作。

> 4. 侦察的方法有哪些。
> 5. 现场侦察应包括哪些内容。
> 6. 结合当日气象状况，指挥员应采取什么战术措施。
> 7. 制定一个灭火救援方案。

（三）

消防救援一站到达现场后，指挥员通过询问知情人得知，大楼内部可燃物较少，有人员被困。指挥员断定火势只在外墙蔓延，不会蔓延至建筑内部，遂决定一边利用车载炮对5、6楼外墙明火进行扑救，一边派出一个搜救小组在无防护的情况下进入楼内疏散4～7楼人员。

> 8. 此次火灾扑救需设哪些战斗小组。
> 9. 如何进行力量的部署。
> 10. 搜救小组的安全防护应注意哪些问题。
> 11. 疏散行动命令是否正确，为什么。

（四）

消防救援一站利用车载水炮对5、6楼明火进行扑救，同时组织人员进入楼内搜救。2分钟后明火被扑灭。当消防救援一站搜救组疏散完4～7楼内的工人后，突然发生新的火情，6楼装饰板内侧隐蔽火点发生燃烧，并且迅速向上蔓延，此时消防救援一站的车载水炮已无力对 6 层以上的火势进行再次扑救，于是向 119 指挥中心请求增援。

12. 初期的战斗部署存在什么问题。

13. 火势复燃后，针对车载水炮已无力控制 6 层以上的火势，指挥员应如何做决策。

（五）

消防救援二站赶到现场后，一方面利用 18 米举高喷射消防车从外围灭火，另一方面组织内攻组沿楼梯铺设水带至十六层实施灭火，战斗员发现水枪出水量小，压力不足，无法开展灭火战斗，连接十六层室内消火栓时，室内消火栓无水。

14. 水枪出水量小，压力不足的原因是什么。

15. 室内消火栓无水可能的原因有哪些，应如何解决。

16. 作为第一到场的增援力量，指挥员的战斗部署还应包括哪些内容。

（六）

火场 300 米范围内可用的水源包括室外消火栓 6 个，180 立方米及 4000 立方米喷泉各 1 个。消防救援三站到场后部署水罐消防车连接消火栓出双干线与串联向消防救援二站 18 米举高喷射消防车供水，供水过程中发现供水能力不足，无法保障 18 米举高喷射消防车用水需求。

17. 供水能力不足的原因可能是什么。

18. 可以采取哪些措施保障灭火战斗现场的供水需求。

（七）

19 时 45 分，增援力量相继到场后，七个攻坚组同时利用室内消火栓控制 15 层以上楼层外墙火灾时，出现水枪出水量小、压力不足的现象。同时，指挥员与攻坚组队员之间、各参战力量之间联系不畅，导致命令无法下达，影响了灭火战斗的开展。

19. 面对高层建筑火灾多方力量参战供水问题，支队指挥长应该制定什么样的供水方案。

20. 如何保障灭火战斗现场的通信畅通。

（八）

在外墙火势未得到控制的情况下，支队指挥长下令消防救援一站、特勤一站垂直铺设水带至顶楼。在铺设水带过程中，部分消防救援人员被外墙火势灼伤、部分水带被烧穿。同时，铺设水带过程中出现水带型号、接口类型不匹配的现象，导致消防救援人员上下往返，灭火战斗时间长、体力消耗大，影响了整个灭火战斗进程。

21. 支队指挥长下达的命令存在什么问题。

22. 在参战力量众多、现场复杂的情况下，战斗中出现水带型号、接口类型不匹配现象的原因是什么，如何解决类似的问题。

第四节　高层在建建筑火灾扑救想定作业四

一、基本想定

认真阅读本材料，熟悉整个救援过程。

（一）

5月15日14时28分，位于某市山水区在建工程宝塔及周边裙房发生火灾，省消防总队119指挥中心接到报警后，先后调集山水、东山2个支队15个消防救援站及战勤保障大队，共54辆消防车、300名消防救援人员赶赴现场处置，并调集山水区政府专职消防队、市政环卫20辆洒水车到场协助处置，总队和山水区支队两级全勤指挥部遂行作战指挥。18时35分，火灾被彻底扑灭。此次火灾过火面积1400平方米，未造成人员伤亡，成功保住了主塔90％部分及西侧群房，最大限度降低了火灾损失和社会影响。

（二）

该建筑工程位于市山水区叠峰山之顶，由宝塔、子轩阁、墨轩阁三个单体建筑组成，总建筑面积1.2万平方米。其中，宝塔位于海拔120米的叠峰山上，为仿唐、宋、辽三代风格的八角九层木塔（地下一层，建筑面积1500平方米，地上一层至九层500～300平方米，面积逐层减小），高度68米（地宫至塔刹高88米），基座直径40米，单层净高度均在7米以上，为一类高层公共建筑，内部为钢筋混凝土结构，外部为木质结构装饰（樟松木），八面有挑檐，内设有两部观光电梯（未开通），建筑布局均为游客观光区域；塔院为正四边形，由子轩阁、墨轩阁两个连体仿古建筑组成。

（三）

起火原因为施工人员在主塔一层西侧外挑檐处违规使用明火作业引燃防水材料，导致主塔一层外立面装修材料燃烧，经使用灭火器进行初期火灾扑救无果后逃离现场，由于外装修均使用木质材料，火借风势迅速蔓延，并引燃周边裙房。

（四）

消防设施情况。宝塔内设有两座环形疏散楼梯，内部固定消防设施还未完善，墙壁消火栓无法使用；叠峰山上有两条通往开宝塔周边的消防车道（正在施工）。

水源情况。距开宝塔东侧300米、西侧400米各有500立方米封闭式蓄水池一个；距起火建筑北侧500米有天然水源一处（人工湖），占地面积为200公顷，该天然水源无取水码头；周边有浇灌水井一处，建筑1500米范围内无市政消火栓。

（五）

火灾发生时，当地气温7～15摄氏度，西南风向，风力5～6级，山顶风速达到8级。

（六）

此次灾情有如下特点：

（1）复杂地势影响初战控火。通往山顶道路陡峭泥泞，消防车行进困难，且开宝塔组群周边有一条宽6米、深8米的沟壑，车辆停靠最优势位置距开宝塔也有50余米，车辆只能停靠于山坡之上，进攻阵地选择困难，加之开宝塔内部墙壁消火栓无法使用，东侧和西侧的封闭式蓄水池由于现场施工，消防车无法靠近吸水，导致战斗前期供水困难，影响了初战控火。

（2）火灾迅速蔓延扩大导致内攻受阻。初战力量到场时，主塔四周裙房、主塔1至3层已大面积过火，且主塔1层四周有高8米宽4米的脚手架，火借风势燃烧猛烈，部分已燃烧坍塌，消防员需打通进攻通道方能进入主塔实施内攻，初战内攻极其困难。

（3）独特的建筑构型造成铺设水带困难。一方面由于内攻通道受阻，塔内、塔外脚手架纵横交错，造成沿楼梯铺设水带困难；另一方面，高塔每层外立面都有伸出塔体的外挑檐，加之大风天气，导致垂直铺设水带极为困难。特别是外立面用木质材料全包围装饰，每层均设有外挑檐，很难从地面直接控制火势。

（4）社会影响大。该塔由当地政府斥巨额资金建设，建设规模庞大，是宗教、旅游项目。火灾发生后社会各界高度关注，并有不实的负面报道，造成了一定的社会影响。

（七）

14时28分，省消防总队119作战指挥中心接到市山水区在建工程宝塔发生火灾的报警，指挥中心迅速分析研判，结合宝塔正在施工和周边严重缺水的实际情况，按照双向调集、就近调集的原则，迅速调集辖区主管山水支队开宝山消防救援站及临近的东山支队洪河消防救援站12辆消防车赶赴现场；同时，调集山水支队天丽、十里坡、南开消防救援站、邱里供水消防救援站、定华消防救援站、八宝消防救援站、远杰供水消防救援站及山水支队器材保障车、油料供给车共28辆消防车到场增援；调集总队、山水支队两级全勤指挥部到场指挥，并启动应急响应机制，协调交警开辟绿色通道，上报市公安局、市应急办，调集公安、环卫、医疗、武警等应急处置力量到场协助火灾扑救工作。

15时00分，开宝山消防救援站、洪河消防救援站12辆消防车及山水支队全勤指挥部到场，通过外部侦察，确定开宝塔东侧、北侧裙房、主塔1层外围脚手架及主塔1~3层外立面处于猛烈燃烧状态，正迅速蔓延扩大。

15时05分，山水支队现场指挥部作出战斗部署，命令开宝山消防救援站水罐消防车出3支水枪穿过北侧裙房背靠背控制主塔入口处脚手架及北侧裙房火势，全力打开内攻通道，另一辆水罐车出车载炮控制北侧裙房火势蔓延；命令洪河消防救援站水罐车出两支水枪从外部压制东侧裙房火势，另一辆水罐车出车载炮堵截东侧裙房火势向南侧蔓延，其余水罐车为前方供水。

（八）

15时10分，总队作战指挥中心根据火场反馈信息，第三次调集东山支队小河消防救援站、北门消防救援站、龙苑消防救援站、小街供水消防救援站、井口消防救援站、吊门供水消防救援站及战勤保障大队、车辆装备维修中心保障车共14辆消防车到场增援。

15时20分，第二批增援力量28辆消防车相继到场。同时，市委市政府、市公安局、消防总队领导陆续到场，立即成立了由消防总队总队长为总指挥的灭火救援前沿指挥部，确定了"内攻为主，控制外围"的战术思想，将火场分为东侧、东南侧、西侧、西北侧、北侧及塔身内部六个战斗区域。

17时，第三批增援力量14辆消防车陆续到场，战斗全面展开。

火场东侧：命令洪河消防救援站继续出水枪、水炮压制东侧、东南侧裙房、脚手架及塔身外立面火势，并利用1部手抬泵占据东侧消防水池吸水供水，远杰供水消防救援站2辆消防车为洪河消防救援站供水，同时在塔身西南侧设置一部遥控移动炮，控制主塔外立面火势。

火场东南侧：命令邱里供水消防救援站水罐消防车出三支水枪，消灭塔身东南侧脚手架火势，堵截南侧裙房火势向西侧蔓延，2辆水罐消防车为前方串联供水。

火场西侧：命令南开消防救援站水罐消防车铺设水带干线，穿过沟渠和西侧裙房出三支水枪强行突破阻碍进入主塔通道火势，十里坡消防救援站、邱里供水消防救援站为南开消防救援站串联供水。

火场西北侧：命令定华消防救援站18米举高喷射消防车停靠西北侧山坡，压制主塔西北侧外立面明火，1辆水罐消防车及后方环卫洒水车为举高喷射消防车供水，并利用手抬泵占据西北侧消防水池吸水供水；利用挖掘机将西北侧裙房燃烧部位进行破拆，切断火势向西侧蔓延。

火场北侧：命令开宝山消防救援站继续利用车载炮压制主塔北侧外立面火势；定华消防救援站1辆消防车调整至北侧裙房外围，近距离用车载炮压制塔身北侧火势，小街供水消防救援站及各到场专职消防队、部分环卫洒水车在后方串联供水。

塔身内部：命令现场成立7个攻坚组，深入塔内实施内攻。2、3层内攻人员采取沿楼梯铺设水带方式连接南开消防救援站、十里坡消防救援站水带干线，在2、3层各出3支水枪；4、5、6层内攻人员通过垂直铺设水带的方式分别连接开宝山消防救援站、邱里供水消防救援站、远杰供水消防救援站水带干线，在4、5、6层各出三支水枪，其中6层一支水枪延伸至7层，全面消灭塔内及外立面挑檐内明火。

（九）

17时许，增援力量全部到场，后方水源、装备保障到位，进攻通道已被完全打通，指挥部将作战思想逐步向"强攻近战，逐层消灭"的战术思想过渡。命令，外部各战斗阵地彻底消灭外围裙房及主塔外立面火势；主塔内部各攻坚组，分别深入塔身逐层、逐点消灭2~6层明火；后方供水单位全力确保水源充足。经过全体消防救援人员近一个小时的攻坚奋战，战局逐渐被扭转，火场逐渐被掌控。

18时许，火场明火已全部熄灭，过火面积约1400平方米。

（十）

塔身外部明火被扑灭后，由于风势较大，为防止各层木质房檐再次复燃，指挥部及时调整部署，采取了"分层包干"的战术，对火场进行拉网式清理，并及时从6个消防救援站调集36名消防指战员到场增援，轮流替换，分成8个战斗小组，分片负责，对塔内及外围裙房逐层看守。

23时许，除留下邱里供水消防救援站5辆消防车20人，十里坡消防救援站1辆消防车6人及逐层看守的36人，其余参战力量安全返回。整个战斗未造成人员伤亡。

（十一）

力量编成：

开宝山消防救援站：消防救援人员 32 人，水罐消防车 5 辆，抢险救援消防车 1 辆；

洪河消防救援站：消防救援人员 32 人，水罐消防车 4 辆，举高喷射消防车 1 辆（18 米），抢险救援消防车 1 辆；

天丽消防救援站：消防救援人员 23 人，水罐消防车 4 辆；

十里坡消防救援站：消防救援人员 24 人，水罐消防车 4 辆；

南开消防救援站：消防救援人员 24 人，水罐消防车 4 辆；

邱里供水消防救援站：消防救援人员 28 人，水罐消防车 5 辆；

定华消防救援站：消防救援人员 15 人，举高喷射消防车 1 辆（18 米），水罐消防车 2 辆（8 吨）；

八宝消防救援站：消防救援人员 24 人，水罐消防车 4 辆；

远杰供水消防救援站：消防救援人员 22 人，水罐消防车 4 辆；

小河消防救援站：消防救援人员 12 人，水罐消防车 2 辆；

北门消防救援站：消防救援人员 13 人，水罐消防车 3 辆；

龙苑消防救援站：消防救援人员 12 人，水罐消防车 2 辆；

小街供水消防救援站：消防救援人员 15 人，水罐消防车 3 辆；

井口消防救援站：消防救援人员 12 人，水罐消防车 2 辆；

吊门供水消防救援站：消防救援人员 12 人，水罐消防车 2 辆。

（十二）

要求执行事项：

（1）熟悉该单位情况和基本想定内容。

（2）以指挥员身份理解任务，判断火情，定下决心，部署战斗，处置情况。

二、补充想定

请根据基本想定内容，结合补充想定材料完成相应问题。

（一）

14 时 28 分，省消防总队 119 作战指挥中心接到市山水区在建工程开宝塔发生火灾的报警，指挥中心通过询问了解建筑的基本情况后，迅速调集辖区主管山水支队开宝山消防救援站 5 辆 8 吨水罐车及临近的东山支队洪河消防救援站 4 辆 8 吨水罐消防车、1 辆 18 米举高喷射消防车赶赴现场。

> 1. 接警员在接警过程中应掌握哪些基本情况。
> 2. 指挥中心力量调集是否合理，为什么。

（二）

指挥中心在第一时间调集力量后，通过报警人进一步了解火场情况，主塔 1 层外围脚手架及主塔 1 层外立面处于猛烈燃烧状态，山顶风速达到 8 级，火势正迅速蔓延扩大。火场周边无市政消火栓，建筑东、西侧几百米范围内各有一个水池。指挥中心迅速分析研判，调集山水支队 7 个消防救援站及器材保障车、油料供给车共 28 辆消防车到场增援；调集总队、山水支队两级全勤指挥部到场指挥，并启动应急响应机制，协调交警开辟绿色通道，上报市公安局、市应急办，调集公安、环卫、医疗、武警等应急处置力量到场协助火灾扑救工作。但应急联动力量到场后，相互之间出现不协调、不默契的问题。

> 3. 应如何保证应急联动力量体系充分发挥作用。

（三）

山水支队全勤指挥部到场后，通过侦察发现，开宝塔东侧、北侧裙房、主塔 1 层外围脚手架及主塔 1～3 层外立面处于猛烈燃烧状态，正迅速蔓延扩大。指挥部立即下达作战命令，开宝山消防救援站部分消防救援人员在未佩戴防护装备的情况下进入北侧裙房迅速开展战斗控制火势。

> 4. 现场侦察的内容包括哪些，全勤指挥部侦察是否全面。
> 5. 现场安全员的职责是什么。
> 6. 内攻战斗员应佩戴哪些防护装备。
> 7. 你对现场情况的判断是什么。

（四）

山上仅有两条泥泞的道路通往开宝塔，且开宝塔群组周边有一条宽 6 米、深 8 米的沟壑，车辆停靠最优势位置距开宝塔也有 50 余米，车辆只能停靠于山坡之上。当第二、三批增援力量 42 辆消防车陆续抵达时，现场车辆停靠一度出现混乱的情况，导致大部分车辆无法投入战斗。

> 8. 现场车辆停靠混乱的根源是什么。
> 9. 受地势条件的制约，应如何保证战斗的顺利开展。
> 10. 面对复杂的参战力量，如何确保组织指挥体系顺畅。

（五）

以总队长为总指挥的灭火救援前沿指挥部，确定了"内攻为主，控制外围"的战术思想，将火场分为东侧、东南侧、西侧、西北侧、北侧及塔身内部六个战斗区域。战斗过程中，消防救援人员多次往返进行水带连接，虽形成了垂直供水干线，但出现了内攻层出水迟缓的现象。

> 11. 分析战术思想及六个战斗区域如何划分。
> 12. 消防救援人员多次进行水带连接的原因可能有哪些，应如何解决存在的问题。

（六）

现场成立了灭火救援总指挥部，东侧、东南侧、西侧、西北侧、北侧及塔身内部六个战斗区域全面展开时，在各水枪、水炮阵地、楼层进攻阵地、供水阵地都设有指挥员，各阵地虽能执行指挥部的命令，但也出现了前后方指挥衔接不够紧密、通信不畅、器材运送较缓慢等现象。

> 13. 出现前后方指挥衔接不够紧密、通信不畅、器材运送较缓慢等现象的可能原因有哪些。
>
> 14. 如何确保灭火战斗现场指挥体系顺畅运行。

（七）

在火场东南侧、西侧、北侧战斗过程中，邱里供水消防救援站 2 辆水罐消防车为前方串联供水，十里坡消防救援站、邱里供水消防救援站为南开消防救援站串联供水，小街供水消防救援站及专职消防队、部分环卫洒水车在后方串联供水时，均出现供水不畅的现象。

> 15. 串联供水发生供水不畅的现象，可能的原因有哪些。
>
> 16. 应如何解决现场供水出现的问题。

第五节　高层在建建筑火灾扑救想定作业五

一、基本想定

认真阅读本材料，熟悉整个救援过程。

（一）

5 月 3 日 15 时 18 分，某市科学技术馆工地发生火灾，市消防救援支队 119 指挥中心接到报警后，先后调集了特勤消防救援站、东风路消防救援站和观园消防救援站共 15 辆消防车 70 名消防救援人员到场进行扑救，同时调集支队全勤指挥部到场指挥。15 时 21 分辖区特勤消防救援站到场，15 时 40 分火势得到有效控制，15 时 55 分明火被彻底扑灭。此次火灾过火面积约 800 平方米，无人员伤亡。

（二）

市科学技术馆工地位于埔北区东风路 20 号，2005 年 4 月动工，占地面积 35000 平方米，总建筑面积 73000 平方米，建筑高度 38 米，地上四层，建筑面积 68000 平方米，设计用途一至四层均为展厅；地下一层，建筑面积 5000 平方米，设计用途为汽车库，钢混结构，耐火等级一级，建成投入使用后主要用于科技展览。建筑东面为五一路，南面为东风路，西面为环城路，北面为北京路，四周道路宽度均为 15 米。

（三）

该建筑物内部共有墙壁式消火栓 200 个，管径为 100 毫米。室内消火栓系统和水喷淋系统水泵接合器各 2 个。单位内部室外消火栓 9 个，管径为 200 毫米，管网为环状。建筑物 200 米范围内共有市政消火栓 10 个，管径为 300 毫米，管网为环状。

（四）

此次火灾燃烧物为铝折板和挤塑板。铝折板主要用于建筑物外部装饰，该材料熔点为550～630摄氏度，高温下极易熔化，并能迅速蔓延。在市科学技术馆建筑中，主要用于东、南、西、北四个外立面的装饰。挤塑板全称挤塑聚苯乙烯泡沫板，又名XPS板，主要用于墙体保温、平面混凝土屋顶及钢结构屋顶的保温，是性能优异的环保型保温材料，可燃烧，自燃温度500摄氏度，燃烧后产生大量有毒烟气，对呼吸道有较强烈的刺激作用，严重危害人体健康。在市科学技术馆建筑中，主要用于东、南、西、北四个外立面的墙体保温。

（五）

火灾发生时，天气晴，气温16～28摄氏度，西北风向，风力1～2级。

（六）

起火部位位于某市科学技术馆工地1号下沉庭院东侧外露台上方，起火原因为电焊工人在外幕墙铝折板和吊挂玻璃交接部位进行铝折板收边焊接角钢作业时，电焊熔化物引燃挤塑板保温材料，并蔓延成灾。

（七）

此次灾情有如下特点：

（1）建筑结构复杂，周边环境杂乱。该建筑为在建项目，建筑周边场地堆放大量施工用材，占据建筑外大面积地面空间，阻碍了消防救援人员展开进攻的路线。建筑内部层高较高（每层约为9.5米），由于建筑物处于施工装修阶段，建筑物内外脚手架纵横交错。该建筑主要用于展览，建筑四周大部分为封闭型墙体，能见度低。

（2）火势蔓延速度快，烟雾浓度大。该建筑外墙装饰材料为铝折板，夹层内为保温挤塑板。挤塑板起火燃烧致使铝折板受热熔化、流淌，火势蔓延迅速，同时产生大量浓烟，严重威胁人员安全，极易造成人员伤亡。

（3）灭火进攻难度大。建筑内部疏散通道蜿蜒曲折，结构复杂，且正在进行内装修施工，房间及楼道堆放杂物，外立面起火后致使建筑物内部迅速充斥大量有毒烟雾，能见度极低，严重威胁内攻人员安全，阻碍了灭火战斗行动的迅速展开。明火位于外墙装饰材料与墙体夹层处，火势沿夹层向上并向四周蔓延，外部无法观察到火势蔓延部位，并且水流难以射到着火点。

（4）社会影响大。市科学技术馆位于城区中心地带，该市为旅游城市，游人较多，火灾发生后社会各界高度关注，造成了一定的社会影响。

（八）

5月3日15时18分，市消防救援支队119指挥中心接到市科学技术馆工地发生火灾的报警，指挥中心迅速分析研判，立即启动《高层建筑火灾事故灭火救援预案》，调集特勤消防救援站、东风路消防救援站和观园消防救援站共15辆消防车70名消防救援人员赶赴现场。

15时21分，辖区特勤消防救援站到达现场。特勤消防救援站指挥员通过外部观察并向施工单位人员了解，现场无被困人员，建筑物东南角火势处于猛烈燃烧。特勤消防救援站指挥员下达命令，68 米举高喷射消防车停靠于建筑物南侧出水炮射水灭火，一辆水罐消防车占领 10 号消火栓为其供水，形成第一条供水干线；大力 A 类泡沫消防车停靠于建筑物东南侧，直接用车载水炮向起火部位进行射水灭火，控制火势向东侧蔓延；大力 A 类泡沫消防车车载水炮停止进攻后，出两支水枪消灭建筑物东南角明火，五十铃水罐消防车占据 1 号消火栓为其供水，形成第二条供水干线。前方指挥员带领 3 名消防救援人员进入建筑物内部侦察火势，同时派出一个 3 人的搜救小组对建筑物内部是否有人员被困进行确认。经过侦察，火势没有蔓延到建筑物内部，未发现被困人员，指挥员随即带领 3 名消防救援人员攀登至建筑物顶部，利用顶层墙壁式消火栓出两支水枪，从建筑外墙与装饰面墙之间的夹缝实施灌水灭火。

（九）

15 时 23 分东风路消防救援站到场。辖区消防救援站指挥员命令东风路消防救援站进入建筑内部利用二层墙壁式消火栓，在建筑二层南侧室外露台对夹层内明火实施扑救；斯坦尼亚水罐消防车占领 2 号消火栓，通过垂直铺设水带的方法，在建筑顶部出两支水枪从建筑外墙与装饰面墙之间的夹缝实施灌水灭火；五十铃水罐消防车占领内部 1 号消火栓，给室内消火栓水泵接合器加压。15 时 26 分观园消防救援站到场，五十铃水罐消防车停靠于建筑物东侧，利用车载水炮对建筑物东侧外立面降温阻止火势蔓延，斯坦尼亚水罐消防车占据 9 号消火栓为其供水，形成第三条供水干线。

15 时 40 分左右，支队全勤指挥部到场，迅速成立现场指挥部，对现场战斗进行部署，同时做好新闻发布工作。

（十）

15 时 55 分，明火已全部扑灭，根据火灾现场情况，指挥部命令，参战的三个消防救援站按照分工对火灾现场进行全面检查、清理，特勤消防救援站负责建筑物四层和外立面过火部位，东风路消防救援站负责建筑二层、三层，观园消防救援站负责建筑一层及地下一层。经过彻底检查、清理，没有发现明火和被困人员，16 时 25 分各参战消防救援站全部撤离现场。

（十一）

此次火灾扑救中，参战消防救援人员英勇顽强、按照先控制后消灭的原则，阻止了火势的进一步蔓延扩大，最大限度地降低了火灾损失。经过扑救，火灾被彻底扑灭。

（十二）

力量编成：

特勤消防救援站：消防救援人员 25 人，举高喷射消防车 1 辆（68 米），大力 A 类泡沫消防车 1 辆，水罐消防车 2 辆，抢险救援消防车 1 辆；

东风路消防救援站：消防救援人员 25 人，水罐消防车 4 辆，抢险救援消防车 1 辆；

观园消防救援站：消防救援人员 20 人，水罐消防车 5 辆。

（十三）

要求执行事项：

(1) 熟悉该单位情况和基本想定内容。

(2) 以指挥员身份理解任务，判断火情，定下决心，部署战斗，处置情况。

二、补充想定

请根据基本想定内容，结合补充想定材料完成相应问题。

（一）

15 时 21 分，辖区特勤消防救援站到达现场后，指挥员通过外部观察和向施工单位人员了解情况，建筑物东南角火势处于猛烈燃烧，现场无被困人员。

> 1. 火场侦察的方法有哪些。
>
> 2. 指挥员对火场的侦察存在什么问题。

（二）

特勤消防救援站到场后，由于建筑周边场地堆放大量施工用材，占据建筑外大面积地面空间，举高喷射消防车无法靠近建筑物，只能远距离停靠于建筑物南侧出水炮射水灭火；大力 A 类泡沫消防车在出水枪灭火过程中，水带因铺设在施工材料上，两次被割破，影响了灭火战斗进程。

> 3. 特勤消防救援站灭火战斗存在什么问题。
>
> 4. 如果你作为特勤消防救援站指挥员，如何指挥此次灭火战斗。

（三）

特勤消防救援站前方指挥员带领 3 名消防救援人员进入建筑物内部侦察火势，同时派出一个 3 人的搜救小组。此时，外立面起火后致使建筑物内部迅速充斥大量有毒烟雾，因建筑四周大部分为封闭型墙体，烟雾无法排出，建筑内部能见度极低，严重威胁内攻人员安全。

> 5. 如何做好内攻人员的安全防护工作。
>
> 6. 指挥员的内攻命令存在什么问题，应如何下达内攻命令更加科学。

（四）

东风路消防救援站内攻时对建筑内部挡住进攻路线的脚手架等进行破拆，通过垂直铺设水带的方式在建筑顶部出两支水枪从建筑外墙与装饰面墙之间的夹缝实施灌水灭火。

> 7. 破拆时的安全防护有哪些。
>
> 8. 在建筑顶部出水枪灭火时应怎么做好安全防护。

（五）

增援消防救援站到场后，由于支队全勤指挥部未到场，各消防救援站在灭火战斗过程中未能形成统一合力，甚至各行其是，衔接不够紧密。

> 9. 火场组织指挥的原则是什么。
>
> 10. 作为辖区特勤消防救援站的指挥员，应如何面对这种局面。

（六）

火灾发生后，市政府、支队全勤指挥部及党委成员先后到达火灾现场，迅速成立现场指挥部协调组织指挥灭火战斗。公安、交通、救护到场，现场一度交通堵塞、秩序混乱。

> 11. 现场交通、秩序混乱的原因是什么。
>
> 12. 在灾害事故中，应如何保证社会联动力量发挥作用。

［1］ 李建华. 灭火战术 ［M］. 北京：中国人民公安大学出版社，2014.

［2］ 李树. 灭火战术 ［M］. 北京：机械工业出版社，2014.

［3］ 张学魁. 建筑灭火设施 ［M］. 北京：中国人民公安大学出版社，2004

［4］ 李树. 消防应急救援 ［M］. 北京：高等教育出版社，2011.

［5］ 康青春，杨永强等. 灭火与抢险救援技术 ［M］. 北京：高等教育出版社，2015.

［6］ 王长江. 消防战训参谋业务 ［M］. 北京：中国人民公安大学出版社，2014.

［7］ 周俊良，陈松等. 消防应急救援想定作业 ［M］. 北京：中国矿业大学出版社，2017.

［8］ 商靠定，夏登友等. 灭火救援典型案例 ［M］. 北京：化学工业出版社，2020.

［9］ 公安部消防局. 中国消防手册：第九卷 灭火救援基础 ［M］. 上海：上海科学技术出版社，2006.

［10］ 公安部消防局. 中国消防手册：第十卷 火灾扑救 ［M］. 上海：上海科学技术出版社，2006.

［11］ 公安部消防局. 中国消防手册：第十一卷 灭火救援 ［M］. 上海：上海科学技术出版社，2006.